A MATEMÁTICA NO BRASIL

HISTÓRIA DE SEU DESENVOLVIMENTO

Blucher

Clóvis Pereira da Silva

A
MATEMÁTICA
NO
BRASIL

HISTÓRIA
DE SEU
DESENVOLVIMENTO

3.ª edição revista

A Matemática no Brasil
© 2003 Clóvis Pereira da Silva
3ª edição – 2003
3ª reimpressão – 2014
Editora Edgard Blücher Ltda.

Blucher

Rua Pedroso Alvarenga, 1245, 4º andar
04531-012 – São Paulo – SP – Brasil
Tel 55 11 3078-5366
contato@blucher.com.br
www.blucher.com.br

É proibida a reprodução total ou parcial por quaisquer meios, sem autorização escrita da Editora.

Todos os direitos reservados pela Editora Edgard Blücher Ltda.

FICHA CATALOGRÁFICA

Silva, Clóvis Pereira da.
    A matemática no Brasil: história de seu desenvolvimento / Clóvis Pereira da Silva. – 3. ed. rev. – São Paulo: Blucher, 2003.

    Bibliografia.
    ISBN 978-85-212-0325-4

    1. Matemática – Brasil – História I. Título.

08-09962   CDD-510.981

Índices para catálogo sistemático:
1. Brasil: Matemática: História   510.981

SUMÁRIO

Prefácio .... *VII*

Introdução .... *IX*

1 Origens da universidade portuguesa: Universidade de Lisboa-Coimbra *1*

2 As escolas jesuítas no Brasil e a reforma da Universidade de Coimbra em
1772 .... *13*

3 Chegada de dom João ao Brasil: fundação da Academia Real Militar,
em 1810 .... *31*

4 Tentativas de fundação de universidades no Brasil *41*

5 O meio intelectual do Brasil, do final do século XVIII à década
de 1920 .... *53*

6 Algumas questões relevantes *81*

7 Teses sobre Matemática apresentadas a partir da Escola Militar *87*

8 Desenvolvimento da Matemática no Brasil, da década
de 1930 à década de 1980 .... *131*

Bibliografia *157*

Fontes primárias *162*

Principais siglas *163*

vi

PREFÁCIO

Quando recebi de Clóvis Pereira da Silva o honroso convite para escrever este prefácio, lembrei-me de um fato interessante. Há alguns, anos fui convidado para falar numa reunião internacional sobre a Matemática brasileira nos séculos XVIII e XIX. O tema estava fora de meu interesse até então, mas achei interessante mostrar algo do Brasil e aceitei. Para preparar a conferência, fui, naturalmente, procurar dados na bibliografia existente, e a primeira impressão que tive foi a de ter pela frente uma tarefa impossível. Os livros então e até agora disponíveis sobre história das ciências no Brasil transmitem a mensagem de não existência de Matemática no Brasil naquele período. Não se encontra mais que uma menção ao "Sousinha", completamente fora de contexto, e, depois, os nomes de nossos quase contemporâneos, a partir de Otto de Alencar. Fosse hoje aquele convite, eu teria à minha disposição o riquíssimo material recolhido por Clóvis Pereira da Silva, que agora é oferecido, em forma de livro, aos interessados no desenvolvimento das idéias no nosso país.

Esta obra vem num momento importante, em que alguns cientistas comprometidos do chamado Terceiro Mundo enveredam pela pesquisa histórica, procurando reconhecer, num material difícil de ser encontrado e manipulado, espalhado em bibliotecas e depósitos de papéis e livros velhos, perdidos em porões e, muitas vezes, espalhados em outros países, as primeiras manifestações de pensamento científico que resultam do confronto de culturas distintas, em terras distantes e com motivações as mais diversas. Entre essas primeiras manifestações, vamos encontrar tentativas de se desenvolver, em nosso país, uma ciência no estilo e segundo padrões dos países centrais na produção científica. Dessas tentativas, resultou uma ciência periférica, na melhor das hipóteses, caudatária e geralmente sem importância ou impacto no desenvolvimento da ciência moderna. Identificamos nessa periferia nomes que não tiveram e não terão importância na história da ciência como todo. A importância de se identificar e analisar essas tentativas e esses nomes está no entender a evolução do pensamento brasileiro, das nossas idéias e nossas instituições.

A busca, identificação e análise dessas primeiras incursões na ciência moderna, necessariamente recorrendo a fontes primárias de difícil localização, acesso e manipulação, e, muitas vezes, necessitando novas metodologias fundamentadas em bases historiográficas próprias ao nosso país, é um trabalho árduo. Isso é, muitas vezes, evitado pelos historiadores de ciência brasileiros, que preferem se dedicar ao aprofundamento de estudos sobre vida e obra de personalidades centrais na produção científica internacional.

Clóvis Pereira da Silva, já estabelecido em sua carreira de matemático como professor da Universidade Federal do Paraná, enveredou pela pesquisa histórica e optou pelo caminho árduo e difícil. Como resultado, brinda-nos agora, com um estudo da Matemática brasileira desde os primeiros anos do Período Colonial até os anos que precederam a queda da Primeira República. Trata-se de um livro único na história da Matemática brasileira, o primeiro a abordar sistematicamente esse período. O autor dedica, justificadamente, maior atenção ao período que vai de 1810, ano da criação da Academia Real Militar, no Rio de Janeiro, que foi a primeira institucionalização do ensino da Matemática Superior no país, até 1920, quando se funda a primeira universidade em nossa pátria, a Universidade do Rio de Janeiro, reunindo a Escola Politécnica do Rio de Janeiro, a Faculdade de Medicina do Rio de Janeiro e a Faculdade de Direito do Rio de Janeiro. Uma criação puramente formal, com o objetivo de se conceder o título de doutor honoris causa ao rei Alberto I, da Bélgica, que na ocasião visitava o Brasil[1]. Essa primeira universidade brasileira só viria a funcionar, de fato, no final da década seguinte.

Foi possível, ao autor, localizar e analisar, nesse período de 110 anos, vinte e quatro teses de doutorado em Matemática. Ele inicia o estudo dessas teses com a importante e rigorosa obra do lendário "Sousinha", Joaquim Gomes de Sousa, em 1848, e o termina com a também, então, muito atual e rigorosa tese de Theodoro Augusto Ramos, em 1918. Ambas, a primeira e a última das vinte e quatro teses analisadas, cujos autores acabamos de destacar, são obras de muita atualidade na época e obedecendo a critérios de rigor então aceitos no ambiente matemático europeu. As demais teses são de profundidade muito variável, desde simples aplicações quase triviais até argumentações mais elaboradas e, geralmente, de motivação e orientação eminentemente positivistas.

O livro nos oferece, ainda, um estudo sumário das atividades intelectuais e científicas, particularmente matemáticas, durante a colônia. O autor mostra o papel das agremiações brasileiras, sociedades e academias na congregação dos nossos primeiros intelectuais, em vista da falta de uma institucionalização estimulada ou mesmo permitida pela metrópole. Isso tudo é precedido por breves, porém fundamentais, capítulos sobre a Matemática na metrópole, em particular sobre a universidade portuguesa, cuja sede se alterna, inúmeras vezes, entre Lisboa e Coimbra, e sobre as escolas jesuíticas.

Ubiratan D'Ambrosio

---

[1] Nota do autor: o professor Paulo Pardal nos informou que não existem documentos oficiais que comprovem a outorga de tal título. Segundo ele escreveu: "Também Francisco Bruno Lobo, que historiou minuciosamente a UFRJ nos dois volumes do seu *Uma Universidade no Rio de Janeiro*, declarou-me não ter conseguido encontrar nos arquivos da instituição qualquer referência àquele título, que, por todos os motivos citados, certamente não existiu..." (Cf. PARDAL, 1988/1989, p. 138).

INTRODUÇÃO

Este livro cobre o período da história da Matemática no Brasil que vai do século XVIII à década de 1980. Ele não tem a pretensão de ser completo. Uma questão que julgamos pertinente é a seguinte: por que escrever uma história da Matemática no Brasil? Omitiremos a resposta clássica, porém apresentamos uma justificativa concreta à pergunta: é pelo fato de a história da Matemática no Brasil não ser bem conhecida pela comunidade matemática brasileira.

No período de 1810 à década de 1920, o estudo é feito via caracterização do meio intelectual brasileiro, bem como por meio da análise das teses sobre Matemática apresentadas à Escola Militar e às suas sucessoras, para obtenção do grau de doutor em Ciências Matemáticas e depois em Ciências Físicas e Matemáticas. Entre as teses, analisaremos a de Joaquim Gomes de Souza, defendida em 14 de outubro de 1848.

Na segunda parte do trabalho, que inicia na década de 1930, abordamos o desenvolvimento da Matemática nas faculdades de ciências, ressaltando a colaboração de matemáticos estrangeiros que vieram trabalhar no Brasil, bem como a importância da criação dos programas de pós-graduação, stricto sensu, em Matemática no país.

Ao escolhermos a abordagem descritiva para a elaboração do texto, tivemos em mente torná-lo uma fonte de referências, bem como dar o maior número possível de informações ao leitor, seja ele professor ou aluno da disciplina História da Matemática nos cursos de graduação ou de pós-graduação, ou apenas um leitor interessado em história da ciência no Brasil. Assim sendo, apresentamos uma ínfima parcela da parte técnica da Matemática, o que torna a leitura da obra muito agradável ao leitor não-iniciado nos estudos matemáticos.

Ao darmos uma caracterização do ambiente intelectual brasileiro do período de 1810 à década de 1920; ao mostrarmos ao leitor o que significava socialmente a obtenção do grau de doutor em Ciências Matemáticas ou Ciências Físicas e Matemáticas; ao ressaltarmos as reações de pequenos grupos da elite intelectual brasileira à sociedade da época e ao mostrarmos o tipo e a qualidade do ensino superior das ciências exatas que fora transplantado da Europa para o nosso país, pretendemos, também, desenvolver um trabalho que aborde um pouco da história social do desenvolvimento da Matemática superior no Brasil.

Nosso primordial interesse centra-se no desenvolvimento da Matemática superior realizado nas escolas de Engenharia até a década de 1920 e nas faculdades de ciências a partir da década de 1930. Sabemos que houve o ensino da Matemática nas escolas militares (Do Exército e da Marinha), bem como na Escola Superior de Guerra, instituição criada em 1889, e em estabelecimentos de ensino como, por exemplo, o Colégio D. Pedro II e o Imperial Colégio Militar. Esperamos que algum historiador da Matemática interessado em ensino da Matemática elementar possa, algum dia, realizar um trabalho de pesquisa abordando essas instituições de ensino.

No contexto de nosso trabalho, é possível identificar as primeiras manifestações de pensamento científico ocorridas no país, que resultaram do choque das diversas culturas trazidas pelos descobridores-colonizadores com a cultura indígena brasileira. Assim, encontramos tentativas para se desenvolver no Brasil uma ciência em estilo e padrão da ciência que se fazia nos países do Velho Continente.

A partir daí, surgiu no Brasil uma ciência periférica, sem importância, influência ou contribuição para a ciência européia de então. Emergiu, em nosso país, a partir da segunda metade do século XIX, uma ciência arcaica em seu aspecto conceitual e fortemente influenciada pela ideologia positivista de Auguste Comte, a qual foi combatida por alguns homens de ciência, como, por exemplo, Otto de Alencar Silva e, a partir de 1916, pelos membros da Sociedade Brasileira de Ciências, depois Academia Brasileira de Ciências.

Contudo julgamos que o valor do presente trabalho está no fato de resgatar parte da memória da ciência brasileira, bem como no fato de nos auxiliar a entender a evolução do pensamento, das idéias e dos ideais de dominação da elite intelectual brasileira da época (ver, por exemplo, a criação da Universidade de São Paulo, em 1934). O texto nos auxilia, ainda, a entender a evolução das instituições de ensino e pesquisa e das sociedades científicas e literárias criadas no país, sem a pretensão de ser uma história institucional, informando-nos que as ciências e, em particular, a Matemática não foram introduzidas em nosso país em épocas recentes.

A presente edição foi revista e atualizada em função de nossas pesquisas sobre a história da Matemática que não cessam. A partir da segunda edição, o livro sofreu mudanças em sua estrutura. Os capítulos foram reescritos para maior clareza na apresentação de todo o texto e foi acrescentado o Cap. 8. O livro está constituído de oito capítulos e fartas referências bibliográficas. Os cinco primeiros capítulos formam o bloco de informações gerais que julgamos necessárias para o leitor se situar no contexto de todo o trabalho.

Esta edição foi revista e o Cap. 8 atualizado, a partir de novas informações que obtivemos em nossas incessantes pesquisas. Esperamos que o leitor descubra que o conhecimento da história da Matemática no Brasil seja de grande valia para a formação acadêmica dos jovens estudantes brasileiros

Desejamos externar nossos agradecimentos aos professores: Milton Vargas, da USP; Luiz Adauto Medeiros, da UFRJ, e Alberto de Carvalho Peixoto de Azevedo, da UnB, pelas valiosas informações fornecidas. Nosso agradecimento especial ao professor Paulo Pardal, da UFRJ, pelas informações e pela paciente leitura dos originais, indicando-nos várias incorreções. As incorreções renitentes, contudo, são de nossa inteira responsabilidade.

ORIGENS DA UNIVERSIDADE PORTUGUESA: UNIVERSIDADE DE LISBOA - COIMBRA

    Neste primeiro capítulo faremos uma breve introdução sobre as origens e o estabelecimento das universidades européias, para então situar a criação e desenvolvimento da universidade portuguesa, em particular, a Universidade de Coimbra.

    Surge assim, naturalmente, a seguinte indagação: por que o especial interesse pela Universidade de Coimbra? Como o trabalho se refere à história da Matemática no Brasil pós-período colonial e, como a maioria dos primeiros professores do curso básico (o Curso Matemático) da Academia Real Militar foi graduada pela Faculdade de Matemática daquela universidade, surge, então o especial interesse pela criação, organização e desenvolvimento da Universidade de Coimbra. Como sabemos, a Universidade de Coimbra foi a instituição de ensino que mais influenciou o citado Curso Matemático, quer em sua criação e estruturação, quer em sua organização e distribuição das cadeiras nos diversos anos.

    Face ao exposto, fazemos inicialmente algumas considerações a respeito do surgimento das universidades européias, para, a seguir, nos fixar nas considerações à universidade portuguesa.

    Apesar de os detalhes serem confusos, não há dúvida de que a criação das universidades européias foi fruto de um raro entusiasmo pelas coisas da educação que surgira em diversas épocas nas cortes bárbaras do Velho Continente[2]. Por "detalhes confusos", queremos dizer que não há registros oficiais que possam precisar datas na fundação de tais instituições de ensino, por exemplo, anteriores ao reinado de Carlos Magno (742-814). As informações confiáveis a esse respeito são a partir do reinado desse rei franco e imperador do Ocidente.

    Durante o reinado de Carlos Magno, no século VIII, bem como na corte de Alfredo, o Grande, no século IX, foram criadas algumas escolas religiosas. Carlos Magno, não pretendendo ficar atrelado à direção da Igreja católica, em Roma, e já prenunciando um afrouxamento

---

[2] Cf. MINOGUE, K. In: *O Conceito de Universidade*. Brasília: Ed. UnB, 1977.

do sistema feudal, face ao desenvolvimento artesanal e comercial motivado pelo crescimento urbano, considerou como seu dever elevar o nível educacional do clero em seu vasto reino. O clero, na época, era formado, em sua quase totalidade, por religiosos analfabetos ou semi-analfabetos, com exceção da cúpula religiosa. O rei também desejava que as crianças urbanas e camponesas fossem iniciadas nas primeiras letras.

Dessa forma, uma das idéias do monarca era que, uma vez alfabetizados, os religiosos pudessem compreender e ensinar melhor a fé cristã. E, ainda mais, que pudessem ajudá-lo no domínio de seu vasto império, subjugando, ao lado de seus exércitos, a crescente população das cidades. Outro forte motivo que impeliu Carlos Magno a criar escolas internas e externas aos mosteiros foi que ele precisava de pessoal qualificado para supervisionar e administrar suas várias propriedades. As escolas internas atenderiam os monges, os filhos dos nobres e os futuros clérigos; e as escolas externas passariam a atender as crianças pobres das cidades e as camponesas que residiam nas vizinhanças dos mosteiros. Essas escolas seriam posteriormente fechadas, em 817, por ordem do então imperador Luís I, o Piedoso, por ocasião da grande reforma da ordem beneditina.

Com esse propósito, Carlos Magno chamou da Grã-Bretanha o sábio Alcuíno (735-804), encarregou-o da criação da Academia Palatino. O monarca e sua família compareciam regularmente às reuniões dessa entidade. Alcuíno também foi encarregado pelo rei da elaboração do texto definitivo da Bíblia, a partir dos textos então existentes. Assim se expressa Le Goff a respeito da participação de Alcuíno no reinado de Carlos Magno: "Alcuíno, por exemplo, é antes de tudo um alto funcionário, ministro da Cultura de Carlos Magno..." [3]

A partir do reinado de Carlos Magno, ampliou-se no Velho Continente a criação das escolas religiosas, bem como das escolas dos palácios (fundadas para atender os filhos dos nobres), as quais, nos séculos seguintes, se transformaram em escolas urbanas em virtude das profundas modificações que passaram a ocorrer nas estruturas e nas relações comerciais e sociais dos povos da Europa ocidental. Essas escolas foram o fértil terreno no qual floresceram as universidades européias.

Como nosso interesse é pelo surgimento da universidade portuguesa, vamos nos fixar, inicialmente em dois exemplos de escolas religiosas em Portugal. Em 1072, a catedral da cidade de Braga já possuía uma dessas escolas e, em 1127, a catedral da cidade de Coimbra também já possuía uma escola religiosa.

Com o nascer das cidades medievais e o surgimento da pequena burguesia, assim como em virtude das profundas modificações que passaram a transformar as estruturas econômicas, sociais e políticas da Europa ocidental a partir do século XI, houve uma evolução da escola religiosa urbana, a qual sofrera pressão da crescente população, em particular, da pequena burguesia, que, por sua vez, passou a exigir das autoridades competentes um novo tipo de escola para seus filhos. Uma escola que fosse distinta da escola religiosa.

Nesse contexto, a influente pequena burguesia passou a reivindicar das autoridades competentes um ensino de nível mais elevado que o ministrado nas escolas religiosas. A partir daí, começaram a surgir locais de estudo fora dos templos, não só na Península Ibérica, mas em quase toda Europa ocidental cristã, com permissão dos monarcas e das autoridades eclesiásticas. A esse respeito, informa-nos Le Goff: "A evolução da escola se inscreve na revolução urbana dos séculos X a XIII..." [4]

---

[3] Cf. LE GOFF, J. In: *Os Intelectuais na Idade Média*. São Paulo: Brasiliense, 1988, p. 21.
[4] Id., p. 1

Origens da Universidade Portuguesa

Passaram a ser criados, então, os *lugares de instrução*, que, de modo geral, funcionavam fora das igrejas locais. Onde quer que houvesse um bom mestre, juntavam-se os discípulos, criando, dessa forma, um centro de estudos. Relembramos que as escolas reservadas exclusivamente à formação do pessoal do clero continuaram a existir.

Em virtude das lentas mas constantes transformações econômicas e sociais, que jamais cessaram de ocorrer, e também por força da revolução urbana que acontecia, motivada pela crescente população, no século XII surgiram os chamados *studia*, em número reduzido na Europa ocidental. Mas, em função da crescente divulgação da qualidade de seu ensino, bem como da fama de seus mestres, essas novas escolas passaram a atrair estudantes (que podiam pagar) de quase toda Europa cristã. Finalmente, em virtude do significado universal de seu ensino, o *studium* passou a chamar-se *studium generale*. Os primeiros e mais famosos *studia*, depois *studia generalia*, foram o da cidade de Bologna, na Itália, e o de Paris. Rapidamente, vários outros passaram a ser fundados em diferentes partes da Europa. A Península Ibérica não ficou imune a essa febre de criação de escolas.

Ainda durante o século XII, a cúpula da Igreja católica, em Roma, ficou preocupada com a rápida proliferação desse tipo de escola (que motivou, inclusive, o surgimento de uma nova elite intelectual não-controlada pela Igreja). Ficou também preocupada com uma possível perda de prestígio diante da população culta e inculta, e decidiu controlar tais escolas. Assim, o sumo pontífice passou, a partir daquele século, a autorizar, via bula, a criação de um *studium generale*. O contraditório é que tais escolas passaram a gozar de maior prestígio, perante a sociedade, a partir do momento em que obtinham autorização papal para sua fundação ou, quando já em funcionamento, obtinham a "autorização papal", uma espécie de credenciamento. Citaríamos, como exemplo, o *studium generale* de Paris, que, em 1231, obteve permissão do papa Gregório IX, via bula *Pares Scientiarum*, para modificação de seus estatutos. Enfim, a Igreja passou a direcionar — ou pelo menos tentou direcionar — o surgimento da elite intelectual no mundo ocidental.

O apoio a tais escolas não foi desinteressado, pois a cúpula da Igreja, de imediato, passou a reconhecer o valor e a importância, para a sociedade, da atividade intelectual que estava emergindo na Europa. Ao apoiar a criação de novas escolas, *studia generalia* (depois chamadas de "universidades"), ou ao credenciar as escolas existentes, o papa retirava seus mestres e alunos do controle laico, ou mesmo do controle da Igreja local, para colocá-los sob a jurisdição de Roma. Esse fato transformou a universidade medieval em uma corporação eclesiástica.

O século XII foi um século de grande desenvolvimento urbano na Europa ocidental. Artesãos, intelectuais, etc., organizaram-se em um gigantesco movimento corporativo, que culminou com o grande movimento comunal. Em cada cidade onde havia um ofício estabelecido, que reunia um certo número de profissionais, as pessoas passaram a se organizar em defesa de seus interesses. Os estudiosos (mestres e discípulos) também agiram dessa forma. No século XIII, as corporações urbanas de estudiosos passaram a dar lugar às universidades européias. A esse respeito, nos diz Le Goff: "Foi o século das universidades porque foi o século das corporações ..."[5]

Foi dentro dessa imensa onda que inundou o Velho Continente durante o século XIII, que se inseriu a criação dos "Estudos Gerais de Lisboa", depois Universidade de Lisboa e transferida para a cidade de Coimbra.

---

[5] Id., p.59.

4 A Matemática no Brasil

A partir deste ponto, vamos nos fixar na criação da universidade portuguesa. Com efeito, em 12 de novembro de 1288, pressionados por intelectuais e pela burguesia portuguesa, os superiores religiosos de algumas comunidades de Portugal, tais como Alcobaça, Santa Cruz de Coimbra, São Vicente de Lisboa, Santa Maria dos Guimarães, entre outras, com o apoio do monarca português, solicitaram ao papa Nicolau IV autorização para criar os Estudos Gerais de Lisboa[6], informando-lhe que pretendiam aplicar uma parte dos rendimentos de suas comunidades na manutenção dessa escola.

Em suas justificativas ao papa, disseram que objetivavam criar, em Lisboa, um foco de cultura que também fosse um estímulo para os religiosos de Portugal, e que aquela escola contribuiria para impedir que estudantes portugueses fossem estudar no exterior. Na época, era comum o monarca português conceder auxílio financeiro a alguns jovens que desenvolvessem seus estudos no exterior. Ainda segundo os solicitantes, a criação de um Estudos Gerais em Lisboa traria grandes vantagens para a burguesia, para os religiosos e, portanto, para o reino português[7].

Dois anos depois, isto é, em 9 de agosto de 1290, o papa Nicolau IV concedeu autorização para a criação da escola solicitada. Nesse mesmo ano, o rei dom Dinis (1261-1325), também chamado de "Rei Trovador", pois foi poeta e protetor de trovadores e jograis e incentivador das letras, criou os "Estudos Gerais de Lisboa", ou a Universidade de Lisboa. Em sua bula, o papa autorizou o ensino de Humanidades, Direito Canônico, Leis, Medicina e Artes. Autorizou também que o vigário da Sé lisbonense concedesse o grau de licenciado aos graduados e, ainda, que a Igreja portuguesa pagasse os salários dos lentes (professores) dos "Estudos Gerais de Lisboa".

Convém observar que o ensino sistemático da Matemática não fez parte do conjunto das ciências a serem estudadas na Universidade de Lisboa. Essa ausência perdurou por muitos anos. Em verdade, no século XIII, os estudos da Matemática não estavam bem desenvolvidos na Europa ocidental. Encontramos na Universidade de Bologna, o ensino da Matemática e da Astronomia, via obras de Euclides e de Ptolomeu. É verdadeira a afirmação de que, durante muitos anos, não houve em Portugal quem tivesse interesse em ensinar Matemática na Universidade de Lisboa. Nesse período, tampouco houve alguém que pudesse dimensionar a importância do ensino sério da Matemática aplicada para as necessidades futuras da nação.

E, assim, o ensino da Matemática na Universidade de Lisboa ficou relegado para mais tarde. Com efeito, foi na "Escola de Sagres", criada pelo Infante dom Henrique (1394-1460), que o ensino da Matemática em Portugal adquiriu seu caráter institucional. Como é sabido, dom Henrique, filho do rei dom João I (1357-1433) de Portugal, foi o iniciador do grande ciclo dos descobrimentos portugueses. Homem de ciência, ele reuniu em Sagres, no Algarve, os maiores especialistas europeus em Navegação, Cartografia, geografia, Astronomia e Construção Naval, criando dessa forma, o mais moderno e completo centro de estudos náuticos da época. Esse centro destinava-se a preparar pilotos e marinheiros, bem como aperfeiçoar os instrumentos náuticos e os navios[8]. Contudo o autor português professor J. Tiago de Oliveira nos informa que a "Escola de Sagres" foi um dos mitos nacionalistas típicos.

---

[6] Cf. SERRÃO, J. V. In: *História de Portugal*. Lisboa: Verbo, 1979, p. 231.

[7] Id., p. 232.

[8] Estudavam-se em Sagres Matemática, Navegação, Náutica, Cartografia, Construção Naval, etc. De lá partiam, regularmente, expedições de exploração para a costa oeste da África. Quando da viagem de C. Colombo, em 1492, já era bem conhecido dos navegantes o padrão das correntes marítimas e das correntes de vento na área do Oceano Atlântico, entre os Açores e as Ilhas Canárias. Foi fundamental a contribuição dos conhecimentos desenvolvidos em Sagres para a tomada de Ceuta, no norte da África, em 1415. Em Sagres, realizou-se uma Matemática aplicada á navegação marítima.

Origens da Universidade Portuguesa

Somente vários anos mais tarde, isto é, durante o século XVI, teve inicio em Portugal o ensino da fase teórica da Matemática com sentido pedagógico. Isso aconteceu com o matemático português Pedro Nunes (1502-1578), na qualidade de professor da Universidade de Coimbra. Ele foi o mais brilhante matemático de sua geração, e seu ensino, nessa instituição, foi de modo a unir a teoria à prática, isto é, unir as Matemáticas à solução de problemas de navegação marítima. Sobre Pedro Nunes, escreveu M. S. Ventura (cf. VENTURA, 1985, p. 31):

> Na cátedra da cidade do Mondego, Pedro Nunes soube colocar-se entre a posição ex-cathedra e a do homem prático, incorporando a sua experiência e a sua pedagogia ao serviço da aprendizagem e do ensino, a seu modo — discreto, impecavelmente prudente. A seu jeito, procurou atingir objectivos eloqüentes de "uma revolução pedagógica": reduzir a distância entre pedagogia universitária e o ensino a pilotos; introduzir nos conteúdos escolares conhecimentos comuns a todas as culturas; sensibilizar as pessoas para a problemática científica da Expansão Ultramarina e, de certa maneira, para a importância do método experimental...

Posteriormente daremos mais informações a respeito da atuação de Pedro Nunes na Universidade de Coimbra. Voltemos à Universidade de Lisboa. Para o funcionamento dessa instituição, jamais foi construída uma sede própria; ao menos em seu alvorecer. Suas instalações foram casas alugadas, e os alunos não residentes em Lisboa moravam em casas de famílias. Em seus primeiros anos de existência, a importância dessa instituição de ensino jamais foi entendida por grande parte dos cidadãos comuns de Lisboa. Entre outras coisas, uma parte da sociedade lisbonense não apreciava a presença jovial e ruidosa dos estudantes nas ruas da cidade. Dessa forma, por várias vezes, os descontentes tentaram influenciar o rei a acabar com os "Estudos Gerais", sugerindo, por exemplo, a transferência da universidade para a cidade de Coimbra.

Assim aconteceu a primeira mudança da Universidade de Lisboa para a cidade de Coimbra, em 15 de fevereiro de 1306. A ordem real para tal mudança baseou-se em conflitos de rua ocorridos entre estudantes da instituição e pacatos cidadãos de Lisboa. F. C. Freire assim se manifestou sobre isso (FREIRE, 1872, p. 9):

> A Universidade portugueza, que dezeseis annos mas tarde, em 1306, foi transferida para Coimbra, cidade que, por ser mais quieta e livre do bulicio da côrte, por sua posição central, como no coração do reino, pela amenidade do seu clima, e pela abundância de tudo o necessário para os commodos da vida, pareceu mais apropriada para assento da Athenas lusitana. Mas ainda então não foram contemplados na sua organização os estudos mathematicos...

Porém, em 1338, o rei dom Afonso IV (1290-1357) decidiu que a universidade deveria regressar à cidade de Lisboa, e assim aconteceu. Entre os possíveis motivos por que o monarca tomou tal decisão, encontramos os seguintes:

a) grande parte da população de Coimbra não apreciava a presença ruidosa dos estudantes nas ruas da cidade;

b) o rei desejava, na temporada de inverno, transferir a Corte para Coimbra, mas a cidade não dispunha de aposentos suficientes para acomodar todos, e a universidade ocupava o paço real; onde se alojaria o monarca?;

6   A Matemática no Brasil

c)   os estudos estavam decadentes e havia interesse, por parte do rei, em atrair professores do estrangeiro e, com isso, fomentar a vida escolar, melhorar a qualidade do ensino e, para tal, a cidade de Lisboa teria mais condições para atender a futuras exigências de professores vindos do exterior.

Em 1354, porém, o monarca ordenou nova transferência da Universidade de Lisboa para a cidade de Coimbra. Os motivos, dessa feita, teriam sido:

a)   novos conflitos de rua entre estudantes e cidadãos de Lisboa;

b)   a peste negra, que assolava a cidade de Lisboa naquele ano.

Em 1377, contudo, o rei dom Fernando I (1345-1383) transferiu a Universidade de Coimbra para a cidade de Lisboa. Na época, a instituição passava por grave crise, motivada pela falta de alunos e de bons lentes. O monarca justificou seu ato dizendo que pretendia contratar bons lentes, mas os que foram convidados disseram não estar dispostos a residir senão na cidade de Lisboa. Motivo pelo qual...

Posteriormente, o rei dom João I criou o cargo de protetor de estudos para a Universidade de Lisboa. A partir de então, a instituição adquiriu maior prestígio escolar. Esse cargo foi primeiro ocupado por João das Regras, então chanceler do reino. Após seu falecimento, em 1404, assumiu o cargo de protetor de estudos Gil Martins. A partir de 1418, até 1460, assumiu esse cargo o Infante dom Henrique. Foi nesse período que a Universidade de Lisboa adquiriu grande prestígio cultural-científico perante a comunidade acadêmica.

Em 1431, dom Henrique criou na instituição as chamadas "artes liberais", em cujo conjunto se ensinava Aritmética, Geometria e Astrologia. Ainda em 1431, dom Henrique doou à universidade um imóvel de sua propriedade, na cidade de Lisboa. Posteriormente, comprou outros imóveis para a instituição, nos quais ela permaneceu por cerca de cem anos. Dom Henrique é considerado o criador dos estudos matemáticos em Portugal, pois ele também se dedicou à "Escola de Sagres". Mesmo com seu interesse e apoio, o ensino da Matemática na universidade portuguesa não continuou nos séculos seguintes, devido à falta de lentes interessados em ministrar essa ciência. É verdade que, após a criação da Companhia de Jesus, em 1545, alguns de seus membros se dedicaram ao ensino da Matemática e da Astronomia na universidade portuguesa. Mas, de modo geral, o ensino e estudo da Matemática em Portugal, do século XV ao XVII, jamais esteve à altura do desenvolvimento dessa ciência em outros países da Europa ocidental, como, por exemplo, na França e na Itália.

Nesse período, foi tão precário o ensino e estudo da Matemática em Portugal que, em 1518, o rei dom Manuel I (1469-1521), conhecido pelo cognome de "O Venturoso", empolgado com a chegada de Vasco da Gama à Índia e de Pedro Álvares Cabral ao Brasil, para impulsionar o desenvolvimento da ciência e da prática da navegação marítima, criou na Universidade de Lisboa uma cadeira de Astronomia, na qual também se estudava a Matemática. A cadeira, porém foi entregue a seu médico pessoal, mestre Philippe. No ano de 1522, a mesma cadeira foi entregue ao médico Tomás Torres. Não havia alguém mais qualificado para reger tal cadeira?

Devemos relembrar que, na época, vários jovens portugueses estudavam em universidades da Espanha e da França, com bolsa do rei de Portugal. Mas, ao regressarem a Portugal com os estudos completados, nenhum deles se interessava em lecionar Matemática na Universidade de Lisboa. Aliás, de 1612 a 1653, não houve professor de Matemática na Universidade de Lisboa. Em verdade, o ambiente matemático (ensino e pesquisa) português do século XV ao XVII e de parte do século XVIII foi incipiente, mesmo contando com a participação

Orígens da Universidade Portuguesa

de Pedro Nunes, no século XVI[9]. Os séculos XVII e XVIII foram de completa estagnação nos estudos da Matemática em Portugal[10]. A esse respeito, escreveu F. C. Freire (cf. FREIRE, 1872, p. 24):

> Achava-se o ensino das Mathematicas tão decahido e desprezado entre nós naquelles tempos, que ainda então se confundia o nome de mathematico com o de astrologo; e por isso eram os mathematicos tidos em menos consideração, não só pelo vulgo, mas ainda pela aristrocacia litteraria de então, que os desprezava como de categoria inferior...

A partir da década de 1520, a cidade de Lisboa tornou-se agitada. Era intensa a movimentação de seu porto, de sua vida social e de seu comércio. Esses fatos contribuíram para o retorno da velha discussão: a transferência em definitivo da universidade para uma cidade de vida mais calma. Também a partir dessa década, a instituição de ensino se transformou em um foco de dissenção política, bem como de autonomia eclesiástica. Com isso, a universidade escapou do controle do rei. O monarca tomou então algumas providências visando à restruturação da instituição, bem como sua possível transferência em definitivo para a cidade de Coimbra. Contudo essa última providência somente foi tomada mais tarde, por dom João III (1502-1557), "O Piedoso". Ele foi famoso por seu patrocínio à Inquisição portuguesa e aos jesuítas. A transferência definitiva da universidade para a cidade de Coimbra foi por problemas políticos e culturais, e não porque Lisboa se transformava em grande cidade. A respeito da transferência, assim escreveu A. H. Marques (cf. MARQUES, 1973, p. 275):

> Mas mais determinado de que seu pai e culturalmente melhor orientado também, D. João III veio por fim a empreender uma reforma completa, com o propósito definido de se ver livre da Universidade de Lisboa e de fundar, algures, escola mais dócil e renovada. Diga-se de passagem que a qualidade do ensino descera porventura ao seu nível mais baixo, preferindo os licenciados portugueses ir doutorar-se em Salamanca ou a outras partes...

Por fim, em março de 1537, dom João III ordenou a transferência da Universidade de Lisboa para a cidade de Coimbra. De fato, surgiu uma nova instituição em Coimbra. Durante os primeiros anos, houve problemas, como a falta de alojamentos para os alunos, lentes e funcionários. Pouco a pouco, os problemas foram resolvidos. Lentes contratados a partir de Salamanca, na Espanha, chegaram para lecionar na nova Universidade de Coimbra. Não há dúvidas de que, a partir de 1537, teve inicio uma nova época para a universidade portuguesa. A nova instituição de ensino tornou-se um instrumento de poder do monarca.

A partir de 1541, uma lei do rei proibiu que jovens portugueses recebessem grau acàdêmico em outro país. E mais: a nova Universidade de Coimbra instituiu o padrão de estudos (as cadeiras) estabelecido na Universidade de Salamanca. Foi criado, na Universidade de Coimbra, o Colégio das Artes, ou seja, as Escolas Menores. Mas somente em 21 de fevereiro de 1548 foi feita a abertura solene das aulas no Colégio das Artes, instituição de ensino gratuito, com direção não-subordinada à direção da universidade e encarregada dos estudos propedêuticos para ingresso nos cursos da universidade, exceto para o curso de Leis e Cânones (Faculdade de Direito).

---

[9] Cf. DUARTE, Leal A.; SILVA, Jaime Carvalho e J. Filipe QUEIRÓ, J. In: *Some Notes on the History of Mathematics in Portugal*. Pré-Publicações n.º 97-07. Coimbra: Departamento de Maemática da Univ. de Coimbra, 1997.
[10] Cf. J. Tiago de OLIVEIRA, J. Tiago de. In: *A Produção Matemática Portuguesa no século XIX*; comparação com o século XVI. Lisboa: Memórias da Acad. das Ciências de Lisboa, t. XXIV, 1981/1982, p. 235-247.

8

A Matemática no Brasil

Os estudos da Matemática foram introduzidos na Universidade de Coimbra, sendo o matemático Pedro Nunes o primeiro lente provido na cadeira de Matemática e Astronomia, em 16 de outubro de 1544. Ele permaneceu como docente da Universidade de Coimbra até o ano de 1557. Também foi professor de Matemática em Lisboa, no período de 1529 a 1532. Aliás, em 1529 ele foi nomeado cosmógrafo do reino e neste mesmo ano fez exame de Licenciatura em Medicina na Universidade de Lisboa e nos anos seguintes lecionou nesta universidade as seguintes cadeiras Filosofia, Moral, Lógica e Estatística.

Em Coimbra, na cadeira de Matemática Pedro Nunes ensinou: Geometria Euclidiana; o Tratado da Esfera, de Sacrobosco; a Teoria dos Planetas, de Purbáquio. Em Lisboa, ele ministrou aulas em apoio à formação de pilotos marítimos. Pedro Nunes foi considerado o primeiro matemático da Península Ibérica do século XVI[11]. Suas contribuições para a náutica astronômica foram muito valiosas, tendo sido constantemente consultado pelos navegadores portugueses. Aliás, o matemático português estudou e resolveu, entre outros, os seguintes problemas que eram cruciais para a época: duração do dia e da noite, transformação de coordenadas astronômicas, determinação do tempo pelas observações da altura e azimute do Sol e das estrelas e a duração dos crepúsculos para um dado local da Terra e uma posição dada do Sol.

Pedro Nunes demonstrou, por exemplo, como varia a duração do crepúsculo com a latitude do local e a declinação do Sol e mostrou que para um local ao norte do Equador, a duração dos crepúsculos aumenta com esta declinnação e diminui quando a latitude aumenta se o Sol está também ao norte do Equador. Demonstrou ainda que para declinações iguais de um lado e de outro do Equador correspondem, no referido local, crepúsculos iguais. Sobre Pedro Nunes escreveu M. S. Ventura:

> Utilizando a agulha de marear, que dava aproximadamente a direcção do meridiano, os navegadores de Quatrocentos obrigavam o barco a seguir uma trajectória cuja direcção fizesse um ângulo constante (rumo) com o dito meridiano — trajectória a que então chamavam linha de rumo e hoje se designa por loxodromia, em honra a Pedro Nunes...[12]

O matemático português Francisco Gomes Teixeira (1851-1933) escreveu também sobre Pedro Nunes: "O século XVI poderá ser chamado na História da Matemática ibérica o século de Pedro Nunes..."[13]

Logo após o matemático francês Oronce Fine (1494-1555) ter publicado o livro intitulado *De Rebus Mathematicis Hactenus Desideratis*, no qual apresentou a "solução" de vários problemas clássicos, dentre eles, a Quadratura do Círculo, a trissecção do ângulo e a Duplicação do Cubo, três famosos problemas da Grécia antiga, Pedro Nunes publicou a obra *De Erratis Orontii Finoei* (Coimbra, 1546 e Basel 1592), na qual apontou erros nas demonstrações feitas por Oronce Fine. Nesta obra de Pedro Nunes que não contém resultados originais, o autor limita-se a fazer críticas ao matemático francês.

---

[11] Para detalhes sobre a importância de Pedro Nunes para o ensino da Matemática em Portugal no século XVI, cf. SARAIVA, Luis M. R. de. In: Historiography of Mathematics in the Works of Rodolfo Guimarães. *Historia Mathematica*, **24**, 1997, p. 86-97. Cf. também, DUARTE, A. L.; SILVA, J. C. e; QUEIRÓ, J. F. In: *Some Notes os the History of Mathematics in Portugal*. Coimbra: Pré-Publicação nº 97-07, Departamento de Matemática da Univ. de Coimbra, 1997.

[12] Cf. VENTURA, M. S. In: *Vida e obra de Pedro Nunes*. Lisboa: Instituto de Cultura e Língua Portuguesa, 1985, p. 56-57.

[13] Cf. TEIXEIRA, F. Gomes. In: *Elogio Histórico de Pedro Nenes*. Lisboa: Acad. das Ciências de Lisboa, 1925, p. 57.

Origens da Universidade Portuguesa

Como é sabido, os três problemas gregos somente foram resolvidos no final do século XIX. Isto é, demonstrou-se que eles não possuem solução pelo método das construções geométricas isto é, por meio somente do traçado de retas e círculos conforme supunham os matemáticos da Grécia antiga o que equivale a usar-se apenas régua (sem marcas) e compasso.

Em verdade, a demonstração da impossibilidade de solução dos três problemas pelo método mencionado somente foi possível após a criação de sofisticada ferramenta matemática, a partir da década 1880. No ano de 1882, o matemático C. L. F. Lindemann (1852-1939) demonstrou que o número é transcendente[14]. Esse fato implica a impossibilidade de se construir, apenas com régua (sem marcas) e compasso, um quadrado cuja área seja igual à área de um círculo dado, pois um teorema da Álgebra afirma que "todo número construtível é algébrico sobre o corpo Q dos números racionais, e seu grau é uma potência de 2". A partir daí, temos que não é possível construir um segmento de comprimento x, dado um segmento de comprimento unitário, tal que:

$$x^2 = \pi \Rightarrow x = \sqrt{\pi}, \ (*)$$

Essa equação decorre dos seguintes fatos: a área do quadrado de lado x é dada por $A = x^2$; a área do círculo de raio r é dada por $A' = \pi \cdot r^2$; para um segmento de comprimento unitário, teremos $r = 1$, o que nos remete à equação (*), pela igualdade $A = A'$ Sabemos, ainda, que o número π é obtido pela relação: $\pi = C/d$, em que C é o comprimento da circunferência do círculo, e d é o diâmetro do círculo de raio r. Os três problemas constituíram um legado dos matemáticos da Grécia antiga[15].

Pedro Nunes não se preocupou em formar discípulos, que seriam continuadores de seu trabalho. Desse modo, após seu jubilamento, em 1562, os estudos matemáticos em Portugal entraram em decadência. Em relação a isso, J. Tiago de Oliveira nos informa:

> No que diz respeito à cadeira de Matemática na Universidade de Coimbra, a seguir a Pedro Nunes vem um período de decadência de século e meio em que tanto havia ensino em Coimbra como não havia. Se André de Avelar ensina de 1589 a 1620, a cadeira esteve vaga após a saída de Pedro da Cunha em 1563 (1653?) e é intermitentemente provida de 1653 até 1681 quando D. Pedro II chama de Friburgo a João König (dos Reis) que a rege de 1682 a 1685. Mas o renovar, mais uma vez, se frusta...[16]

O sucessor de Pedro Nunes na cátedra de Matemática na Universidade de Coimbra foi André de Avelar; aliás esse foi o mais célebre dos seus sucessores na cadeira universitária[17]. Eis o que encontramos a respeito de André de Avelar nas Atas das Congregações da Faculdade de Matemática da Universidade de Coimbra: "O mais célebre dos sucessores de Pedro

---

[14] Cf. LINDEMANN, C. L. F. In: Über die Zah π. *Mathematics Annalen*, v. 20, 1882. Ele demonstrou inicialmente que a equação $e^{xi} + 1 = 0$ não pode ser satisfeita para x algébrico, que responde negativamente ao problema da quadratura do círculo, usando-se apenas régua e compasso. Para uma demonstração da transcendência do número π, apresentada em linguagem matemática simples, cf. NIVEN, Ivan. In; The Transcendence of π. *Amer. Math. Monthly*, **46**, p. 469-471, 1939.

[15] Cf. SILVA, C. P. da. In: Presente de Grego? *Bol. Soc. Mat.*, v. 4, 1983, p. 56-64.

[16] Cf. OLIVEIRA, J. Tiago de. In: *História e Desenvolvimento da Ciência em Portugal*, v. 1. Acad. das Ciências de Lisboa. Lisboa: 1986, p. 82.

[17] André de Avelar foi preso pelo Santo Ofício em 1620.

Nunes na cadeira universitária (...) Um matemático medíocre a avaliar pela obra impressa e inédita..."[18]

Com a aposentadoria de Pedro Nunes, os estudos matemáticos em Portugal entraram em profunda decadência, conforme já citado. Francisco Gomes Teixeira mencionou as causas dessa decadência:

> Concorreu principalmente para a decadência da cultura científica em Portugal o êxodo dos judeus no tempo de D. Manuel I; A esta causa da decadência da Filosofia e das ciências em Portugal está ligada outra: a introdução no país por D. João III do Tribunal do Santo Ofício; Ainda no tempo de D. João III surgiu outro motivo para a decadência da cultura científica em Portugal que vamos ver (...) Mas em breve prejudicou ele próprio [D. João III] a sua obra [reforma da Universidade] porque, receando talvez que pela escola entrasse no país o vírus herético que lavrava no norte da Europa, entregou o ensino universitário e depois todo o ensino nacional à Companhia de Jesus, que fora recentemente fundada (...) Outro facto que concorreu para a decadência da cultura matemática em Portugal foi o descrédito em que dia a dia ia caindo a indústria astrológica, um dos amparos da Astronomia, pelo progresso do espírito crítico-científico, que rapidamente crescia desde o começo das navegações e pela justa reprovação pela Igreja Católica dos vaticínios que se referissem à alma; Com este declinar da navegação decaiu também a cultura matemática em Portugal, por lhe faltar o estímulo que lhe deu origem e impulso a esta cultura...[19]

Em 1654, alguns lentes da Universidade de Coimbra, preocupados com o estado de abandono em que se encontrava o ensino da Matemática na instituição, resolveram sugerir às autoridades competentes que o ensino da Matemática passasse a ser obrigatório para os cursos de Medicina e de Teologia. Entre seus argumentos, informavam que a ausência do ensino da Matemática estava dificultando o progresso dos alunos nos citados cursos. Contudo, a sugestão não foi aceita pelo monarca, e os estudos matemáticos continuaram em profundo marasmo na universidade portuguesa.

Deve-se mencionar, de passagem, a existência, no Colégio das Artes, da Universidade de Coimbra, do jesuíta Inácio Monteiro (1724-1812), que lecionou Matemática no período de 1753 a 1755. Foi um erudito e escreveu importantes trabalhos, entre estes o *Compendio dos Elementos da Mathematica e Philosophia Libera*, a mais extensa de suas obras[20].

O objetivo central deste capítulo é registrar a fundação da universidade portuguesa e, nesse contexto, caracterizar o ensino da Matemática. Assim, relembramos que, em 1559, foi criada outra universidade em Portugal: a Universidade de Évora (conservando porém, as escolas menores ou secundárias). Com efeito, após alguns anos de esforços, devido à oposição dos dirigentes da Universidade de Coimbra, dom Henrique (1512-1580), arcebispo de Évora, solicitou ao papa Paulo IV que o Colégio do Espírito Santo, uma instituição pertencente aos

---

[18] Cf. *Actas das Congregações da Faculdade de Matemática (1772-1820)*, v. 1. Coimbra: Ed. Coimbra, 1982, p. 166.

[19] Cf. TEIXEIRA, F. Gomes. In: *História das Matemáticas em Portugal*. Lisboa: Acad. das Ciências de Lisboa, 1934. Citado por OLIVEIRA, J. Tiago de. In: *História e Desenvolvimento da Ciência em Portugal*, v. 1. Lisboa: Acad. das Ciências de Lisboa, 1986, p. 83-84.

[20] Para detalhes a respeito de Inácio Monteiro, sugerimos o trabalho de ROSENDO, Ana I. R. S. In: *Inácio Monteiro e o Ensino da Matemática em Portugal no Século XVIII*, 1996. Dissertação (Mestrado em História da Matemática), Universidade do Minho, Braga, Portugal.

Origens da Universidade Portuguesa

jesuítas, fosse transformado em Estudos Gerais, isto é, em universidade (ressalte-se que a Matemática secundária foi ensinada no Colégio de Évora desde sua abertura, mas apenas para os jesuítas). Em 15 de abril de 1558, o papa autorizou a fundação da Universidade de Évora, cujo principal objetivo era a formação de teólogos, iniciando-se as aulas em outubro de 1559.

A Matemática não fez parte do ensino das ciências naquela instituição, pelo menos em seus primeiros anos de existência. Aliás, os estudos da Matemática foram iniciados na Universidade de Évora no ano de 1692, pelo jesuíta Alberto Buckowski. Vejamos, a respeito da criação dessa universidade, a opinião do escritor português José Silvestre Ribeiro:

> "Como chamar universidade a um estabelecimento científico no qual nem o direito civil, nem a parte contenciosa do direito canônico, nem a medicina, nem ramo algum das ciências naturais era professado? ..."[21]

A universidade européia de então foi uma instituição tipicamente eclesiástica. Tinha um fim muito claro, o monopólio local, e esteve por muitos anos sob domínio da Igreja Católica. Porém, de modo geral, agregou riqueza e prestígio ao reino português. No caso particular da universidade portuguesa (Lisboa, Coimbra e Évora), esta se tornou o local onde os monarcas portugueses passaram a recrutar seus altos funcionários. Com o objetivo de aguçar a mente do leitor, colocamos a seguinte indagação: por que, antes do ano 1290, os monarcas portugueses não se interessaram em fundar uma universidade? Relembramos que, desde o ano 1000, a Itália e posteriormente a França, já possuíam suas *studia*.

---

[21] Cf. RIBEIRO, J. S. In: *História dos Estabelecimentos Científicos, Literários e Artísticos de Portugal*, v. 1. Lisboa: Acad. das Ciências de Lisboa, 1871-1883.

AS ESCOLAS JESUÍTAS NO BRASIL E A REFORMA DA UNIVERSIDADE DE COIMBRA, EM 1772

AS ESCOLAS JESUÍTAS NO BRASIL

Antes de abordarmos o ensino e desenvolvimento da Matemática superior no Brasil, bem como a reforma ocorrida na Universidade de Coimbra, julgamos conveniente focalizar, de modo breve, o ensino da Matemática elementar ministrado nas primeiras escolas criadas pelos inacianos em nosso país. Desse modo, teremos uma visão panorâmica sobre a qualidade desse ensino nas escolas secundárias do Brasil colônia. Teremos, ainda, condições de verificar a qualidade de nossa herança matemática, em conjunto com o ensino dessa ciência nas escolas superiores do Brasil a partir do século XIX.

Nesse contexto, verificamos que, antes da expulsão dos inacianos do Brasil, em 1759, por ordem do primeiro-ministro português Sebastião José de Carvalho e Melo (1699-1782), o Marquês de Pombal, vários matemáticos jesuítas estiveram no Brasil, a partir do século XVII. Alguns lecionaram nas escolas secundárias dessa ordem religiosa, outros não. A ordem até manteve no Colégio de Salvador (Bahia), uma Faculdade de Matemática, embora não reconhecida pela metrópole. Porém o matemático e então jesuíta José Monteiro da Rocha estudou nessa instituição. Sobre esse matemático português falaremos mais adiante.

Como é sabido, da descoberta do Brasil até o ano de 1808, a metrópole proibiu, em nosso país, a criação de escolas superiores e a circulação e impressão de livros, panfletos e jornais, bem como a existência de tipografias. Porém o brasileiro Hipólito José da Costa Pereira Furtado de Mendonça (1774-1823), um maçom que se refugiou em Londres (Grã-Bretanha), após fugir de Portugal, editou de lá o jornal Correio Brasiliense, com circulação mensal, que foi vendido clandestinamente no Brasil até o ano de 1822. Regularmente, esse jornal publicava matéria considerada subversiva pelas autoridades portuguesas[22].

---

[22] Cf. RIZZINI, C. In: *O Livro, o Jornal e a Typografia no Brasil*. São Paulo: Kosmos, 1845.

14   *A Matemática no Brasil*

A criação das escolas jesuítas em nosso país, decorreu dos propósitos missionários da Companhia de Jesus e da política colonizadora para o Brasil, iniciada por dom João III. Aliás esse monarca fez uma reforma nos estudos em Portugal[23]. Foi assim que, com a armada de Tomé de Souza, que chegou ao Brasil em 1549, veio o padre Manuel da Nóbrega, que, em 29 de março daquele ano (no mesmo dia em que aportou a armada), tomou as primeiras providências para a criação de uma escola de primeiras letras. E, em 15 de abril de 1549, em Salvador (Bahia), foi fundada a primeira escola (de ler e escrever) no Brasil. O jesuíta Vicente Rijo Rodrigues (1528-1600) foi o primeiro mestre-escola do Brasil. Ele nasceu em São João de Talha, na margem direita do Rio Tejo, perto de Lisboa e faleceu no Colégio do Rio de Janeiro, em 9 de junho de 1600. Inclusive, quando de sua fundação, a Companhia de Jesus não tinha o ensino como um dos seus objetivos imediatos. A esse respeito escreveu ROSENDO, 1996:

> Quando Inácio de Loiola e os seus companheiros fundaram a Companhia de Jesus, parece não haver nenhuma intenção de que um dos seus objectivos seja o ensino, e até mesmo a Bula Papal que aprova esta Ordem não se refere a isso. No entanto, vamos encontrá-la nas "Constituições" da Companhia, que, apesar de terem começado a ser escritas por Inácio de Loiola em 1539, só foram aprovadas em 1558...

No ano seguinte à fundação da primeira escola, isto é, 1550, chegava a São Vicente (São Paulo), o jesuíta Leonardo Nunes. Com ele vieram doze órfãos da metrópole. Na localidade, foi construído um pavilhão de taipa, no qual funcionou também uma escola primária. Essas foram as duas primeiras escolas do país, e nelas não havia aulas de Matemática.

O primeiro curso de Artes (um curso de nível mais avançado) foi criado em 1572, no Colégio de Salvador, mantido pelos inacianos. Nesse curso estudavam-se durante três anos: Matemática, Lógica, Física, Metafísica e Ética. O curso conduzia seus alunos ao grau de bacharel ou licenciado. Trabalharam no Colégio da Bahia, entre outros, os seguintes jesuítas: Inácio Stafford, Aloisio Conrado Pfeil, Manuel do Amaral, Valentim Estancel, Filipe Bourel, Jacobo Cocleo ou Jacques Cocle, Diogo Soares, Domingos Capassi e João Brewer. Nesse colégio, o ensino da Matemática tinha início com Algarismos ou Aritmética e ia até o conteúdo matemático que era lecionado na Faculdade de Matemática, que foi fundada em 1757. Nessa instituição estudavam-se, entre outros tópicos: Geometria Euclidiana, Perspectiva, Trigonometria, alguns tipos de equações algébricas, razão, proporção, juros.

Dos dezessete colégios mantidos pelos jesuítas no Brasil colônia, em apenas oito funcionavam os cursos de Artes ou de Filosofia. Em geral, esses colégios destinavam-se a formar pessoal para a ordem inaciana, pois o ensino dos inacianos, de inspiração e intensão religiosa, tinha por objetivo educar os moços para a Igreja. A educação para Deus era o objetivo do ensino dos inacianos, e a formação científica era um meio para alcançar tal fim. Mas os bancos dos colégios dos inacianos também foram freqüentados por muitos alunos que não entraram para a ordem. Em 1573, os jesuítas fundaram um colégio na cidade do Rio de Janeiro, no qual, posteriormente, criou-se o curso de Artes, de cujo currículo fazia parte o estudo da Matemática. No ano de 1575, o Colégio da Bahia concedeu os primeiros graus de bacharel e de licenciado a seus alunos. Em 1578, a mesma instituição concedeu os primeiros graus de mestre em Artes, e em 1581, os primeiros graus de doutor a seus alunos do curso de Teologia. Esse curso tinha a duração de quatro anos.

---

[23] Cf. CARVALHO, R. In: *História do Ensino em Portugal*. Lisboa: *Fundação C. Gulbenkian, 1986.*

As escolas jesuítas no Brasil

Dessa forma, o ensino da Matemática no Brasil começou com os jesuítas. Em algumas escolas elementares, foram ensinadas as quatro operações algébricas e, nos cursos de Arte, foram ministrados tópicos mais adiantados, como, por exemplo, Geometria Euclidiana. No ano de 1605, havia aulas de Aritmética no Colégio de Salvador, no de Recife (Pernambuco), e no da cidade do Rio de Janeiro. Entre os tópicos ensinados encontravam-se Razões e Proporções, bem como Geometria Euclidiana. Observa-se, portanto, a gradação positiva e permanente do ensino da Matemática elementar por parte dos inacianos até o ano de 1757, quando se criou, no Colégio de Salvador, a Faculdade de Matemática. Nessa instituição, conforme mencionado no início do capítulo, estudou o matemático português José Monteiro da Rocha, que chegou ao Brasil em 15 de outubro de 1752, e entrou para a Companhia de Jesus. Nessa Faculdade, ele estudou Filosofia com o brasileiro Jerônimo Moniz e estudou Matemática com o jesuíta alemão João Brewer. Após a expulsão dos jesuítas, em fins de 1759, Monteiro da Rocha se desligou, em 1760, da ordem inaciana, porém continuou a viver na Bahia, onde recebeu a ordenação sacerdotal. Ao regressar a Portugal, ele obteve o bacharelado em Cânones pela Universidade de Coimbra, em 1770. José Monteiro da Rocha foi convocado pelo Marquês de Pombal para compor a comissão que reformou, no século XVIII, a Universidade de Coimbra, criando, inclusive, a Faculdade de Matemática, em 1772. Ele fez parte do primeiro corpo docente da faculdade (adiante daremos mais informações a esse respeito). A Matemática ensinada na Faculdade de Matemática de Salvador, era, em parte, a mesma ensinada na Universidade de Coimbra pré-pombalina.

Durante vários anos, a metrópole não reconheceu como legais os graus acadêmicos concedidos pelos colégios jesuítas sediados no Brasil. Esse impedimento legal criou embaraços aos jovens graduados que desejavam prosseguir seus estudos na Universidade de Coimbra, uma vez que eram obrigados a repetir, naquela instituição, o curso já realizado no Brasil, ou a prestar exame de equivalência, mesmo sendo jesuíta o Colégio das Artes, da Universidade de Coimbra. Passavam pelo Colégio das Artes os alunos que pretendiam fazer quaisquer dos cursos ofertados pela Universidade de Coimbra, exceto os que se dirigiam à Faculdade de Direito. Porém, no ano de 1689, o reino conferiu estatuto civil aos colégios dos jesuítas sediados no Brasil, fato que eximiu estudantes graduados nesses Colégios de prestarem exame de equivalência, ou repetirem o curso em Coimbra.

Na década de 1550, a ordem dos jesuítas obteve permissão de dom João III para manter na Universidade de Coimbra o Colégio das Artes. A respeito da influência dos inacianos no sistema de ensino português de então, vejamos o que escreveu o matemático português F. Gomes Teixeira.

> Foi assim dado o primeiro passo para a intervenção da ordem de Santo Inácio de Loyola na instrução pública portuguesa. Depois esta ordem, lutando com a pertinácia que a caracteriza contra as resistências que se lhe opunham, subiu pouco a pouco em influência até conquistar o domínio completo da instrução universitária e depois o de toda a instrução nacional. Decaíram todos os ensinos, excepto o da Filosofia racional e o da Teologia, únicas ciências que mereceram a atenção dos invasores do ensino português...[24]

Devemos registrar que, após a expulsão dos jesuítas do Brasil, ficou um vazio na parte da instrução primária. De imediato, algumas ordens religiosas, como a dos beneditinos, dos

---

[24] TEIXEIRA, F. G., citado por *Oliveira*, J. Tiago de. In: *O Essencial sobre a História das Matemáticas em Portugal*, Lisboa: Casa da Moeda, 1989, p. 17.

carmelitas e dos franciscanos, abriram aqui suas escolas de primeiras letras, com permissão da metrópole. Os franciscanos chegaram a elaborar um projeto para abertura de uma faculdade, na qual se estudaria Retórica, Hebraico, Grego, Filosofia, História Eclesiástica, Teologia Dogmática, Teologia Moral e Teologia Exegética. O estudo da Matemática ficou de fora. A metrópole aprovou a instalação da faculdade, através de um alvará de 11 de junho de 1776, ratificando os "Estatutos" da instituição, que, aliás, copiavam os "Estatutos Novíssimos" da Universidade de Coimbra. Por fim, não aconteceu a fundação da faculdade.

Nessa primeira fase de escolas elementares no Brasil, as aulas foram freqüentadas apenas por meninos. Posteriormente foram criadas escolas elementares para meninas. A partir da segunda metade do século XVI, existiram em nosso país, classes dirigidas por não-religiosos. Por exemplo, em 1578, na cidade do Rio de Janeiro, o escrivão Francisco Lopes lecionou Aritmética para classes particulares. Nas escolas elementares, o ensino da Matemática, quando havia, não ultrapassava as quatro operações algébricas. Nas escolas dos jesuítas, utilizaram-se livros didáticos de autores inacianos como, por exemplo, *Elementos Matemáticos* e *Teoremas Matemáticos*, ambos escritos pelo jesuíta Inácio Stafford (1599-1642) e impressos em Lisboa no ano de 1636.

Nos séculos XVII e XVIII estiveram no Brasil vários matemáticos inacianos. Alguns deles se dedicaram ao ensino, outros não. Citaremos alguns nomes. Inácio Stafford, já mencionado, foi professor de Cosmografia de 1630 a 1635, no colégio jesuíta de Santo Antão, em Lisboa[25], esteve na Bahia no período de 1640 a 1641. Manuel do Amaral (1660-1698), professor de Matemática na Universidade de Coimbra de 1686 a 1689, viveu no Maranhão. Jacobo Cocleo (1628-1710), professor de Matemática em Portugal, em 1660, veio para o Brasil como cartógrafo. Filipe Burel (1659-1709) lecionou Matemática na Universidade de Coimbra e esteve no Rio Grande do Norte. Diogo Soares (1684-1748) ensinou Filosofia e Humanidades por quatro anos na Universidade de Évora, e também Matemática, por outros quatro anos, na Aula de Esfera no Colégio de Santo Antão. Foi nomeado geógrafo régio, vindo para o Brasil em 1729, juntamente com Domingos Capassi. Faleceu em Minas Gerais. A ambos, Diogo Soares e a Domingos Capassi, deve-se o primeiro levantamento das latitudes e longitudes de grande parte do território brasileiro. Valentim Estancel (1621-1705) foi professor de Matemática nas universidades de Praga e de Olmutz (Morávia); também, ensinou Matemática no Colégio de Elvas, e na Aula de Esfera do Colégio de Santo Antão. Lecionou Arte de Navegar de 1660 a 1663. Viveu no Brasil durante quarenta e dois anos. João Brewer (1718-1789), foi professor de Matemática na Faculdade de Matemática do Colégio de Salvador, na década de 1750. Inácio Szentmartonyi (1718-1806), veio para o Brasil em 1753, para trabalhar como cartógrafo. Quando esteve em Portugal, trabalhou para o dom João V na demarcação das fronteiras com a Espanha. Domingos Capassi, em Portugal, foi encarregado pelo rei de fazer estudos sobre a geografia portuguesa. Em 1726, chegou ao Brasil para fazer estudos sobre a geografia brasileira, bem como para realizar observações astronômicas. Relembramos que os colégios jesuítas em terras lusitanas foram extintos em 1759, com a expulsão de seus membros por ordem do Marquês de Pombal.

É bem verdade que os matemáticos inacianos que estiveram no Brasil entre os séculos XVII e XVIII não possuíam cultura matemática comparável à de outros cientistas contempo-

---

[25] Foi no Colégio de Santo Antão que a Companhia de Jesus abriu a primeira aula pública de Matemática em Portugal, em 1590, destinada a dar formação aos pilotos marítimos. O ensino predominante foi de Cosmografia e aspectos práticos de uso dos instrumentos náuticos e astronômicos. Ali também se ensinou Astrologia, Arte de Navegar, Geografia e Hidrologia; a aula de Matemática ficou conhecida por "Aula de Esfera". Foi uma aula independente do curso geral ministrado pelo colégio.

As escolas jesuítas no Brasil

râneos seus, como, por exemplo, Leonard Euler, Daniel Bernoulli, Jokob Bernoulli, Pierre de Fermat (um magistrado), Gottfried Wilhelm Leibniz, entre outros. Contudo tinham conhecimentos necessários para ensinar a Matemática que era ministrada nas universidades portuguesas pré-pombalinas. Devemos relembrar que no Colégio Romano (Roma) havia jesuítas mais atualizados com o desenvolvimento científico da época do que seus colegas que vieram para o Brasil; basta citar o julgamento de Galileu Galilei (1564-1642).

Entre os jesuítas mais atualizados cientificamente citamos: Christoph Clavius (1537-1612), autor da obra *Euclidis Elementorum*, publicada em 1574, livro que foi adotado como texto nas escolas européias do século XVII; Clavius ficou conhecido como "*o Euclides do século XVI*"; Orazio Grassi (1582-1654), que se envolveu em disputa científica com Galileu; Gregório de Saint-Vincent (1584-1667), que em virtude de seus trabalhos matemáticos, recebeu elogios de Leibniz. A Gregório de Saint-Vincent foi atribuída, por Leibniz e Wallis, a autoria do teorema:

$$\log x = \int \frac{dx}{x}.$$

Sabemos também que G. de Saint-Vincent deu importantes contribuições para a teoria dos logaritmos. Por exemplo, ele demonstrou em sua obra *Opus Geometricum Quadraturae Circuli et Sectionum Coni...*, *Antverpiae, 1647*, que:

Se $f(a, b)$ representa a área do segmento hiperbólico a x b,

$$0 \le y \le \frac{A}{x}, \text{ então a relação } \frac{a'}{b'} = \left(\frac{b}{a} \right)^n \text{ implica } f(a, b) = nf(a, b).$$

Posteriormente, seu aluno e comentador P. Alfonso Antonio de Sarasa, (*Solutio Problematis...*, *Antverpiae, 1649*) acrescentou a observação de que "as áreas $f(a, b)$ podem fazer o papel de logaritmos" [26].

Enfim, somos de opinião que, se tivesse havido interesse por parte das autoridades competentes (brasileiras e portuguesas), o ensino da Matemática Superior já poderia estar implantado, de modo contínuo, no Brasil, desde o século XVIII. Como veremos mais adiante, vários brasileiros estudaram Matemática na Universidade de Coimbra.

---

[26] Cf. BOURBAKI, N. In: *Elements os the History of Mathematics*. Berlim: Springer-Verlag, 1994, p. 172.

A REFORMA DA UNIVERSIDADE DE COIMBRA, EM 1772

Iniciamos nossas considerações a respeito da reforma do ensino público português no período imediatamente anterior ao governo do Marquês de Pombal. Até o reinado de dom João V, que governou Portugal de 1706 a 31 de julho de 1750, os jesuítas, juntamente com os dominicanos, praticamente dominaram a nação portuguesa. Essas duas ordens religiosas exerceram grande influência sobre as elites lusitanas. Os dominicanos por meio da *Santa Inquisição*, e os inacianos pelo controle do ensino em Portugal, em todos os níveis, a ponto de se tornarem *a consciência das classes dominantes*. Por exemplo, o Colégio de Jesus, em Coimbra, foi fundado em 1542 e, na cidade de Évora, foi fundado outro colégio, em 1551. Foram os dois primeiros colégios dos inacianos fundados em Portugal, e se destinavam à formação dos religiosos da ordem. Dessa forma, as duas ordens cobriram Portugal com um verdadeiro manto, isolando-o culturalmente dos demais países do Velho Continente. Acrescente-se a isso o fato de que, a partir de 1 de dezembro de 1640, por problemas políticos com a Espanha, Portugal fechou suas fronteiras para manutenção e fortalecimento de sua independência, o que prejudicou a renovação cultural e científica da nação, pois praticamente impediu o contato de seus cientistas com os de outros países da Europa.

Apenas os diplomatas percebiam o atraso científico-cultural em que estava imerso Portugal. O país fechara-se em si mesmo pela repressão cultural. Porém uma parte da elite cultural do país, que permaneceu aberta ao desenvolvimento cultural e científico do resto da Europa, sobreviveu e juntou-se ao esforço, que viera dos militares. A influência e a força desses grupos pavimentaram o caminho trilhado pelo governo posterior, representado pelo Marquês de Pombal. A respeito da qualidade do ensino jesuíta da época, vejamos a opinião do matemático português F. Gomes Teixeira:

> Mas, depois que no século XVII a Astronomia e a Física helénicas caíram, os jesuítas portugueses ficavam como estonteados diante das novas ciências que as substituíram, como se ameaçassem a própria igreja católica, e continuavam a ensinar as velhas doutrinas astronómicas e físicas dos antigos mestres, convencidos certamente de que estavam apenas diante de uma crise das doutrinas escolásticas, diante de uma vaga destruidora que passasse...[27]

No final do reinado de dom João V houve um acontecimento de grande importância, relacionado com os anseios de parte da elite intelectual progressista portuguesa. Foi a publicação, em 1746, em Nápoles (Itália), em dois volumes, do livro de Luis António Verney, intitulado *Verdadeiro Método de Estudar*. A edição italiana dessa obra foi confiscada pela Inquisição ao entrar em Portugal. Porém providenciou-se uma nova edição, produzida em Valença (Espanha), no mesmo ano de 1746. Essa edição logrou entrar em Portugal e, logo após, foi impressa outra edição. Entre outras coisas, a obra, apresentada sob a forma de dezesseis cartas escritas por um Barbadinho da Congregação de Itália a um religioso doutor e professor da Universidade de Coimbra, criticava o sistema pedagógico dos inacianos (métodos e conteúdos) e pregava uma reforma no sistema de ensino português, ao mesmo tempo que chamava a atenção das autoridades competentes para a importância do ensino da Física e da Matemática, então decadente em Portugal. Criticava o isolamento de Portugal dos demais

---

[27] TEIXEIRA, F. G., citado por OLIVEIRA, J. Tiago de. In: *História e Desenvolvimento da Ciência em Portugal*, v. 1. Lisboa: Acad. das Ciências de Lisboa, 1986, p. 84.

As escolas jesuítas no Brasil

países europeus, fato que impedia a circulação das idéias e provocava o atraso cultural do país. Também apontava o rumo da experiência para a ciência, fato que já estava ocorrendo em outros países do Velho Continente. Na obra, Verney mostrava-se um profundo conhecedor do ensino português e do movimento progressista europeu ocorrido nas diferentes áreas do saber de então. O *Verdadeiro Método de Estudar* foi um marco no sistema educacional português, provocando um impulso na evolução do ensino desse país.

Na mesma década, em 1744, portanto antes da publicação da obra de Verney, uma outra obra que despertou o interesse dos intelectuais portugueses: *Lógica Racional, Geométrica e Analítica*, de autoria do engenheiro Manoel de Azevedo Fortes. Esse livro também chamava a atenção das autoridades para o abandono e a decadência do ensino da Matemática no país. Foram, sem dúvida, duas obras revolucionárias para os padrões da sociedade portuguesa da época.

Desse modo, quando o Marquês de Pombal, então primeiro-ministro do rei dom José I, assumiu o governo, encontrou solo fértil para as reformas que pretendia realizar. Na época, a situação de Portugal era grave. Por exemplo, o erário público estava arruinado e o estado do saber era muito baixo. Ao tomar conhecimento do péssimo estado do ensino público português, o primeiro-ministro tomou várias providências para reformar o ensino, em particular secularizando-o. O foco central era que o Estado deveria tomar para si a tarefa de instrutor e educador os jovens. A seguir, ele criou, em 1752, a Aula de Comércio; em 1759, expulsou os jesuítas de Portugal e domínios, ao mesmo tempo que organizou as Aulas Régias — chamadas de "estudos menores" — e extinguiu a Universidade de Évora (o curioso é que foi na atividade dos inacianos dedicada à causa do ensino que se viu o grande mal da influência da ordem em Portugal e domínios). Em 1761, Pombal fundou, em Lisboa, o Colégio dos Nobres, uma tentativa de criar o ensino científico a fim de atrair os jovens aristocratas para profissões de natureza técnica, bem como para os quadros das Forças Armadas. O projeto do Marquês falhou por completo. Em 1762, ele criou a Aula de Artilharia de São Julião da Barra; em 1764, criou a Aula de Náutica do Porto e, por fim, reformou a Universidade de Coimbra em 1772.

Um dos objetivos da reforma do ensino realizada pelo primeiro-ministro português era substituir os métodos tradicionais utilizados pelos inacianos. Um outro objetivo seria renovar a mentalidade imperante em Portugal. A reforma do ensino atingiu sua mais alta expressão em 1772 ao alcançar a Universidade de Coimbra, que ganhou novos estatutos.

Para o Colégio Real dos Nobres, instituição que contou com bom corpo docente, o primeiro-ministro contratou também professores estrangeiros. Assim, para o ensino das ciências e de desenho, ele chamou os italianos Miguel Franzini, Miguel Ciera e João Ângelo Brunelli. As cadeiras de letras mortas ficaram a cargo de professores irlandeses. Foi João Ângelo Brunelli que traduziu para a língua portuguesa a versão, em inglês, dos *Elementos, de Euclides*, para ser usada nas aulas de Geometria no reino e domínios. Em verdade, no que diz respeito à Matemática, o Colégio Real dos Nobres excedeu as ambições pretendidas pelos reformadores do ensino português. No dizer de historiadores da Matemática em Portugal, essa instituição começou, com ensino e corpo docente, a Faculdade de Matemática da Universidade de Coimbra, que realmente se criou mais tarde, em 1772. No primeiro ano, havia a cadeira (disciplina) de Geometria, que englobava Aritmética, Geometria, Trigonometria (com os teoremas de Arquimedes). Como livro didático, usava-se *Os Elementos*, de Euclides, em seus primeiros seis livros. Os livros décimo e décimo primeiro (sobre sólidos), dos *Elementos* foram usados para as aulas de Geometria elementar. No segundo ano do colégio, havia a cadeira de Álgebra, que englobava Álgebra, Aplicações Geométricas e Análise Infinitesimal (Cálculo Infinitesimal). No terceiro ano, estudavam-se princípios de Astronomia. Com respeito à cadeira do segundo ano, que ficou a cargo de Miguel Franzini, assim nos informa um dos historiadores da Matemática em Portugal:

> A cadeira do segundo ano, a cargo de Miguel Franzini, era porém facultativa; e, admitindo sem custo que alguma álgebra nela se lesse e aplicasse, não é de presumir se atingisse o Cálculo Integral: não tínhamos texto nosso, nem a matéria se ajustava à idade dos alunos...[28]

O Colégio Real dos Nobres destinava-se aos filhos dos nobres com idade entre sete e treze anos. Ali se estudavam também, grego, latim, Retórica, Poética, Lógica, História, francês, inglês, italiano, Geografia Náutica e Arquitetura Militar.

A reforma do ensino português levada a cabo pelo Marquês de Pombal alcançou seu clímax em 1772, ao atingir a Universidade de Coimbra por meio de seus novos estatutos. O programa pedagógico dessa "nova" instituição de ensino se definiu como uma doutrina contrária ao sistema de ensino até então vigente. Em linhas gerais, os Estatutos Novíssimos da Universidade de Coimbra buscavam traduzir o progresso das investigações positivistas no que dizia respeito aos problemas da Filosofia, Medicina e Matemática, e, no domínio do pensamento Teológico e Jurídico, o ideal de uma doutrina rebelde ao verbalismo escolástico, bem como um esforço de integração da ideologia iluminista na vida intelectual portuguesa do século XVIII. Os objetivos mais significativos da reforma do Marquês de Pombal relacionavam-se aos propósitos de integração do programa cultural proposto pela Junta de Providência Literária no quadro da vida social e política da nação portuguesa.

O espírito renovador incidiu, em particular, sobre o ensino das disciplinas científicas. A partir daí, esperava o primeiro-ministro conseguir homens preparados para a grande Revolução Industrial que se processava na Europa culta. O Marquês de Pombal criou a Junta de Providência Literária para, entre outras iniciativas, elaborar a redação dos novos Estatutos da Universidade de Coimbra, e José Monteiro da Rocha foi um dos convidados para compor a Junta. Monteiro da Rocha chegou a Lisboa em 1771 e lá permaneceu até 1772, trabalhando nos planos das Ciências Naturais e no plano geral da fundação da "nova" Universidade de Coimbra. Entre outras providências, a Junta sugeriu a criação da Faculdade de Matemática, bem como a criação da Faculdade de Filosofia para a Universidade de Coimbra. Sugeriu também a renovação do corpo docente da universidade, com a contratação de professores estrangeiros e jovens portugueses talentosos. Para essas faculdades foram transferidos alguns professores estrangeiros que trabalhavam no Colégio dos Nobres. Além disso, foram contratados outros estrangeiros, como, por exemplo, o químico italiano Domingos Vandelli e o brasileiro José Bonifácio de Andrada e Silva.

Informamos ao leitor que nossa abordagem histórica a respeito da "nova" Universidade de Coimbra restringe-se ao período entre 1772 e 1808, data da chegada da família real portuguesa ao Brasil. Não é nosso objetivo abordar os fatos e conseqüências ocorridos nas ciências em Portugal no período conhecido por Viradeira. Devemos registrar que a reforma do ensino português executada por Pombal, afetou também a vida cultural, científica e comercial do Brasil. No período de 1772 a 1785, trezentos jovens brasileiros matricularam-se nos diversos cursos ofertados pela Universidade de Coimbra, e muitos deles regressaram ao Brasil para exercer suas profissões. Em verdade, no período de 1550 a 1808, cerca de dois mil e quinhentos jovens brasileiros passaram pelos bancos daquela instituição de ensino.

---

[28] Cf. GONÇALVES, José Vicene. In: *Relação entre Anastácio da Cunha e Monteiro da Rocha (1773-1786)*. Lisboa: Memória da Acad. das Ciências de Lisboa, [s.d.], p. 38.

As escolas jesuítas no Brasil

Em 28 de outubro de 1772, o monarca português assinou uma carta dando plenos poderes ao seu primeiro-ministro para executar a reforma da Universidade de Coimbra. Essa carta deu novos estatutos à universidade, bem como confirmou o trabalho realizado pela Junta de Providência Literária. Nessa data, os Estatutos Novíssimos foram aprovados com grande pompa, na presença do primeiro-ministro. Com respeito à Faculdade de Matemática, fundada em 1772, a Junta de Providência Literária considerou também que:

> (...) a Matemática, alem da excellencia privativa, de que goza pelas Luzes da evidencia mais pura, e pela exactidão mais rigoroza, com que procede nas suas Demonstrações, e com que dirige praticamente o Entendimento, habituando a pensar sólida, e methodicamente em quaesquer outras matérias (...) Por isso, pareceu que devia ser estabelecido hum curso fixo, e completo de Mathematicas, destinado para a Manutenção, e Ensino Publico destas Sciencias. Era assim criada uma nova Faculdade, como sucedeu com a Filosofia, no quadro do ensino universitário.
>
> Para simplificar o plano de estudos, as cadeiras foram reduzidas a quatro: Geometria, Cálculo, Phoronomia[29] e Astronomia. E para que nada faltasse, foi criado um Observatório "digno da Universidade", "e provido de todos os Instrumentos precizos para as Observações Astronomicas"...[30]

Era este o plano de estudos para os primeiros anos de funcionamento da Faculdade de Matemática da Universidade de Coimbra:

Cadeiras	Professor responsável	Livros texto
Primeiro ano		
Geometria	Dr. José Anastácio da Cunha	*Elementos*, Euclides
Segundo ano		
Cálculo	Dr. Miguel Franzini	*Compêndio*, E. Bezout
Terceiro ano		
Ciências Físico-matemáticas[31]	Dr. José Monteiro da Rocha	*Mecânica*, C. M. Bossut
Quarto Ano		
Astronomia	Dr. Miguel Antônio Ciera	*Compêndio*, N. L. Lacaille

Anexa a essas disciplinas foi criada a cadeira de Desenho e Arquitetura, cujo professor responsável ficou subordinado à Congregação de Matemática. Os alunos deveriam fazer também essa cadeira e mais algumas da Faculdade de Filosofia. Além disso, seria compulsória a todos os alunos da universidade a cadeira de Geometria do primeiro ano da Faculdade de Matemática. A respeito da criação da cadeira de Desenho e Arquitetura, escreveu o professor F. C. Freire:

---

[29] Estudada as leis dos movimentos de sólidos e fluidos.
[30] *Actas das Congregações da Faculdade de Matemática (1772-1820)*, v. 1. Coimbra: Arquivo da Univ. de Coimbra, 1982, p. 6-7.
[31] Phoronomia.

> Apezar da importancia que nos Estatutos se ligava à creação da cadeira de desenho e architectura, annexa à Faculdade de Mathematica, o seu provimento começou logo desde a Reforma a encontrar embaraços na falta de professor. Tendo o Sr. D. Francisco de Lemos proposto para aquella cadeira o romano Stopani, foi-lhe respondido, por aviso de 15 de Dezembro de 1773, que o indicado professor não possuia os conhecimentos necessarios para dar lições d'aquellas artes, e que por isso não convinha dar-lhes principio na Universidade com um máo mestre (...) Tendo falhado outras tentativas para o provimento d'esta interessante cadeira, só ha poucos annos se conseguiu levar à execução a determinação dos Estatutos a este respeito...[32]

Nesse contexto, em 10 de outubro de 1772, o dr. José Monteiro da Rocha fez a abertura da Faculdade de Matemática, proferindo a aula inaugural. Na parte de legislação sobre essa faculdade, encontramos o Decreto de 11 de setembro de 1772, que nomeava lentes de Álgebra, Foronomia e Ciências Físico-Matemáticas e Astronomia, respectivamente: Miguel Franzini, José Monteiro da Rocha e Miguel Antonio Ciera. A Provisão de 3 de outubro de 1772 ordenava que, no ano letivo de 1772-1773, o dr. Miguel Franzini lecionasse Aritmética, Geometria e Trigonometria Teórica e Prática, e que no ano seguinte passasse a ministrar Álgebra. Ordenava ainda que os doutores Miguel Ciera e José Monteiro da Rocha lecionassem nas outras faculdades da universidade, "repartindo-se os estudantes pelos referidos três professores para que assim possam melhor aproveitar-se". A Provisão de 7 de outubro de 1772 determinava que, no dia 9 de outubro de 1772, recebessem o grau de doutor os professores Miguel Franzini, Miguel Ciera e José Monteiro da Rocha, e que estes fossem incorporados à Faculdade de Matemática[33].

A Carta Régia de 10 de novembro de 1772 ordenou que o estudo de Ciências Matemáticas, que até então se fazia no Colégio dos Nobres, não poderia continuar, daquela data em diante, senão na Universidade de Coimbra. A Provisão de 5 de outubro de 1773 nomeava José Anastácio da Cunha, "que até então se empregou na companhia de bombeiros do regimento de artilharia da praça de Valença do Minho", professor de Geometria, devendo logo dar início às aulas e ser incorporado à Faculdade de Matemática, como havia sido feito com os outros professores. Com o provimento de José Anastácio da Cunha na cadeira de Geometria, completou-se o quadro docente da Faculdade de Matemática. No Ofício de 5 de outubro de 1773, o Marquês de Pombal encareceu ao reitor da Universidade de Coimbra o merecimento desse professor, e mandou que lhe fossem concedidos dois substitutos para a regência da sua cadeira, autorizando que José Anastácio da Cunha recebesse o grau de doutor depois de provido na cadeira.

A Carta Régia de 4 de junho de 1783 nomeou quatro lentes-proprietários e dois substitutos na Faculdade de Matemática, a saber: dr. José Monteiro da Rocha, lente de Astronomia (ele também foi nomeado primeiro-diretor do Observatório Astronômico da Universidade, que pertencia à Faculdade de Matemática); dr. Miguel Franzini, lente de Foronomia; dr. Manuel José Pereira da Silva, lente de Cálculo; dr. Vitruvio Lopes Rocha, lente de Geometria; dr. Manuel da Maia e dr. Francisco José da Veiga, lentes substitutos.

Entre os livros didáticos usados, *Os Elementos*, de Euclides, e o *Compêndio*, de E. Bezout, foram as traduções para a língua portuguesa, feitas, respectivamente, por João Ângelo Brunelli e José Monteiro da Rocha. O Alvará de 16 de outubro de 1773 transferiu para

---

[32] Cf. FREIRE, F. C. In: *Memória Historica da Faculdade de Mathematica*. Coimbra; Univ. de Coimbra, 1872, p. 40.
[33] Os primeiros doutores da Faculdade de Matemática.

As escolas jesuítas no Brasil

a Universidade de Coimbra "o privilégio exclusivo para as impressões dos livros clássicos dos estudos matemáticos, havendo cessado o fim com que antes fora concedido e doado ao Colégio Real dos Nobres".

Devemos ressaltar que, mesmo depois de reformada, em 1772, a Universidade de Coimbra continuou sendo uma instituição medieval, pois o saber ali transmitido era o existente. Em outras palavras, essa instituição continuava restrita à conservação e transmissão dos conhecimentos já constituídos. Seus dirigentes não se interessaram pela busca e investigação da verdade nos diversos ramos da ciência. Não se interessaram em criar e transmitir conhecimentos, em fazer ciência por meio de um esforço criativo de pesquisa básica continuada e repassar os resultados das pesquisas para o ensino e para a sociedade portuguesa e, dessa forma, contribuir para a evolução e transformação dessa sociedade. Aliás, esse foi um ponto muito importante, pois a Europa somente viria a ter uma universidade verdadeiramente não-medieval a partir da década de 1800, quando Wilhelm von Humboldt[34] reformou a Universidade de Berlim, instituição que passou a ser um centro de pesquisa científica, ao lado do preparo de cientistas especializados[34].

Não se entenda, com isso, que menosprezamos o valor e os objetivos da universidade medieval. Compreendemos seu valor e sua natureza. Ela existiu para preparar o monge, o professor, o frade, o religioso, entre outros, e desempenhou seu papel. Certamente que devemos respeitá-la.

O ensino e a pesquisa da Matemática introduzidos na "nova" Universidade de Coimbra jamais traduziram os padrões do ensino e da pesquisa científica dessa ciência realizadas em instituições universitárias de outros países da Europa ocidental. Enfim, não houve, por parte do primeiro-ministro português, a preocupação em contratar, no exterior, excelentes matemáticos para impulsionar o ambiente científico em Portugal, bem como para formar discípulos. O Marquês de Pombal contratou engenheiros italianos, que, por motivos óbvios, não tinham interesse em pesquisa básica na Matemática, nem em fazer escola. Mesmo assim, a Faculdade de Matemática causou um grande impacto na elite intelectual portuguesa, pois iniciou algo novo em Portugal: o treinamento de homens especializados em Matemática, ao ser instituído o grau de doutor. Por exemplo, no período de 1772 a 1800, foram concedidos vinte graus de doutor em Ciências Matemáticas.

Entre os jovens talentos portugueses contratados, citamos José Monteiro da Rocha e José Anastácio da Cunha, que também não se preocuparam em fazer escola. Mesmo assim, tiveram vários discípulos, alguns dos quais se tornaram matemáticos. Outros se dedicaram ao ensino secundário. José Anastácio da Cunha foi mais talentoso que Monteiro da Rocha; porém, em determinado momento de sua vida, muito se preocupou em não ser apanhado pelos tentáculos do Santo Ofício, o que não adiantou muito visto que foi preso pela Inquisição de Coimbra, tendo sua carreira acadêmica destruída.

Esses fatos influenciaram negativamente na implantação do ensino da Matemática superior no Brasil, pois os brasileiros e portugueses que estudaram Matemática em Portugal (na Universidade de Coimbra e nas Escolas Militares) no século XVIII vieram para o Brasil com a família real, e alguns fizeram parte do primeiro corpo docente da Academia Real Militar, fundada em 1810, na cidade do Rio de Janeiro, como veremos a partir do capítulo seguinte. Foram mais de duas dezenas de jovens brasileiros que, a partir de 1772, passaram pelos bancos da Faculdade de Matemática, mas nem todos obtiveram o grau de doutor em Ciências Matemáticas, no período de 1772 a 1857. Citaremos alguns deles.

---

[34] Cf. CASPER, G.; HUMBOLDT, Wilhelm von. In: *Um Mundo sem Universidades?* Rio de Janeiro; EdUERJ, 1997.

Francisco José de Lacerda e Almeida (1772-1802), natural de São Paulo, doutorou-se em 21 de dezembro de 1777. Veio ao Brasil para trabalhar na demarcação de fronteiras, regressando a Portugal em 1790. Faleceu na África, onde estava a serviço do rei.

Antônio Pires da Silva Pontes Leme (1750-1805), natural da Bahia, doutorou-se em 24 de dezembro de 1777. Veio ao Brasil para realizar trabalhos de demarcação de terras, regressando a Portugal em 1790. Em 1791, foi nomeado professor da Academia Real dos Guardas-Marinhas, de Lisboa. Em 1798, retornou ao Brasil na qualidade de governador da Província do Espírito Santo. Membro da Academia das Ciências de Lisboa, traduziu para o português obras de S. F. Lacroix.

Antônio Francisco Bastos, natural de Pernambuco, doutorado em 24 de julho de 1785, foi professor da Faculdade de Matemática da Universidade de Coimbra.

Thomaz Antônio de Oliveira Lobo, natural do Rio de Janeiro, doutorou-se em 31 de julho de 1857.

João Antônio Coqueiro (1837-1910) nascido na cidade de São Luiz, Província do Maranhão, mesmo sem ter sido graduado nem obtido doutoramento pela Universidade de Coimbra, devemos registrar o que segue. Aos dezoito anos foi estudar na Escola Central de Artes e Manufaturas de Paris. Em 1860, publicou em Paris, com auxílio do governo da Província do Maranhão, o livro *Tratado de Aritmética*[35]. Quando ainda estava na Escola Central, passou a freqüentar aulas na Faculdade de Ciências de Paris. Nessa instituição, recebeu o grau de bacharel em Ciências. Durante dois anos foi preparador auxiliar da cadeira de Física Experimental, da Faculdade de Ciências. Em 1862, recebeu o grau de doutor em Ciências Físicas e Matemáticas pela Universidade de Bruxelas (Bélgica). Ainda na cidade de Bruxelas, trabalhou sob a direção de Adolphe Quetelet (1796-1874). Posteriormente regressou ao Maranhão, onde trabalhou como professor do ensino secundário. Em 1901, foi nomeado diretor do Colégio D. Pedro II, na cidade do Rio de Janeiro, onde faleceu. Não foi aproveitado como professor na Escola Central do Rio de Janeiro antecessora da Escola Politécnica, nem na Escola Politécnica do Rio de Janeiro, talvez por não ser engenheiro.

Devemos ter em mente as exigências da Faculdade de Matemática da Universidade de Coimbra para obtenção do grau de doutor em Matemática. A respeito dessas regras, vejamos o que escreveu o professor F. C. Freire:

> Os bachareis formados, que pretendiam prosseguir nos actos grandes, eram obrigados a frequentar mais um anno, tornando a ouvir as lições do 3º e 4º anno do curso mathematico. No fim podiam requerer para serem admitidos ao acto de repetição, que consistia na defesa de theses escolhidas pelo repetente (...) Depois do acto de repetição seguia-se o exame privado, no qual a Faculdade, sem apparato e como em familia, explorava a capacidade do candidato, e o habilitava com a sua approvação para o gráu de doutor, conferindo-lhe previamente o gráu de licenciado...[36]

Lendo a obra de F. C. Freire, percebemos claramente a ausência, no período de 1772 a 1872, de pesquisa matemática básica na Faculdade de Matemática da Universidade de Coim-

---

[35] Ele também publicou as seguintes obras: *Curso Elementar de Mathematica*, 2 vol. São Luiz: [s.n.], 1869-1874; *Primeiras Noções de Cálculo*. São Luiz: [s.n.]m 1871; Cálculo das Secções Angulares. *Rev. dos Cursos Esc. Poli.* Rio de Janeiro, 5, 1909, p. 63-170; *Théorie des approximations numériques et du calcul abrégé*. Paris: Gauthier Villars, 1909.

[36] Cf. FREIRE, F. C. In: *Memoria Historica da Faculdade de Mathematica*. Coimbra: Univ. de Coimbra, 1872,26.

As escolas jesuítas no Brasil

bra. Na parte referente à bibliografia matemática da instituição, notamos a ausência de periódicos e encontramos apenas traduções de livros didáticos de autores estrangeiros, bem como algumas notas de aulas abordando assuntos contidos nos livros. Nenhum trabalho original na Matemática por parte dos professores da instituição. Porém, com o advento dos Estatutos Novíssimos, a pesquisa científica foi uma das exigências desses estatutos da Universidade de Coimbra. Para tal, foi criado um órgão especial a fim de gerenciar a pesquisa; porém esse órgão nunca foi ativado na instituição. Sabemos, ainda, que tampouco foi implementado, na universidade, um programa de incentivos para contatos dos professores da instituição com matemáticos estrangeiros. Em virtude desse isolamento científico, muitos dos resultados obtidos por matemáticos portugueses, foram redescobertos, depois, por matemáticos de outros países. Somente na segunda metade do século XIX é que foi quebrado esse isolamento, quando, em 1877, o professor Francisco Gomes Teixeira fundou o periódico *Jornal de Sciencias Matematicas e Astronomicas*.

Contudo, há que se louvar o espírito reformador do Marquês de Pombal, homem de visão, apesar de déspota, que, ao compreender a urgente necessidade de reformar o ensino português, ordenou também a criação de uma Faculdade de Matemática para estimular o estudo e desenvolvimento da Matemática em Portugal. Não há dúvidas de que essa instituição de ensino foi o marco inicial de uma trajetória bem-sucedida para a formação de matemáticos em Portugal.

A reforma pombalina da Universidade de Coimbra foi um dos acontecimentos da segunda metade do século XIX que contribuíram decisivamente para a mudança de rumo do ensino da ciência e da cultura em Portugal. As Ciências Físicas, a Matemática, a Química e as Ciências Naturais alcançaram, pela primeira vez, uma posição de prestígio no quadro das disciplinas ensinadas na Universidade de Coimbra, que abriu as portas para os métodos da moderna ciência.

Voltemos às informações a respeito da faculdade de Matemática. Para o início do curso, havia três tipos de aluno, segundo os Estatutos Novíssimos: os ordinários, os obrigados e os voluntários. Os primeiros seriam os alunos que desejassem realizar o curso completo e, portanto, graduar-se em Matemática. Os segundos seriam os alunos que deveriam freqüentar apenas algumas cadeiras (disciplinas) a título de subsídio para os estudos em outras faculdades, como Medicina, Direito, Teologia ou Filosofia. Os alunos classificados na terceira categoria seriam os que não desejavam estudar Matemática como profissão. Fariam algumas cadeiras por diletantismo como, por exemplo, os nobres que eram militares.

Sobre os primórdios da Faculdade de Matemática da Universidade de Coimbra, daremos mais detalhes a respeito dos dois mais importantes matemáticos portugueses que lá lecionaram. José Monteiro da Rocha e José Anastácio da Cunha, ambos autodidatas. Monteiro da Rocha teve ativa participação no programa de reforma da instituição, levado a cabo pelo Marquês de Pombal, conforme mencionamos. Sobre Anastácio da Cunha, mais talentoso que Monteiro da Rocha, celebrou-se em Portugal, em 1987[37], o bicentenário de sua morte. O grande movimento nacional gerado com as várias celebrações ocorridas nas universidades de Coimbra.

---

[37] Esses dois matemáticos portugueses do século XVIII travaram uma discussão a respeito de questões científicas. A esse respeito cf. FERRAZ, Maria de L.; RODRIGUES, José F.; SARAIVA, Luis (coord.). In: Anastácio da Cunha — o poeta, o matemático. *Actas do Colóquio Internacional*. Lisboa: Imprensa Nacional, Casa da Moeda, 1987. Cf. também a carta escrita por José Monteiro da Rocha a José Anastácio da Cunha, intitulada *Carta sobre a natureza das quantidades negativas e rigorosa exatidão dos cálculos algébricos. Escrita a hum discipulo da Academia Real da Marinha de Lisboa. Em que se responde a algumas duvidas propostas por deus discipulos do Dr. José Anastácio da Cunha e por elle mesmo aprovadas*. Esse documento se encontra arquivado na Biblioteca Nacional, Rio de Janeiro, Brasil.

José Monteiro da Rocha

Nasceu em Canavezes, uma vila situada às margens do Rio Tamega, próximo de Amarante, em 25 de junho de 1734. Viajou para o Brasil muito jovem, entrando para a Companhia de Jesus aos dezoito anos de idade, em 15 de outubro de 1752, em Salvador. Estudou Matemática com o jesuíta João Brewer, na Faculdade de Matemática do Colégio da Bahia. Deixou a ordem dos inacianos em 1760, após a expulsão dos jesuítas, em 1759. Continuou a viver na Bahia, onde recebeu a ordenação sacerdotal. Ao regressar a Portugal, seguiu para Coimbra; ali freqüentou a universidade e se bacharelou em Cânones, em junho de 1770.

Chamado a Lisboa pelo Marquês de Pombal, por indicação de dom Francisco de Lemos de Faria Pereira Coutinho, bispo de Coimbra e depois reitor da universidade, colaborou na redação dos novos estatutos da Universidade de Coimbra, na parte das Ciências Naturais. Foi o principal artífice dos estatutos da Faculdade de Matemática. Permaneceu na corte trabalhando nos estatutos da Universidade de Coimbra, no período de 1771 a 1772. Criou e organizou o Observatório Astronômico da Universidade de Coimbra, sendo nomeado lente da cadeira de Ciências Físico-Matemáticas da recém-criada Faculdade de Matemática. Assumiu, ainda, o encargo de prover essa unidade da universidade dos apropriados livros didáticos para o ensino.

Monteiro da Rocha traduziu, para a língua portuguesa algumas obras do matemático francês E. Bezout (1730-1783). Uma delas foi *Elementos de Aritmética*, impressa pela primeira vez em 1773, em que, além de inserir aditamentos, acrescentou um método especial para a extração da raiz cúbica, que ficou conhecido como "método de Monteiro". Outra obra traduzida foi *Elementos de Trigonometria Plana e Álgebra*, livro impresso pela primeira vez em 1774, no qual adicionou uma coleção de fórmulas trigonométricas. A primeira de suas traduções da obra de Bezout foi o livro que maior divulgação alcançou em Portugal. Ele traduziu também obras de outros matemáticos franceses.

Monteiro da Rocha regeu a cadeira de Ciências Físico-Matemáticas até 1783 e depois de Astronomia, até 1795. Foi jubilado (aposentado) em 1795, mas, por Carta Régia de 15 de abril 1795, recebeu a nomeação, na qualidade de decano, de diretor perpétuo da Faculdade de Matemática e do Observatório Astronômico da Universidede de Coimbra.

Por Carta Régia de 2 de junho de 1801, Monteiro da Rocha foi agraciado com a comenda de Portalegre da Ordem de Cristo. Anteriormente ele havia obtido a cadeira de cônego Magistral da Sé de Leiria. Foi ainda membro da Academia das Ciências de Lisboa e da Sociedade Real da Marinha, vice-reitor da Universidade de Coimbra no período de outubro de 1783 a 23 de maio de 1804, vice-presidente da Junta da Direção Geral dos Estatutos dessa instituição, e Conselheiro do Príncipe Regente dom João, de 23 de maio de 1804 até a fuga da família real para Brasil, em dezembro de 1807, após os exércitos de Napoleão Bonaparte invadirem Portugal. Os trabalhos científicos de Monteiro da Rocha estão concentrados nas áreas de Métodos Numéricos e de Astronomia. A maioria dos trabalhos de Astronomia de Monteiro da Rocha foi publicada em Paris, sob o título *Mémoires d'Astronomie Pratique*, Paris, 1808. José Monteiro da Rocha faleceu em 11 de dezembro de 1819, numa quinta de sua propriedade, nas proximidades de Lisboa.

José Anastácio da Cunha

Nasceu em Lisboa, em 11 de maio de 1744, filho de uma família humilde. Seu pai, Lourenço da Cunha, foi considerado o melhor pintor português, de sua época, no gênero

As escolas jesuítas no Brasil

de arquitetura e perspectiva. Desde criança, José Anastácio da Cunha mostrou grande facilidade de compreensão do que lhe era ensinado. Foi educado na Casa de Nossa Senhora das Necessidades, uma instituição dos padres oratorianos. Assentou praça, em 1762, no Regimento de Artilharia do Porto, em Valença do Minho. Na época, França e Espanha estavam em guerra contra Portugal. Promovido a segundo-tenente, fez rápido progresso nos estudos de Matemática, Artilharia e Fortificação. Nessa ocasião, as tropas portuguesas eram dirigidas pelo Conde de Schaumburg-Lippe, um prussiano. O quadro de oficiais das tropas portuguesas era composto, em sua maioria, por estrangeiros contratados (os "mercenários," nos dias atuais). O comandante de José Anastácio da Cunha era racionalista e pedreiro-livre (maçom), como quase todos os oficiais da época. As obras do poeta e satirista A. Pope (1688-1744) e do escritor francês François M. A. Voltaire eram muito conhecidas pelos oficiais do regimento, de modo que José Anastácio da Cunha muito se influenciou pelo teísmo que dominou quase toda a Europa culta da época. Essa influência haveria de lhe trazer grandes dissabores, quando ele foi agarrado por um dos tentáculos da Inquisição, como veremos mais adiante.

Em 1769, a pedido de um oficial britânico de seu regimento, José Anastácio da Cunha escreveu um trabalho intitulado *Carta Físico-Mathematica sobre a Theoria da Pólvora em Geral e a Determinação do Melhor Comprimento das Peças em Particular*, analisando os manuais estrangeiros usados para a instrução militar sobre o assunto. Nesse trabalho, ele apontou vários erros contidos nos manuais, ao mesmo tempo que apresentou novas teorias a respeito do tema. O Conde de Schaumburg-Lippe, ao tomar conhecimento do trabalho, notou a citação de alguns autores não-recomendados pelo regulamento, e ordenou a detenção de Anastácio da Cunha. Posteriormente, esse comandante reconheceu o valor contido na obra de José Anastácio e escreveu ao primeiro-ministro, louvando os méritos científicos de seu subordinado. Em carta datada de 5 de outubro de 1773 ao reitor da Universidade de Coimbra, assim se expressou o Marquês de Pombal a respeito de Anastácio da Cunha:

> O dito militar é tão eminente na Sciencia Mathematica, que, tendo-o eu destinado para ir à Allemanha aperfeiçoar-se com o Marechal general, que me tinha pedido dois ou tres moços portuguezes para os tornar completos, me requereu o Tenente General Francisco Marican que não o mandasse, porque elle sabia mais que a maior parte dos Marechaes de França, de Inglaterra e de Allemanha; e que é um d'aquelles homens raros que nas nações cultas costumam aparecer...[38]

Assim, quando da reforma da Universidade de Coimbra, o Marquês de Pombal lembrou-se de José Anastácio e o indicou, em 1773, para a cadeira de Geometria da Faculdade de Matemática. Em 1774, já na qualidade de lente da cadeira de Geometria, Anastácio da Cunha recebeu o grau de doutor, por ordem do Marquês de Pombal. Com a morte do rei dom José I, em 1777, o Marquês de Pombal caiu em desgraça política, pois fizera muitos inimigos. Com a desgraça do Marquês de Pombal, veio a fase mais difícil na vida de José Anastácio da Cunha.

No reinado de dona Maria I, que ensandeceu após quinze anos de governo, Anastácio da Cunha foi preso, em 1 de julho de 1778, pela Inquisição de Coimbra. Julgado e condenado, perdeu seu posto acadêmico na Universidade de Coimbra. Ao ser libertado, em 23 de janeiro de 1781, sem emprego, José Anastácio foi convidado pelo intendente geral da polícia Diogo

---

[38] Cf. FREIRE, F. C. In: *Memoria Historica da Faculdade de Mathematica*, Coimbra: Univ. de Coimbra, 1872, p. 34.

de Pina Manique para lecionar Matemática no Colégio de São Lucas, da Real Casa Pia do Castelo de São Jorge, em Lisboa, instituição em que permaneceu até sua morte.

Quando estava preso, ao ser interrogado pelos inquisidores, José Anastácio da Cunha informou que havia completado, após trabalho de doze anos, um livro intitulado *Princípios Mathematicos*[39] — considerado seu principal trabalho matemático. O livro contém 302 páginas e foi publicado em Lisboa, em 1790, em sua forma completa, isto é, três anos após sua morte. A reprodução fac-símile da edição de 1790 foi feita em 1987 pelo Departamento de Matemática da Faculdade de Ciências e Tecnologia da Universidade de Coimbra, como parte das comemorações dos duzentos anos da morte do matemático. Essa obra de Anastácio da Cunha teve duas versões em língua francesa, uma publicada em 1811, em Bordeaux, e outra publicada em 1816, em Paris, esta última, sob a responsabilidade de João Manuel de Abreu, amigo e discípulo de Anastácio da Cunha. Foi assim que este trabalho de Anastácio da Cunha se divulgou pelo restante da Europa.

O livro de Anastácio da Cunha contém grande parte da Matemática conhecida na época. Seu conteúdo inicia (Livro I) com as primeiras noções de Geometria Plana, continuando com Aritmética, Álgebra, abordando Geometria Diferencial e Cálculo das Variações. O livro traz axiomas, definições, proposições e demonstrações com notável rigor matemático, considerando-se os padrões da ciência da época. Contém, ainda, no final, várias páginas com desenho de figuras planas referentes aos diversos capítulos. São fatos que nos fazem conjecturar sobre os propósitos que o autor teria em mente ao idealizar a obra.

A respeito desse trabalho, o matemático José Vicente Martins Gonçalves (1896-1985) fez um estudo sobre o Livro IX, no qual Anastácio da Cunha trata dos vários aspectos da teoria das séries infinitas. Vicente Gonçalves[40] descreve inicialmente a situação em que se encontravam os estudos, na Europa, sobre as séries infinitas, no período que vai do fim do século XVIII ao início do século XIX, focalizando a pouca importância dispensada pelos matemáticos às questões de convergência. Vicente Gonçalves chama a atenção para a Definição I, do Livro IX, página 106, da obra de Anastácio da Cunha, que diz respeito à série convergente. Ele nos informa que a definição de convergência dada pelo mestre português é exatamente o mesmo que a *condição necessária e suficiente, ou critério de convergência*, obtida por Augustin Louis Cauchy, em 1821 e apresentada em sua obra *Cours d'Analyse*. Eis, em gramática atual, a definição apresentada por Anastácio da Cunha, tal como publicada em 1790:

> Série convergente chamam os Matemáticos àquela cujos termos são semelhantemente determinados, cada um pelo número dos termos precedentes, de sorte que sempre a série se possa continuar e, finalmente venha a ser indiferente o continuá-la ou não, por se poder desprezar sem erro notável a soma de quantos termos se quisesse ajuntar aos já escritos ou indicados; e estes últimos indicam-se escrevendo &c. depois dos primeiros dois ou três ou quantos se quiser; é porém necessário que os termos escritos mostrem como se poderia continuar a série, ou que isso se saiba por outra via.[41]

---

[39] Cujo título inicial foi *Arithmetica Universalis*, segundo nos informa José Vicente Gonçalves. In: *Relações entre Anastácio da Cunha e Monteiro da Rocha*. Memórias da Acad. das Ciências de Lisboa. Lisboa: [s.d.], p. 57.

[40] Cf. GONÇALVES, J. Vicente. In: Análise do Livro VIV dos Princípios Mathemáticos de José Anastácio da Cunha. *Actas do Congresso do Mundo Português*, vol. XII, tomo I, Lisboa: 1940, p. 123-140. Segundo Vicente Gonçalves no livro *Princípios Mathemáticos*: "Se estabelecem as bases da teoria das séries, fundamento essencial na análise moderna, e se expõem os princípios do cálculo exponencial, pela primeira vez organizados com unidade e clareza. Criador das séries, reformador das potências, em umas e outras levou Cunha boa dianteira às maiores figuras do tempo...".

A definição de série convergente ou de critério de convergência dada por Anastácio da Cunha foi objeto de análise por vários matemáticos. Em particular, a parte da definição acima que diz: "por se poder desprezar sem erro notável a soma de quantos termos se quisesse ajuntar aos já escritos ou indicados…" foi objeto de análise por parte de A. J. Franco de Oliveira, que escreveu:

> For Cunha says that convergence is assured if we may neglect without considerable error the sum (and not series) of any number of terms from some term onwards whatever this may be; in modern notation, this means that if in the series (of positive reals, say)
>
> $$u_1 + u_2 + \ldots,$$
>
> given > 0, a term u_n can be attained such that any finite sum
>
> $$u_{n+1} + \ldots + u_{n+p}$$
>
> is smaller than , then the series converges…[42]

José Vicente Gonçalves concluiu que, nessa parte da definição de Anastácio da Cunha, estaria uma antecipação do critério de convergência apresentado por Cauchy muitos anos depois.

Na continuação do assunto, Anastácio da Cunha demonstrou a convergência da série exponencial para qualquer valor do argumento. A seguir, ele definiu potência de expoente qualquer, a partir da série exponencial (como se faz atualmente), mostrando que sua definição também é válida quando a base da exponencial é positiva. A partir daí, ele deduziu várias propriedades fundamentais das potências e tratou, também, da função logaritmo. Esse fato chamou a atenção de Carl Friedrich Gauss, em 1811, após a leitura do livro. Gauss gostou das definições de José Anastácio da Cunha[43] para função exponencial e função logaritmo.

Ainda sobre o livro de Anastácio da Cunha, foram publicadas algumas resenhas no início e no final do século XIX, e no início do século XX. Uma sem autor especificado, porém com detalhes da obra, foi publicada em *Göttingische gelehrte Anzeigen*, em 14 de novembro de 1811; outra, escrita pelo matemático e físico escocês J. Playfair, saiu publicada em *Edinburgh Review*, em novembro de 1812; outra, em duas páginas de um livro russo, escrita por I. Yu Timtchénko, em 1894; e a quarta mencionada em um artigo de F. Cajori, em *Vorlesungen über Geschichte der Mathematik*, de Moritz Cantor, V. 4, Leipzig, 1908.

Segundo historiadores da Matemática portuguesa, provavelmente o conteúdo dos primeiros capítulos do livro foi usado por Anastácio da Cunha em suas aulas na Universidade de Coimbra e posteriormente no Colégio de São Lucas. Com isso podemos conjecturar a respeito do alto nível de suas aulas nessas instituições de ensino. O professor A. J. Franco de Oliveira escreveu o seguinte:

---

[41] Cf. CUNHA, J. Anastácio da. *Principios Mathematicos*. Edição fac-símile. Coimbra: Universidade de Coimbra, 1987, p. 106.

[42] Cf. OLIVEIRA, A. J. Franco de. In: Anastácio da Cunha and the Compcept of Convergent Series. *Arch. for History of Exact Sciences*. v. 39, n. 1, p. 5, 1988.

[43] Cf. A. P. YOUSCHKECITCH, in: C. F. Gauss et J. A. da Cunha. *Revue d"Histoire des Sciences*, XXXI/4, 1978, p. 327-332, quando diz: "Peu aprés, le célèbre C. F. Gauss lui-même apprécia flatteusement une des idées novatrices de da Cunha, et notamment sa définition de l'exponentielle et du logarithme. Cette appréciation de Gauss est exposée dans sa lettre à F. W. Bessel du 21 novembre de la même année…"

> One must take notice of the fact that Principios was not written at one time; it seems to have been written over a period of more than ten years, in two or three distinct parts, perhaps not initially intended to be put together, in spite of cross-references and a visible intent at logical coherence as a whole. However, some changes of terminology seem to occur (particularly with respect to notions of the calculus, from Book XV onwards), and it is only natural that during that period Cunha sharpened or even changed some of his views...[44]

Anastácio da Cunha também produziu outros trabalhos, entre os quais, citamos: *Ensayo sobre os Principios de Mechanica, 1807; Carta Físico-Mathemática sobre a Theoria da Pólvora em Geral e a Determinação do Melhor Comprimento das Peças em Particular,1769; Notícias literárias de Portugal, 1780; Ensaio sobre as Minas.* Este último trabalho encontrava-se inédito até 1994, quando foi publicado na Coleção Estudos e Manuscritos n.º 3, do Arquivo Distrital de Braga/ Universidade do Minho, graças ao tenaz trabalho de pesquisa da professora-doutora Maria Fernanda Estrada, do Departamento de Matemática da Universidade do Minho, que encontrou, em 1987, a obra no Arquivo Distrital de Braga, ao lado de um manuscrito da obra poética de José Anastácio da Cunha. Essa edição de 1994, que foi preparada a partir do texto integral do manuscrito n.º 526 do Arquivo Distrital de Braga, contém introdução e notas da professora Maria Fernanda Estrada.

Entre os poucos discípulos de Anastácio da Cunha, mencionemos também Manuel Pedro de Mello (1765-1833), um dos importantes matemáticos portugueses do século XIX o primeiro professor de hidráulica na Universidade de Coimbra.

Neste capítulo, apresentamos uma visão panorâmica da qualidade e do direcionamento do ensino da Matemática em Portugal e no Brasil, na fase em que o ensino na matriz e domínios esteve sob o mando dos inacianos. Estudam-se também as condições gerais do ensino dessa ciência em Portugal no período em que esteve à frente do governo o Marquês de Pombal. Pelas informações aqui contidas, podemos aquilatar o estágio de desenvolvimento do ensino da Matemática na instituição em que estudaram, a partir de 1772, os primeiros professores do curso básico (o curso matemático) da Academia Real Militar.

---

[44] Cf. OLIVEIRA, A. J. Franco de. In: *op. cit.*, p. 3.

CHEGADA DE DOM JOÃO AO BRASIL: FUNDAÇÃO DA ACADEMIA REAL MILITAR, EM 1810

Com a invasão de Portugal e da cidade de Lisboa, em 30 de novembro de 1807, pelo exército francês, comandado por Napoleão Bonaparte (1769-1821), a família real portuguesa fugiu com sua corte para o Brasil. Isso aconteceu em 29 de novembro de 1807, portanto um dia antes de a pequena tropa comandada pelo general Junot entrar em Lisboa. A família real veio protegida pela esquadra britânica, comandada pelo contra-almirante sir William Sidney Smith. Na verdade, a transferência da corte portuguesa para o Brasil também representou uma espetacular e vitoriosa manobra da diplomacia britânica, pois os ingleses tinham interesses comerciais e estratégicos para apoiar a mudança da realeza de Portugal para a colônia.

Como sabemos, os ingleses pretendiam (e conseguiram) a liberdade de comerciar com as colônias portuguesas, em particular com o Brasil, pois até 1807 todo o comércio era feito via porto de Lisboa. Com a chegada da comitiva real ao Brasil, em 23 de janeiro de 1808, os ingleses intensificaram as pressões políticas junto ao príncipe regente, e dom João acabou por assinar a famosa Carta Régia de 28 de janeiro de 1808, abrindo os portos do Brasil às nações amigas[45].

O ato do príncipe regente teve um grande significado comercial, terminando com o monopólio de mercadorias por parte da metrópole, regime que mais fortemente caracterizava o estatuto colonial do Brasil, mas teve também significado muito maior para os brasileiros que não podiam estudar na Europa, pois, logo a seguir, o príncipe criou escolas superiores no Brasil. Outra importante medida tomada por dom João foi a elevação do Brasil a Reino Unido a Portugal e Algarves, medida de 1815 que igualou politicamente o Brasil a Portugal.

---

[45] Os ingleses penetraram pelo Brasil e aqui estabeleceram sua predominância. Cf. CALDEIRA, Jorge, In: *Mauá, Empresário do Império*. São Paulo: Companhia das Letras, 1995. A predominância inglesa frente os portugueses foi mantida graças ao Tratado de Comércio, assinado entre os dois países em 27 de dezembro de 1703, conhecido por Tratado de Methuen, ou Methwen, renovado em 19 de fevereiro de 1810 sob o nome de Tratado de Aliança, Comércio e Navegação. Por meio dele, a Inglaterra completou seus planos para arruinar Portugal economicamente; através do tratado foram, por exemplo, destruídas as manufaturas existentes em Portugal. Por fim, em 21 de julho de 1835, o tratado foi tornado sem efeito pelo Duque de Palmela, então ministro dos Negócios Estrangeiros do Brasil.

Devemos, portanto, a Napoleão Bonaparte a verdadeira descoberta do Brasil por parte da metrópole, bem como a institucionalização do ensino superior. Com efeito, além de trazer com a corte uma academia naval, logo que chegou à Bahia, o príncipe regente, por Carta Régia de 18 de fevereiro de 1808, autorizou o cirurgião da casa real, o brasileiro José Correia Picanço, a escolher professores e criar, de acordo com sua proposta, uma aula de cirurgia em um hospital militar da cidade de Salvador. Foram escolhidos os cirurgiões José Soares de Castro, português, e Manoel José Estrella, brasileiro (este nomeado para ensinar Cirurgia Especulativa e Prática). Foi assim instituído o ensino médico no Brasil. Mais tarde, em Carta Régia de 29 de dezembro de 1815, o ensino médico nessa instituição foi reformado, criando-se um curso de cinco anos de duração. A aula de cirurgia deu origem à Faculdade de Medicina de Salvador, a mais antiga faculdade de medicina do Brasil.

Ao instalar a corte na cidade do Rio de Janeiro, onde aportou em 7 de março de 1808, dom João entrou em grande atividade administrativa, dando início ao desenvolvimento do Brasil, pois, segundo suas palavras, "viera crear um novo imperio". Por exemplo, ele autorizou, em 5 de maio de 1808, a instalação da Academia Real dos Guardas-Marinhas (atual Escola Naval), nas hospedarias do Mosteiro de São Bento. Posteriormente criou outras importantes instituições para o Brasil, tais como: Imprensa Real (tipografia oficial, onde foi permitida a impressão do jornal *Gazeta do Rio de Janeiro*, cujo primeiro número circulou em 10 de setembro de 1808); Biblioteca Real, Museu Real, Observatório Astronômico; Escola Real de Ciências, Artes e Ofícios; Real Fábrica de Ferro do Morro de Gaspar Soares. Por Decreto Régio de 5 de novembro de 1808, estabeleceu, na cidade do Rio de Janeiro, uma escola de Anatomia, Cirurgia e Médica, instituição que depois se transformou na Faculdade de Medicina dessa cidade. Fundou, por Carta Régia de 4 de dezembro de 1810, a Academia Real Militar, instituição a partir da qual se desenvolveu o ensino da Matemática superior no país. Eis parte da Carta Régia que criou essa importante instituição de ensino:

> Dom João, por graça de Deos, Príncipe de Portugal e dos Algarves, d'Aquem, e d'Alem Mar (...) Faço saber a todos que esta Carta virem, que tenho consideração ao muito que interessa ao Meu Real Serviço, ao bem Público dos Meus Vassalos e à defensa e segurança dos Meus vastos Dominios, que se estabeleça no Brazil, e na Minha actual Corte e Cidade do Rio de Janeiro, hum Curso regular das Sciencias exactas, e de Observação, assim como de todas aquellas, que são applicações das mesmas aos Estudos Militares e Práticos, que formão a Sciencia Militar em todos os seus difficeis e interessantes ramos, de maneira, que dos meus Cursos de estudos se formem habeis Officiaes de Artilharia, Engenharia, e ainda mesmo Officiaes da Classe de Engenheiros Geographos e Topographos (...) Hei por bem, que na Minha actual Corte e Cidade do Rio de Janeiro, se estabeleça huma Academia Real Militar para hum Curso completo de Sciencias Mathematicas, de Sciencias de Observação, quaes a Physica, Chymica, Mineralogia, Metallurgia, e Historia Natural...[46]

Essa foi uma das medidas tomadas por dom João que representou um importante avanço para o Brasil, pois, por meio dela, houve a possibilidade institucional de ser ministrado no país o ensino de ciências e da técnica. Mas a livre entrada de livros no Brasil só se efetivou em 1821, na regência de dom Pedro I (1798-1835). A Academia Real Militar foi uma instituição de ensino e regime militares, destinando-se a formar oficiais topógrafos, geógrafos e das ar-

---

[46] Cf. Carta Regia que Estabelece a Academia Real Militar. *Revista da Escola Nacional de Engenharia*, n. 1, p. 9-30, 1940.

A chegada de dom João ao Brasil

mas de engenharia, infantaria e cavalaria para o exército do rei. Era constituída por um curso de sete anos, assim distribuído: nos quatro primeiros anos, o chamado Curso Matemático. A seguir, o Curso Militar, de três anos de duração. Mas nem todos os seus alunos eram obrigados a completar os sete anos, conforme nos informa J. Motta:

> "Os alunos destinados à Infantaria e à Cavalaria apenas estudavam as matérias do primeiro ano (Matemática Elementar), e os assuntos militares do quinto. Só para artilheiros e engenheiros eram exigidos os estudos do curso completo..." [47]

A Academia Real Militar iniciou seu funcionamento em 23 de abril de 1811, tendo assistido ao ato de abertura dos cursos seu criador e ministro da Guerra, dom Rodrigo de Souza Coutinho (1745-1812). Inicialmente, a academia ocupou algumas salas da Casa do Trem de Artilharia, situada na Ponta do Calabouço, no Rio de Janeiro. Em 1 de abril de 1812, ela foi transferida para o prédio do Largo de São Francisco de Paula, construção originalmente destinada à Catedral do Rio de Janeiro. Listamos, a seguir, as disciplinas (cadeiras) ministradas na academia, a partir de 1811:

- primeiro ano, Aritmética, Álgebra, Geometria, Trigonometria, Desenho;

- segundo ano, Álgebra, Geometria, Geometria Analítica, Cálculo Diferencial e Integral, Geometria Descritiva, Desenho;

- terceiro ano, Mecânica, Balística, Desenho;

- quarto ano, Trigonometria Esférica, Física, Astronomia, Geodésia, Geografia Geral, Desenho;

- quinto ano, Tática, Estratégia, Castrametração (arte de assentar acampamentos), Fortificação de Campanha, Reconhecimento do Terreno, Química;

- sexto ano, Fortificação Regular e Irregular, Ataque e Defesa de Praças, Arquitetura Civil, Estradas, Portos e Canais, Mineralogia, Desenho;

- sétimo ano, Artilharia, Minas, História Natural.

A primeira composição do corpo docente do Curso Matemático foi a seguinte:

- Antonio José do Amaral (1782-1840), brasileiro, bacharel em Matemática pela Universidade de Coimbra, que lecionou Aritmética, Geometria e Trigonometria;

- Francisco Cordeiro da Silva Torres e Alvim (1775-1856), português, graduado pela Academia Real dos Guardas-Marinhas de Lisboa, que lecionou Álgebra, Geometria Analítica e Cálculo Infinitesimal. J. MOTTA, in: (*op. cit.*, p. 53), nos informa que Silva Torres foi professor de Engenharia Militar e Civil no sexto ano da academia, tendo uma eventual e breve passagem pelo curso básico (o Matemático);

- José Saturnino da Costa Pereira (1773-1852), brasileiro, bacharel em Matemática pela Universidade de Coimbra, que lecionou Mecânica, Hidrostática e Hidrodinâmica;

- José Victorino dos Santos e Souza (1780-1852), brasileiro, bacharel em Matemática pela Universidade de Coimbra, que lecionou Geometria Descritiva;

---

[47] Cf. MOTA, J. In: *FOrmação do Oficial do Exército*. Rio de Janeiro: Comp. Bras. Artes Gráficas, 1976, p. 20

- Manuel Ferreira de Araújo Guimarães (1777-1838), brasileiro, graduado pela Academia Real dos Guardas-Marinhas de Lisboa, que lecionou Trigonometria Esférica, Ótica, Astronomia, Geodésia.

Foram esses os homens que formaram, no Brasil pós-colônia, a primeira geração de engenheiros-matemáticos. Eles haviam sido formados em instituições portuguesas, cujo forte não era a pesquisa matemática básica atrelada ao ensino. As escolas militares tinham seus objetivos próprios; a Universidade de Coimbra, mesmo reformada pelo Marquês de Pombal no século XVIII, continuou sendo uma instituição medieval, conforme já vimos. Por sua vez, José Monteiro da Rocha e José Anastácio da Cunha não foram suficientes para criar um ambiente de pesquisa matemática, ocupados que estavam gerenciando suas ambições pessoais; mesmo assim, formaram alguns discípulos. Portanto, mesmo que houvesse condições propícias no Brasil, aqueles primeiros professores não estariam preparados cientificamente para iniciar os alunos brasileiros nos estudos da Matemática de vanguarda da época.

Contudo devemos registrar a preocupação dos organizadores dos cursos da Academia Real Militar quanto à qualidade e seriedade, levando-se em consideração os padrões científicos e culturais da época. Por exemplo, constava em seus estatutos o fato de os professores serem obrigados a organizar textos didáticos moldados sobre livros adotados, geralmente de autores franceses, para uso de seus alunos. Esse foi o forte motivo das traduções, para a língua portuguesa, de várias obras matemáticas para uso na academia. Mas nem sempre a autoridade maior cumpria com sua parte, que era financiar a publicação dos compêndios traduzidos. Mesmo assim, foram feitas traduções e publicações de obras de L. Euler, A. M. Legendre, S.F. Lacroix, N. L. Lacaille, dentre outros. Para algumas dessas traduções, muito contribuiu o professor Manuel F. Araújo Guimarães, que se destacou como um dos intelectuais da época.

Após a independência do Brasil, em 1822, a Academia Real Militar passou a se chamar Academia Imperial Militar. O Decreto Imperial de 9 de março de 1832 declarou extinta a Academia Imperial Militar e instituiu a Academia Militar e de Marinha do Brasil. Por um curto período houve a junção das duas Escolas Militares, separadas pelo Decreto Imperial de 22 de outubro de 1832 passando a escola do Exército a denominar-se Academia Militar da Corte[48]. Em 14 de janeiro de 1839, o Decreto Imperial 25 alterou os estatutos da Academia Militar, denominando-a Escola Militar, passando a ser regida por um novo regulamento, aprovado em 22 de fevereiro de 1839. Segundo o novo regulamento, a reorganização se destinava a habilitar devidamente os oficiais das três armas do Exército, bem como a classe de engenheiros militares e a do estado-maior. O novo regulamento da Escola Militar manteve para os professores a obrigação de organizar textos didáticos moldados em livros adotados.

Nesse período foram traduzidas para a língua portuguesa várias obras de autores franceses. Surgiram textos didáticos como, por exemplo: *Elementos de Geometria*, de Francisco Villela Barbosa, o Marquês de Paranaguá (ele havia estudado Matemática na Universidade de Coimbra); *Compêndio de Cálculo e Mecânica*, de José Saturnino da Costa Pereira; *Compêndio de Mecânica*, de Pedro D'Alcantara Bellegarde, entre outros.

Em virtude de mudanças sociais, políticas e econômicas que estavam ocorrendo no país, como construções de fábricas, de portos, de estradas, urbanização de cidades, entre outras, as elites dominantes perceberam a urgente necessidade de formar engenheiros civis e passaram a pressionar o imperador para que fosse criada uma escola de Engenharia. Dessa

---

[48] Ou Academia Militar do Império do Brasil.

A chegada de dom João ao Brasil

forma, o Decreto Imperial n.º 140, de 9 de março de 1842, instituiu modificações nos estatutos da Escola Militar, entre as quais a ampliação das disciplinas de Engenharia Civil no sétimo ano do curso. Era o prenúncio para a criação de uma escola de Engenharia separada de uma instituição militar. Foi também mantido, na Escola Militar, o curso Matemático, que passou a conter as seguintes cadeiras:

- primeiro ano, Aritmética, Álgebra Elementar, Geometria e Trigonometria Plana e Desenho;

- segundo ano, Álgebra Superior, Geometria Analítica, Cálculo Infinitesimal e Desenho;

- terceiro ano, Mecânica Racional Aplicada às Máquinas, Física Experimental e Desenho;

- quarto ano, Trigonometria Esférica, Astronomia e Geodésia.

O Decreto n.º 140 também instituiu na Escola Militar algo muito importante para o ensino e desenvolvimento da Matemática no Brasil, que foi o grau de doutor em Ciências Matemáticas. A instituição desse grau acadêmico despertou interesse e desejo de alguns alunos de estudar por conta própria alguns tópicos da Matemática não desenvolvidos no curso da escola. Porém a concessão desse título só foi regulamentada em 1846, ano a partir do qual se concederam por decreto os primeiros graus de doutor aos professores da instituição, conforme estatuía o Art. 19.º do Decreto 140. Somente a partir de 1848 começaram a ser defendidas as primeiras teses, conforme veremos no Cap. 7. Transcrevemos a seguir o artigo do decreto que trata da criação do grau de doutor:

> Art. 19.º Os alumnos que se mostrarem approvados plenamente em todos os sete annos do curso completo da Escola Militar, e se habilitarem pela fórma que fôr determinada nas Instrucções, ou Regulamento do Governo, receberão o gráo de Doutor em Sciencias Mathematicas, e só os que o obtiverem poderão ser oppositores aos lugares de substitutos. Os Lentes e Substitutos actuaes receberão o referido gráo sem outra alguma habilitação que o título de suas nomeações.

A aprovação plena do aluno em todos os sete anos do curso da escola, significava que ele deveria ter sido aprovado em cada cadeira com nota igual ou superior a sete.

Mesmo depois de realizada essa última reforma em seus estatutos, a Escola Militar continuava não atingindo os resultados desejados pelas autoridades competentes. Dessa forma, o Decreto Imperial n.º 1.536, de 23 de janeiro de 1855, criou uma outra instituição de ensino para o Exército: a Escola de Aplicação do Exército, destinada exclusivamente ao ensino militar, instalada em 1.º de maio de 1855, na Fortaleza de São João, na cidade do Rio de Janeiro. Em 1857, a Escola de Aplicação do Exército instalou-se na Praia Vermelha.

A Escola Militar continuava não satisfazendo às necessidades do país quanto à formação de engenheiros, pois não graduava engenheiros civis. A partir de 1850, o Brasil começou a se modernizar[49], dando início às construções de estradas de ferro, tão necessárias — inclusive nos dias atuais — para o transporte de pessoas e mercadorias. Para tanto, o país necessitava de engenheiros civis, pois, além das ferrovias, construíam-se, também, portos, estradas, casas, prédios, etc.

---

[49] Cf. R. Grahan. In: *Grã-Bretanha e o início da modernização do Brasil*. São Paulo: Brasiliense, 1973.

Dessa forma, os ministros da Guerra (Pedro D'Alcantara, em 1855, e depois o Marquês de Caxias, em 1856) insistiram junto ao Imperador sobre a necessidade de se separar o ensino militar do civil, criando-se para este último um curso superior próprio, o de Engenharia Civil. E, com a concordância do imperador, decidiu-se que o ensino militar e o ensino civil seriam reformulados. Foi, portanto, preparado um secreto que, depois de aprovado pelo imperador recebeu o número 2.116, com data de 1 de março de 1858. Transcrevemos, a seguir, parte desse documento:

> Approva o Regulamento reformando os da Escola de Applicação do Exército e do curso de infantaria e cavallaria da Provincia de S. Pedro do Rio Grande do Sul, e os estatutos da Escola Militar da Corte. Art. 1* - As actuaes escolas, Militar da Corte e de Applicação do Exército, e o curso de infantaria e cavallaria da Provincia de S. Pedro do Rio Grande do Sul passarão a denominar-se, a primeira Escola Central, a segunda Escola Militar e de Applicação, e a terceira Escola Militar Preparatoria da Provincia de S. Pedro do Rio Grande do Sul. Art. 2* - A Escola Central he destinada ao ensino das mathematicas e sciencias physicas e naturaes, e tambem ao das doutrinas proprias da engenharia civil (...) Art. 5* - A Escola Central compor-se-ha, alem de três aulas preparatorias, de dous cursos, hum de mathematicas e de sciencias physicas e naturaes, ensinado em quatro annos, e hum outro supplementar de engenharia civil, em dous annos...

O curso de Matemáticas e de Ciências Físicas e Naturais referidos no decreto, tinham as seguintes cadeiras:

- primeiro ano, Álgebra, Trigonometria Plana, Geometria Analítica, Física Experimental, Meteorologia, Desenho Linear, Topográfico e de Paisagem;

- segundo ano, Geometria Descritiva, Cálculo Infinitesimal, Cálculo das Probabilidades, das Variações e Diferenças Finitas, Química, Desenho Descritivo e Topográfico;

- terceiro ano, Mecânica Racional e Aplicada às Máquinas em Geral, Máquina a Vapor e suas Aplicações, Mineralogia, Geologia e Desenho de Máquinas;

- quarto ano, Trigonometria Esférica, Ótica, Astronomia, Geodésia, Botânica, Zoologia e Desenho Geográfico.

O Art. 148.º do decreto estatuía que seriam graduados doutores os lentes catedráticos, bem como os diretores da Escola Central e da Escola Militar e de Aplicação que fossem portadores do curso completo da Escola Militar ou do curso de Matemáticas e Ciências Físicas e Naturais da Escola Central. O Art. 149.º do mesmo decreto estatuía a obtenção do grau de doutor aos alunos graduados pela Escola Central e por sua antecessora, a Escola Militar, que, com aprovação plena em todas as cadeiras do curso, tivessem defendido tese e obtido aprovação.

Mesmo assim, ainda não houve a separação definitiva dos ensinos civil e militar. A Escola Central continuou sendo o centro dos estudos científicos necessários à formação de engenheiros militares, civis, de oficiais para as armas do Exército, bem como para o estado-maior. Porém, com a evolução que se processava no mundo, com relação à ciência e à técnica, havia necessidade de que tais conhecimentos fossem ministrados tanto aos militares, como aos civis, e nas décadas seguintes, de 1860 e 1870, houve forte pressão junto ao imperador, para a definitiva separação entre o ensino militar e o ensino civil. Assim, na década de 1870, fez-se uma grande reforma nos estatutos da Escola Central, transformando-a em escola civil e passando o ensino dos militares para por uma instituição militar exclusivamente.

A chegada de dom João ao Brasil

Com efeito, o Decreto Imperial n.º 5.600, de 25 de abril de 1874, deu novos estatutos à Escola Central, transformando-a em Escola Politécnica, isto é, uma escola exclusiva para o ensino das engenharias e subordinada a um ministro civil o ministro do império; saiu, portanto, do controle dos militares. Assumiu interinamente a direção da escola, o professor mais antigo, o dr. Inácio da Cunha Galvão. Porém, por Decreto Imperial de 13 de setembro de 1875, foi nomeado seu diretor o professor José Maria da Silva Paranhos, o Visconde do Rio Branco, que assumiu a função em 11 de outubro de 1875. Eis parte do primeiro artigo do decreto:

Art. 1.º - A atual Escola Central passará a denominar-se Escola Politécnica e se comporá de um curso geral, e dos seguintes cursos especiais: 1.º - Curso de Ciências Físicas e Naturais; 2.º - Curso de Ciências Físicas e Matemáticas; 3.º - Curso de Engenheiros Geógrafos; 4.º - Curso de Engenharia Civil; 5.º - Curso de Minas; 6.º - Curso de Artes e Manufaturas...

O curso geral referido tinha dois anos de duração e se constituía das seguintes cadeiras:

- primeiro ano, Álgebra (estudo das equações algébricas e dos logaritmos), Geometria no Espaço, Trigonometria Retilínea, Geometria Analítica, Física Experimental, Meteorologia, Desenho Geométrico e Topográfico;

- segundo ano, Cálculo Diferencial e Integral, Mecânica Racional e Aplicada às Máquinas Elementares, Geometria Descritiva (primeira parte), Trabalhos Gráficos a Respeito da Solução dos Principais Problemas de Geometria Descritiva, Química Inorgânica, Noções Gerais de Mineralogia, Botânica e Zoologia.

Esse curso tinha caráter introdutório e era obrigatório para todos os alunos que ingressavam na escola.

Conjecturamos que esse modelo de escola foi inspirado em escolas francesas, pois a École Polytechnique, de Paris, fundada em 1794, tinha e tem como objetivo central preparar diversas categorias de engenheiros, por meio de um curso básico de dois anos de duração. Em seguida os alunos são enviados para as escolas profissionalizantes.

Temos especial interesse pelo Curso de Ciências Físicas e Matemáticas, sucessor do Curso Matemático da Academia Real Militar. Com efeito, o citado curso tinha a duração de três anos e foi mantido na Escola Politécnica até 1896. As disciplinas estudadas eram: Séries, Funções Elípticas, Cálculo Infinitesimal, Cálculo das Variações, das Diferenças e das Probabilidades, Aplicações às tábuas de mortalidade, aos problemas de juros compostos, às amortizações pelo sistema de Price, aos cálculos das sociedades Tontinas e aos seguros de vida.

Temos dessa forma, uma visão panorâmica da Matemática ensinada em uma escola de engenharia no Brasil no final do século XIX. Aliás, único espaço onde se ensinava de modo continuado a Matemática superior no país. Notamos na listagem a inserção de um dos assuntos da Matemática cujo ensino foi proibido pela cúpula do Apostolado Positivista do Brasil: Funções Elípticas[50]. Mas notamos a ausência de vários outros assuntos, incorporados na época ao ensino regular da Matemática superior. Para citar apenas uns poucos: Funções Analíticas, Geometria Diferencial, Álgebra Moderna (Teoria dos Grupos, Anéis, Corpos), Análise Matemática.

---

[50] Para detalhes a esse respeito, cf. SILVA, C. Pereira da. In: Otto de Alencar Silva versus Auguste Comte. *LLULL*, v. 18, p. 167-181, 1995. E, também SILVA, C. Pereira da. In: A. Comte: Suas Influências sobre a Matemática Brasileira. *Bol. Soc. Paran. Mat.*, v. 12/13, nº 1/2, p. 47-66, 1991/92.

O Art. 67.º do Decreto Imperial n.º 5.600 manteve a concessão, na Escola Politécnica, do grau de doutor em Ciências Físicas e Matemáticas e o grau de doutor em Ciências Físicas e Naturais. Porém o grau só era conferido a quem fosse bacharel e tivesse obtido aprovação plena em todas as cadeiras do curso que realizou[51], e após defender sua tese e ser aprovado. Os novos estatutos da Escola Politécnica acabaram com a concessão do grau de doutor a professores que não tivessem defendido tese. Dessa forma, a partir de 1874, somente receberam o grau de doutor em Ciências Físicas e Matemáticas e em Ciências Físicas e Naturais os candidatos aprovados em defesa de tese.

No início do período republicano foi promulgado o Decreto n.º 2.221, de 23 de janeiro de 1896, dando novos estatutos à Escola Politécnica, que passou a chamar-se Escola Politécnica do Rio de Janeiro (denominação somente usada a partir de 19 de setembro de 1899). Essa reforma nos estatutos da escola extinguiu os chamados cursos científicos — Ciências Físicas e Matemáticas e o curso de Ciências Físicas e Naturais. Portanto o ensino da Matemática superior no Brasil passou, a partir de 1896 e até 1933, a ser ministrado exclusivamente como disciplina dos cursos de engenharia. Durante esse período, cessou a formação do engenheiro-matemático no Brasil. Talvez esteja aí uma resposta para a explicação do pobre desenvolvimento da Matemática em nosso país, em um dos períodos críticos da instalação do ensino superior no Brasil.

Somente a partir de 1934, com a fundação da Universidade de São Paulo (USP) e de sua Faculdade de Filosofia, Ciências e Letras, o ensino e desenvolvimento da Matemática retornou com toda força ao nosso país, por meio de um curso próprio. A esse respeito falaremos mais adiante. O Art. 1.º do Decreto n.º 2.221 estatuía entre outras coisas, que:

> A Escola Politécnica se comporá de um curso geral (dois anos de duração) e dos seguintes cursos especiais: curso de engenharia civil, curso de engenharia de minas, curso de engenharia industrial, curso de engenharia mecânica, curso de engenharia agronômica...

As disciplinas do curso geral (o curso básico) e ligadas à Matemática eram as seguintes: Geometria Analítica, Cálculo Infinitesimal, Geometria Descritiva, Desenho Geométrico, Desenho de Aguadas e sua Aplicação às Sombras, Cálculo das Variações, Mecânica Racional e Desenho Topográfico. Um pobre elenco da Matemática, mas que estava de acordo com as necessidades para a formação de engenheiros na época. Relembramos que a Escola Politécnica destinava-se à formação de engenheiros e não de matemáticos.

Observamos ainda que o Art. 86 do referido Decreto n.º 2.221 facultava ao engenheiro graduado por um dos cursos da Escola Politécnica do Rio de Janeiro a obtenção do grau de bacharel. E o Art. 87 estatuía a obtenção do grau de doutor em Ciências Físicas e Matemáticas e o de doutor em Ciências Físicas e Naturais aos bacharéis aprovados em concurso público de defesa de tese. É assim que encontramos, ainda em 1918, um engenheiro civil obtendo o grau de doutor em Ciências Físicas e Matemáticas: Theodoro A. Ramos, de quem voltaremos a falar no Cap. 7.

Ao analisar as grandes reformas ocorridas nos estatutos da Escola Militar e de suas sucessoras até a Escola Politécnica do Rio de Janeiro, observamos claramente a ausência do ensino da Matemática de vanguarda de então, bem como a ausência de pesquisa científica

---

[51] Os engenheiros civis não podiam obter o grau de doutor. Cf. PARDAL, P., 1986, p.37.

A chegada de dom João ao Brasil

básica atrelada ao ensino da Matemática. Percebemos que as cadeiras dessa disciplina ensinavam uma Matemática arcaica voltada, aliás, para os interesses imediatos do ensino das engenharias da época.

Relembramos que essas instituições — as escolas de engenharia — contituíam os únicos espaços, no Brasil, onde se ensinou, até o ano de 1933, de modo continuado, a Matemática superior. E mais: que durante muitos anos as citadas instituições formaram engenheiros-matemáticos. É verdade que, nesse quadro, surgiram alguns brilhantes engenheiros-matemáticos que também se dedicaram à pesquisa científica. Joaquim Gomes de Souza, Otto de Alencar Silva, Manuel Amoroso Costa, Theodoro Ramos e Lélio Gama são alguns deles. Porém seus trabalhos foram fruto do próprio esforço, sem orientação acadêmica de algum mestre, sem um bom treinamento matemático formal. Eles pertenceram à geração de cientistas brasileiros autodidatas, que chamaríamos de líderes. Em verdade, eles pertenceram a uma classe de pessoas especiais que vivem à frente de seu tempo. São as pessoas que definem seu próprio treinamento científico e abrem caminhos para as novas gerações. No Cap. 7 falaremos sobre alguns deles.

Para concluir este capítulo, lembramos que, no período de 1811 a 1875, o ensino da Matemática superior no Brasil esteve limitado à cidade do Rio de Janeiro. Somente em 1876 foi introduzido em Minas Gerais, com a fundação da Escola de Minas de Ouro Preto (criada por Decreto Imperial de 6 de novembro de 1875). No ano de 1894, foi introduzido no Estado de São Paulo, ao ser inaugurada, em 15 de fevereiro de 1894, a Escola Politécnica de São Paulo (fundada pela Lei Estadual n.º 64, de 24 de agosto de 1893). Certamente um quadro desolador para o ensino da Matemática superior no país, de fins do século XIX.

Em verdade, durante o período aqui abordado, houve desinteresse governamental na elevação do nível da cultura científica em nosso país. É de se perguntar por quê? Talvez uma resposta esteja no fato de ser o Brasil um país periférico, descoberto e colonizado por um país europeu de relativa pobreza científica e, de certa forma, isolado dos países ricos do Velho Continente. No dizer de José Saramago, Portugal é "um país sem vocação européia". (Cf. SARAMAGO José, in: *A Jangada de Pedra*, Lisboa: Editorial Caminho, 1986 p. 67.)

Somente a partir de meados da década de 1910 um grupo de homens ligados à ciência resolveu trabalhar em prol da elevação do nível da cultura científica em nosso país. Mesmo assim, persistiam as indagações: que tarefas haveria para um matemático? Como obter recursos governamentais para financiar o estudo sério e continuado da Matemática? Nessa década foi fundada a Sociedade Brasileira de Ciências, depois transformada em Academia Brasileira de Ciências, e iniciaram-se os debates em torno da necessidade de criação de uma Faculdade de Ciências. Manuel Amoroso Costa foi um dos grandes batalhadores em prol dessa idéia.

TENTATIVAS DE FUNDAÇÃO DE UNIVERSIDADES NO BRASIL 4

Ao fazer um estudo histórico do ensino e desenvolvimento da Matemática no Brasil, devemos, forçosamente, incluir um esboço histórico a respeito das tentativas de criação de universidades. Tais tentativas ocorreram a partir de século XVII, culminando com a criação da Universidade de São Paulo (USP), em 1934.

Durante a fase imperial, foram apresentados vários anteprojetos para a criação de universidades. Na verdade, foram quarenta e dois anteprojetos ou quarenta e duas tentativas. Mas alguns historiadores consideram o ano de 1538 como o marco inicial dos debates para a criação de uma universidade no país.

A primeira tentativa de se criar uma universidade em nossa pátria ocorreu no século XVII, na Bahia, por iniciativa dos inacianos. Na oportunidade, redigiu-se uma petição pela Câmara de Salvador, em 20 de dezembro de 1662, que foi enviada à metrópole por intermédio do procurador do Estado do Brasil. No documento, rejeitado pelo monarca, os jesuítas e parte da população de Salvador desejavam que os cursos de Artes e de Teologia, ambos ministrados pelo Colégio da Bahia, fizessem parte de uma universidade e fossem reconhecidos pelas leis de Portugal. Eles pretendiam a equiparação à Universidade de Évora. No ano seguinte, em 1663, chegou à corte um outro documento, também subscrito pela Câmara de Salvador, reiterando o documento anterior, porém dessa vez requerendo a equiparação dos cursos à Universidade de Coimbra. Esse segundo documento também foi rejeitado pelo rei de Portugal.

Conforme mencionamos em capítulo anterior, o Colégio da Bahia, mantido pelos inacianos, manteve no século XVIII uma Faculdade de Matemática. O reitor desse colégio assim se expressou a respeito: "O único Geral dos Estudos de todas as artes e ciências, que costuma ensinar a Companhia..." [52].

---

[52] Cf. LEITE, S. In: O curso de Filosofia e Tentativas para se Criar Universidades no Brasil no Século XVII. *Verbum*, v. 5, n. 2, p. 132, 1948.

Relembramos que a designação "Estudos Gerais" foi usada em Portugal para expressar uma universidade, o que nos faz conjecturar que, para os inacianos, o Colégio da Bahia era uma universidade. De fato, esse colégio concedeu a seus alunos graus de Mestre em Artes e até o grau de doutor, conforme já mencionado anteriormente.

Quando da invasão holandesa no Nordeste do Brasil, no século XVII, o príncipe João Maurício de Nassau (1604-1679), que foi governador-geral da colônia holandesa no Brasil de 1637 a 1644, tinha projeto para a fundação de uma universidade em Recife (Pernambuco), a qual não foi instalada. Talvez a substituição de Maurício de Nassau pelo governo holandês tenha frustrado a iniciativa. Mesmo assim, o governador-geral instalou um observatório astronômico em uma torre do Palácio Friburgo. Foi o primeiro observatório astronômico do Brasil.

No século XVIII, os mentores da Inconfidência Mineira pensavam na instalação de uma universidade na cidade de Ouro Preto, caso vingasse o projeto político da Inconfidência. Conjecturamos que nesse projeto não havia espaço para uma faculdade de Ciências. Em 1820, José Bonifácio de Andrada e Silva elaborou um anteprojeto visando à criação de uma universidade. A instituição seria constituída por vários cursos, inclusive de Ciências Matemáticas. Foi nesse esboço preparado por José Bonifácio que encontramos pela primeira vez a intenção de se criar, no Brasil, um curso de Matemática após a extinção da Faculdade de Matemática dos inacianos. Por fim, o anteprojeto não foi aprovado.

Em 12 de junho de 1823, ainda na euforia da Independência do Brasil, o deputado à Assembléia Constituinte José Feliciano F. Pinheiro propôs a fundação de uma universidade em São Paulo, fato que posteriormente motivou a apresentação, por parte da Comissão de Instrução Pública, de um anteprojeto mais amplo. A comissão elaborou um anteprojeto que contemplava a criação de duas universidades, uma na cidade de São Paulo e outra na cidade de Olinda (Pernambuco). No esboço, que constava de cinco artigos, não estava prevista a criação de uma faculdade de Ciências. Mais uma vez, o esforço foi relegado ao esquecimento. Como sabemos, em 12 de novembro de 1823, o imperador dom Pedro I dissolveu a Assembléia Constituinte, acabando com a euforia dos deputados. Em 25 de março de 1824, foi promulgada uma Constituição para o Brasil. Nessa Carta, o Art. 179.º, em seu parágrafo 33, previa a criação de uma universidade. Novamente, a criação de uma universidade não saiu das intenções.

No ano de 1842 foi elaborado mais um anteprojeto com vistas à fundação de uma universidade no país. O esboço, assinado por José Cesário de M. Ribeiro, foi preparado pela seção do Conselho de Estado, encarregada dos negócios do império. Nele, propunha-se a criação de uma universidade nos moldes da Universidade de Coimbra reformada. No Art. 1.º do anteprojeto estatuía que a instituição teria a denominação de Universidade Pedro II e teria sua sede na capital do império. O Art. 2.º dava a constituição da universidade, que seria formada por: Faculdade de Teologia, Faculdade de Direito, Faculdade de Matemática, Faculdade de Filosofia, Faculdade de Medicina. O Art. 46.º extinguia os cursos jurídicos existentes no país, e o Art. 47.º extinguia a Faculdade de Medicina de Salvador. Percebemos aqui um claro exemplo de ensino centralizador. A idéia era centralizar o ensino superior na corte. Esse anteprojeto teve o destino dos arquivos. A faculdade de Matemática mencionada teria como modelo a faculdade de Matemática da Universidade de Coimbra. O Curso Matemático teria a duração de quatro anos e contaria com as seguintes cadeiras:

- primeiro ano, Geometria;
- segundo ano, Álgebra, Cálculo Diferencial e Integral;
- terceiro ano, Mecânica;
- quarto ano, Astronomia.

Tentativas de fundação de universidades no Brasil

Em verdade, um pobre elenco de disciplinas matemáticas, mesmo para os padrões da época. Lembramos que, no ano de 1842, foi instituído o grau de doutor em Ciências Matemáticas pela Escola Militar. Talvez tenha havido alguma conexão entre a instituição desse grau e o esboço de projeto para a criação de uma universidade.

Em 3 de julho de 1843, o senador Manoel do Nascimento C. e Silva apresentou um anteprojeto para criar uma universidade no país. Não havia espaço para a criação de uma Faculdade de Ciências nesse esboço. A exemplo dos anteriores, esse anteprojeto também não foi aprovado. Eis o que estatuía o Art. 1.º do anteprojeto:

> "O governo fica autorizado para criar na capital do Império uma universidade, refundindo nela os cursos jurídicos, escola de medicina, academias militar e de marinha, Colégio Pedro II e todas as aulas secundárias do município da Corte".

Como vemos, a idéia do anteprojeto era acabar com a independência também das escolas militares, subordinando-as à direção de uma universidade. Não nos causa surpresa o fato de o anteprojeto ter tido como destino os arquivos do Congresso. No ano de 1847, o deputado Bernardo José da Gama, Visconde de Goiana, apresentou à Câmara dos Deputados um anteprojeto, criando uma universidade em nossa pátria. A instituição seria constituída pelas seguintes unidades: Faculdade de Direito, Faculdade de Medicina, Faculdade de Filosofia, Faculdade de Teologia, Faculdade de Matemática. Nesse esboço, as faculdades existentes nas províncias seriam mantidas, porém subordinadas à direção da universidade, que teria sua sede na corte. Esse anteprojeto também não foi aprovado.

Percebe-se claramente que, durante a primeira metade do século XIX, alguns homens pertencentes a um segmento progressista da sociedade brasileira buscaram, a todo custo, a fundação de universidades no país, o que, diga-se de passagem, já se fazia necessário. Contudo as poderosas forças conservadoras impediram que as tentativas tivessem êxito. Perdeu o Brasil, que teve de esperar pelo século seguinte para ter sua primeira universidade.

Durante vários anos, depois de 1847, o tema ligado à criação de uma universidade ficou adormecido no Congresso Nacional. No ano de 1870, ano do Manifesto Republicano, Paulino José de Souza, ministro do império, apresentou ao Congresso um anteprojeto referente à instrução pública. Entre outras coisas, propunha a criação de uma universidade na Corte, conforme estatuía o Art. 1.º: "É creada na capital do Império uma universidade, que se comporá de quatro Faculdades: de Direito, de Medicina, de Sciencias Naturaes e Mathematicas, e de Theologia..."

Estatuía ainda que seriam incorporadas à nova universidade a Faculdade de Medicina do Rio de Janeiro e a Escola Central. Em 6 de agosto de 1870, ao defender no Congresso o anteprojeto em pauta, assim se expressou o ministro:

> Proponho-a (ao se referir à criação da universidade), incorporando nella a Faculdade de Medicina aqui existente e a Escola Central, verdadeira Faculdade de Sciencias (...) Peço dous créditos, um para construcção do edifício da universidade e outro par ir levando a effeito os outros melhoramentos da instrucção pública (...)[53]

---

[53] Cf. Souza, P. J. S. In: *Projecto para a Instrucção Pública*. Rio de Janeiro: 1870, p. 12-17.

Esse anteprojeto também não foi aprovado pelo Congresso, porém mobilizou os políticos interessados na matéria a prosseguirem nas discussões relativas aos problemas do ensino superior no país. O mencionado Manifesto Republicano criticava, além dos problemas políticos do país, também a ausência de liberdade no ensino, que, traduzida para o ensino superior, significava freqüência livre e liberdade na prestação de exames por parte dos alunos; isto é, os alunos não seriam obrigados a realizar provas durante o curso. Significava também a introdução da livre-docência no ensino superior, tendo por base o modelo alemão.

No final daquela década, em abril de 1879, o ministro do império dr. Carlos Leôncio de Carvalho elaborou um decreto que foi aprovado pelo imperador dom Pedro II (1825-1891), recebendo o número 7.247, de 19 de abril de 1879. Esse decreto ficou conhecido por "Decreto da Reforma do Ensino Livre" e foi objeto de muita polêmica e atritos entre o ministro e o então diretor da Escola Politécnica, professor Ignácio Cunha Galvão. Os ânimos acirraram-se de tal forma, que de um lado ficou o ministro e, do outro lado, o diretor, os professores e alunos da Escola Politécnica, repudiando o decreto. Por esse motivo, a Escola Politécnica foi fechada por um mês.

Entre outras coisas, o decreto (de inspiração positivista comtiana) instituiu a liberdade de ensino no país, o ensino livre, a livre-docência e facultou pela primeira vez à mulher, freqüentar determinados cursos superiores: Medicina, Farmácia, Odontologia e o curso obstétrico. Todos ligados à área de saúde. Mesmo assim, nas salas de aulas, as mulheres deveriam sentar-se em local separado dos homens. Até então, a mulher brasileira não tinha o direito de freqüentar cursos superiores. Para detalhes a esse respeito, cf. SILVA, C. Pereira da. in: A Mulher na Comunidade Matemática Brasileira, de 1879 a 1979, *Quipu*, v. 5, n. 2, p. 277-289, 1988. Também, LOBO, Francisco B., in: Rita Lobato. A primeira médica formada no Brasil, Rev. de História, n. XLII, p. 483-485, 1971. E cf., ainda, AZEVÊDO, Eliane S. e FORTUNA, Cristina Maria M. in: A mulher na medicina: estudo de caso e considerações, Ciência e Cultura, v. 41, n.11, p. 1086-1090, 1989.

Em 1881, o ministro Francisco I. M. Homem de Melo apresentou ao imperador um anteprojeto propondo a criação de uma universidade, com sede na corte. Esse esboço era peculiar. Segundo o ministro, a universidade seria constituída das seguintes unidades: Faculdade de Ciências Matemáticas, Físicas e Naturais, Faculdade de Medicina, Faculdade de Direito, Faculdade de Letras, Faculdade de Teologia. Deveriam ser incorporadas à universidade as faculdades existentes na cidade do Rio de Janeiro e a ela ficar subordinadas as faculdades de Direito de São Paulo e a de Recife, bem como a Faculdade de Medicina de Salvador, a Academia de Belas-Artes do Rio de Janeiro, a Biblioteca Nacional, o Observatório Astronômico, o Museu Nacional, a Escola de Minas de Ouro Preto, e ainda as instituições de ensino de qualquer grau existentes na corte e nas províncias, desde que fossem criadas e mantidas pelo governo central e não pertencessem a outros ministérios. Portanto só ficariam de fora as escolas militares.

Eis um bom exemplo de universidade centralizadora. Esse modelo de instituição contrariava a liberdade de ensino preconizada no Decreto n.º 7.247, de 19 de abril de 1879. Ainda segundo o anteprojeto, a universidade seria subordinada a um Conselho Superior da Instrução Pública, que, por sua vez, seria subordinado ao ministro. Dessa forma, o próprio ministro centralizaria em suas mãos todo o ensino superior do país, um fato no mínimo escandaloso[54]. Como era de esperar, houve uma forte reação nacional ao anteprojeto do ministro, que por fim, não foi aprovado.

---

[54] Na verdade, o ministro estava se antecipando aos tempos atuais, em que o ministro da Educação controla todo o ensino brasileiro, se bem que auxiliado por alguns órgãos.

Tentativas de fundação de universidades no Brasil

A última tentativa no século XIX, de criação de uma universidade ocorreu na cidade de Curitiba (Paraná). Em 1892, o jornalista, poeta e historiador José Francisco da Rocha Pombo (1857-1933), aos trinta e quatro anos de idade, pleno de sonhos e idéias, mas sem dinheiro suficiente, lançou-se em uma empreitada audaciosa: fundar uma universidade em Curitiba. Na época, a cidade possuía cerca de vinte mil habitantes, e o mencionado Decreto n.º 7.247 permitia a criação de faculdades ou universidades particulares. Após alguns acertos, Rocha Pombo conseguiu, com ajuda do comendador Macedo, que o então presidente do Estado do Paraná, Francisco Xavier da Silva, assinasse uma lei que havia sido aprovada pelo Congresso Legislativo do Paraná. Tratava-se da Lei n.º 63, de 10 de dezembro de 1892, que concedia a Rocha Pombo a concessão, por cinqüenta anos, para fundar e explorar uma universidade na cidade de Curitiba. O Art. 4.º da Lei n.º 63 estabelecia a composição da universidade com os seguintes cursos: "A instituição teria um curso geral e os seguintes cursos: Direito, Letras, Comércio, Agronomia, Agrimensura, Farmácia...".

Notamos a ausência de um curso de Ciências. A universidade de Rocha Pombo não foi além da pedra fundamental, lançada no Campo da Cruz, atual Praça Ouvidor Raphael Pires Pardinho, em terreno que obteve gratuitamente da Câmara Municipal de Curitiba, próximo ao centro da cidade. Que motivos teriam inviabilizado os sonhos de Rocha Pombo? Influentes políticos paranaenses, inimigos de Rocha Pombo, teriam boicotado a implantação da universidade? Ou a sociedade curitibana não estava apta para assimilar a existência de uma universidade em seu seio? Lembrar que o ambiente cultural da cidade era diminuto, e o Paraná ainda se sentia como uma comarca de São Paulo. As famílias de posses não se empenharam em defesa das idéias de Rocha Pombo, pois enviavam seus filhos para estudar em faculdades de São Paulo e do Rio de Janeiro. Desiludido e derrotado, Rocha Pombo abandonou seus sonhos e foi residir na cidade do Rio de Janeiro.

Com a chegada do século XX, reacendeu a chama da luta para se fundar uma universidade no país. Na década de 1900, foram apresentados três anteprojetos ao Congresso Nacional. Em 1903, foram apresentados dois deles, um de autoria do dr. A. A. Sodré e outro de autoria do dr. Carlos Leôncio de Carvalho. Ambos foram enviados ao Ministério da Justiça para receber parecer de uma comissão de professores da Faculdade de Direito de São Paulo. Em 30 de março de 1903, a Comissão emitiu seu parecer, julgando-os inoportunos. Esse parecer foi homologado pela Congregação da Faculdade de Direito, em 4 de abril de 1903; e o processo, devolvido ao Ministério da Justiça e dos Negócios Interiores, que respondia pelos negócios da Educação.

Seguem-se algumas informações sobre os dois anteprojetos.

No esboço do dr. A. A. Sodré, a universidade teria sede na cidade do Rio de Janeiro e se chamaria Universidade do Rio de Janeiro, sendo constituída pelas seguintes faculdades: Medicina, Jurisprudência, Letras, Ciências Físicas e Naturais, Matemáticas Puras e Escola de Engenharia. Ficariam subordinadas à Universidade do Rio de Janeiro as faculdades oficiais existentes em São Paulo, Recife e Salvador. Não causa surpresa o esboço ter sido julgado inoportuno por docentes da Faculdade de Direito de São Paulo.

No anteprojeto do dr. Carlos Leôncio de Carvalho, não nos foi possível saber qual seria o nome da universidade nem onde seria sua sede; conjecturamos que seria sediada na cidade do Rio de Janeiro. A universidade teria a seguinte constituição: Faculdade de Medicina, Faculdade de Direito, Faculdade de Letras e Diplomacia, Academia de Comércio e Escola Politécnica. Imaginamos que o ensino da Matemática estaria imerso na Escola Politécnica. Não são explicitados quais cursos teria a Escola Politécnica.

46 — A Matemática no Brasil

Em 1908, foi apresentado ao Congresso Nacional mais um anteprojeto para criação de uma universidade no país. Não foi possível obter detalhes a respeito desse esboço de projeto, mas sabemos que teve o destino dos anteriores: foi rejeitado.

Em 5 de abril de 1911, foi promulgada a Lei Orgânica do Ensino Superior e do Fundamental na República, Decreto n.º 8.659[55], conhecida como "Lei Rivadávia", que permitia, entre outras coisas, a criação de estabelecimentos de ensino superior pertencentes à iniciativa privada, instituindo também, a livre-docência no país. A partir dessa lei, surgiram várias instituições de ensino superior, das quais citamos algumas. Desde 1908 se pretendia criar, em Manaus (Amazonas), uma instituição de ensino superior para a região (foi na fase áurea da produção da borracha no estado). Nesse espírito, em 2 de fevereiro de 1909, parte da elite intelectual local aprovou os estatutos da Escola Universitária Livre de Manaus, que constava do seguinte: Curso de Formação de Oficiais das Armas de Infantaria, Cavalaria e Engenharia; cursos de Engenharia Civil, Agrimensura, Agronomia e outras especialidades; Curso de Ciências Jurídicas e Sociais; cursos de Medicina, Farmácia e Odontologia; Curso de Ciências e Letras. Em 1913, a instituição foi transformada em Universidade de Manaus. Os alunos pagavam uma taxa de mensalidade, porém as despesas da instituição eram cobertas pelos cofres públicos do estado e do município.

A partir de 1911, foram criadas na cidade de São Paulo, as seguintes instituições de ensino superior, amparadas pelo mencionado Decreto n.º 8.659: Instituto Superior de São Paulo, Universidade Paulistana, Superior Universidade do Estado de São Paulo e Universidade de São Paulo, todas particulares. Convém lembrar que algumas dessas instituições de ensino superior possuíam apenas uma sala de escritório para venda de diplomas. Apenas a Universidade de São Paulo, instalada em 23 de março de 1911, levou a sério suas pretensões. Teve como reitor o médico Eduardo Augusto Ribeiro Guimarães e era constituída pelos cursos de Medicina, Direito, Engenharia, Farmácia, Odontologia, Letras, Filosofia e Comércio, chegando a possuir 779 alunos. O curso de Medicina foi o mais procurado, e o ensino da Matemática ficou de fora na composição da instituição.

Ainda sob o amparo do Decreto n.º 8.659, foi criado em Curitiba, em 19 de dezembro de 1912, a Universidade do Paraná, uma instituição particular, de propriedade de alguns profissionais liberais da cidade. Passou a funcionar à noite, em 24 de março de 1913, constituída pelos seguintes cursos: Odontologia, Farmácia, Obstetrícia (que no início não funcionou por falta de alunos), Ciências Jurídicas e Sociais, Engenharia Civil e Comércio. A instituição funcionou inicialmente em um prédio alugado na Rua Comendador Araújo, 42, no Centro, com 97 alunos e 26 professores, profissionais liberais e militares residentes na cidade. Sua primeira diretoria foi assim constituída: diretor, Victor Ferreira do Amaral e Silva; vice-diretor, Euclides Beviláqua; secretário, Nilo Cairo da Silva; sub-secretário, Manoel Cerqueira Daltro Filho; tesoureiro, Flávio Luz; bibliotecário, Hugo Gutierrez de Simas. Em 27 de março de 1913, o governo estadual, na pessoa de Carlos Cavalcanti, reconheceu oficialmente a instituição, ao mesmo tempo que autorizou uma contribuição financeira do estado a ela. Também não havia, nessa instituição de ensino, um curso de Ciências Matemáticas; aliás, somente na década de 1940 é que passou a existir, em Curitiba, um curso de Matemática, na Faculdade de Filosofia, Ciências e Letras do Paraná, de propriedade dos Irmãos Maristas.

A Universidade do Paraná foi uma instituição de inspiração positivista comtiana. Seus idealizadores jamais se preocuparam em criar uma instituição moderna, comprometida com a pesquisa científica básica atrelada ao ensino e que repassasse para a sociedade local os

---

[55] Cf. *Diário Oficial* de 6/4/1911.

principais frutos dessa pesquisa. No modelo de universidade que criaram, não havia espaço para uma Faculdade de Ciências. Jamais se preocuparam em criar uma instituição que, com o passar dos anos, estivesse à altura da riqueza do estado. Ao contrário, a preocupação de seus fundadores foi criar uma instituição que transmitisse o saber estabelecido, já conhecido, e fornecesse o diploma, a láurea. Foi uma instituição baseada no tipo de ensino napoleônico implantado no Brasil, fundamentada em escolas profissionalizantes, que mais valorizavam o diploma e nunca o saber gerador do desenvolvimento científico.

Registre-se a preocupação de seus fundadores em exigir, com todo o rigor, a freqüência obrigatória dos alunos, bem como a obrigatoriedade de realização de exames mensais (conforme já mencionado, o Decreto n.º 8.659, que consagrou a chamada Reforma Rivadávia Correia, tornava livre, no país, o ensino superior). A esse respeito, vejamos o que escreveu, no Relatório Geral de 1913, seu diretor, dr. Victor Ferreira do Amaral e Silva:

> A meta que collimamos era e continua a se ministrar um ensino solido e proveitoso, relegando para plano secundario a concessão de diplomas academicos, afim de não confundir a nossa Universidade com os estabelecimentos adrede fundados para o commercio illicito da mercancia de titulos academicos, rotulando os pobres de espirito e ôcas fatuidades, que à instrucção proficua e ao saber, que ennobrece, preferem as lantejoulas de arlequim, compradas na almoeda do mais sordido e immoral mercantilismo, que a complacencia das leis penaes tem tolerado. No meio da derrocada em que baqueara o ensino secundario, amesquinhado pela sordicia da maior parte dos collegios equiparados, e na frouxidão que avassallava o ensino superior, pela falta do preparo propedeutico, indispensavel aos estudos academicos, nasceu a Universidade do Paraná...[56]

As instituições de ensino superior criadas a partir do Decreto n.º 8.659 não sobreviveram por muito tempo. Com efeito, sendo ministro da Justiça e dos Negócios Interiores o dr. Carlos Maximiliano Pereira dos Santos, foi sancionado pelo presidente da República o Decreto n.º 11.530, de 18 de março de 1915, o qual reorganizava o ensino no país. A partir de 1911, houve, no Brasil, a liberdade de ensino ou o ensino livre, conforme já mencionado. Esse fato, em conjunto com a avidez para ganhar dinheiro fácil, desenvolvida em pessoas sem escrúpulos, motivou a criação legal de fábricas de diplomas de curso superior no país. Citamos como exemplo o seguinte anúncio publicado em jornal da época:

> "Universidade brasileira reconhecida em todo o Brasil (...) É um estabelecimento de ensino fundamental superior (...) cujo fim é conferir o grau de doutor em Medicina, doutor em Direito, Engenharia, Farmácia..." [57]

Inconformado com o modo errado de se iniciar, no país, o instituto da universidade, e receptivo ao clamor de pequena parcela da sociedade brasileira, constituída de pessoas de bem, o ministro Carlos Maximiliano, a cujo ministério estavam afetos, também, os negócios da Educação, resolveu acabar com esse estado de coisas, e elaborou o referido Decreto n.º 11.530, que foi sancionado pelo presidente da República. Transcrevemos parte desse documento:

---

[56] Cf. SILVA, Victor F. do Amaral e. In: *Relatório Geral da Universidade do Paraná.* Curitiba: Alfredo Hoffmann, 1913, p. 4-5.
[57] Cf. *O Estado de S. Paulo*, de 25 de março de 1913.

48

A Matemática no Brasil

1) O Governo Federal, quando achar oportuno, reunirá em Universidade as Escolas Politécnica e de Medicina do Rio de Janeiro, incorporando a elas uma das Faculdades livres de Direito, dispensando-a de taxa de fiscalização e dando-lhe gratuitamente edifícios para funcionar. 2) Retorno do sistema de equiparação das instituições, a fim de que os diplomas ou títulos expedidos pudessem concorrer com os congêneres emitidos por instituições oficiais. 3) A cidade sede de um curso superior deveria ter no mínimo cem mil habitantes ou ser capital de Estado com mais de um milhão de habitantes[58]. 4)Somente após cinco anos de funcionamento é que a escola superior poderia requerer a equiparação prevista no decreto.

Dessa forma, acabaram sendo extintas, pouco a pouco, as universidades que haviam sido criadas, amparadas pelo Decreto n.º 8.659, de 5 de abril de 1911. De imediato, foram eliminadas três das quatro universidades criadas em São Paulo. A quarta, isto é, a Universidade de São Paulo, foi extinta em 1917. Nenhuma delas preenchia os requisitos estipulados no decreto.

A Universidade do Paraná, que também não satisfazia às condições do decreto, foi extinta em 1918. Lembramos que, em 1915, não havia universidade mantida pelo governo federal. Logo, as universidades particulares existentes que requereram equiparação — uma manobra para fugir da extinção — não o conseguiram, como foi o caso da Universidade do Paraná, que teve seu pedido indeferido pelo então Conselho Superior de Ensino. Assim, a partir da extinção da Universidade do Paraná, sua diretoria resolveu criar três faculdades: Faculdade de Direito, com o curso de Direito; Faculdade de Medicina, com os cursos de Medicina e Cirurgia, Odontologia, Farmácia, Veterinária e Obstetrícia; Faculdade de Engenharia, com os cursos de Engenharia Civil e Agronomia. Com a criação de faculdades poderia haver a equiparação com as instituições oficiais existentes (o governo federal já possuía faculdades), e assim aconteceu, após os trâmites legais. Portanto, após 1918 e durante muitos anos até a fundação de uma outra universidade em Curitiba, o que aconteceu em 1 de abril de 1946, também particular e com o mesmo nome de Universidade do Paraná, os diplomas de cursos superiores realizados em Curitiba foram expedidos por faculdades e não por uma universidade.

Detalhamos esses fatos porque dirigentes da atual Universidade Federal do Paraná têm divulgado há vários anos para a sociedade brasileira que a Universidade Federal do Paraná (UFPR) é a mais antiga universidade do país, o que não é correto. Divulgam, inclusive, uma cronologia de reitores da universidade a partir de 1912, como se essa instituição, fundada em 1912, não tivesse sido extinta em 1918. Nessa data, foi rompida, por imposição legal, a antiga unidade administrativa, econômica e didática dos cursos que compunham a universidade fundada em 1912[59].

Na década de 1930 houve, em Curitiba, uma instituição denominada Faculdades de Ensino Superior do Paraná (não uma universidade). Ela reunia as faculdades existentes, cada uma com sua própria administração, unidade econômica e didática, se bem que funcionando em um mesmo prédio, porém com total independência uma da outra, inclusive com entradas, secretarias, funcionários, diretores professores e salas distintas.

---

[58] Lembramos que, em 1900, a cidade de São Paulo possuía 239.820 habitantes e a cidade de Curitiba, 49.755 habitantes. Vinte anos depois, a cidade de Curitiba tinha 78.986 habitantes, e o Estado do Paraná ainda não possuía um milhão de habitantes.

[59] Não faz sentido o que informam os dirigentes da Universidade Federal do Paraná, através dos meios de comunicação, que sua instituição é a mais antiga do país. Consideramos uma sandice tal informação, pois entendemos que uma instituição ou entidade sucessora é aquela que *substitui* outra, com atributos iguais ou mesmo semelhantes, ininterruptamente ou com pequeno intervalo de tempo. A esse respeito, ver PARDAL, Paulo. In: *UERJ. Apontamentos sobre sua origem.* Rio de Janeiro: EdUERJ, 1990, p. 27.

Tentativas de fundação de universidades no Brasil

De 1918 até 31 de março de 1946, não existiu universidade em Curitiba; portanto também não houve reitor nesse período. Em relação a isso, transcrevemos parte do discurso pronunciado pelo professor Affonso Augusto Teixeira de Freitas, diretor da Faculdade de Engenharia, por ocasião da visita oficial às Faculdades de Ensino Superior do Paraná, pelo sr. Getúlio Vargas, em 22 de outubro de 1930:

> Exmo. Sr. Dr. Getulio Vargas.
>
> Os acontecimentos mais célebres da Historia da Humanidade se concatenam, de quando em quando, como fragmentos de leis imprevistas, se incorporando, não obstante algumas apparentes soluções de continuidade, em um todo homogeneo e inquebrantavel, no tempo e no espaço (...) Já que V. Excia. se dignou de visitar e conhecer de visu a instituição, que melhor falla e attesta sobre o progresso desta bella Capital, monumento constituido pelas tres Faculdades de Ensino Superior — de Medicina, Engenharia e Direito — não queremos perder a opportunidade de salientar, de bem exprimir neste momento, a palpitante necessidade da installação da UNIVERSIDADE DO PARANÁ; o que legitimamente aspiramos desde muito...[60]

A Universidade Federal do Paraná é sucessora da Universidade do Paraná, que foi criada em 1 de Abril de 1946 e oficializada pelo Decreto-Lei n.º 9.323, de 6 de junho de 1946, com as seguintes unidades: Faculdade de Direito, com escolas anexas de Ciências Econômicas e Escola Técnica de Comércio; Escola de Engenharia; Faculdade de Medicina, com escolas anexas de Farmácia e Odontologia; Faculdade de Filosofia, Ciências e Letras.

O ensino da Matemática Superior que existiu no Estado do Paraná de 1912 à década de 1940, quando então passou a funcionar o curso de Matemática na Faculdade de Filosofia, Ciências e Letras do Paraná, foi o ministrado em curso de Engenharia por professores engenheiros, limitando-se aos seguintes assuntos: Geometria Analítica, Geometria Descritiva, Geometria Euclidiana, Trigonometria, Cálculo Diferencial e Integral Um pobre elenco de assuntos, mas, deve-se reconhecer, suficiente para o ensino da Engenharia Civil da época.

A Universidade de Manaus, fundada em 1913 e sucessora da Escola Universitária Livre de Manaus, de 1909, foi extinta somente em 1926, dando origem a três faculdades isoladas (Engenharia, Direito, Medicina), fórmula que havia sido encontrada em Curitiba pelos proprietários da Universidade do Paraná, para conseguir a equiparação com as escolas oficiais, a fim de que os diplomas expedidos tivessem validade em todo território nacional.

Em 1913, o interventor federal no Estado de São Paulo, João Alberto L. de Barros, aprovou o Decreto n.º 5.064, de 13 de junho daquele ano, cujo Art. 1.º incluía a possibilidade de se criar, mediante proposta da Congregação, um curso de Matemática na Escola Politécnica de São Paulo. A Congregação da escola jamais teve interesse em criar tal curso. Ainda no ano de 1913, foi fundada a Escola de Engenharia de Itajubá, Minas Gerais.

Em 1920, foi criada uma universidade no país. Com efeito, com o Decreto n.º 14.343, de 7 de setembro de 1920, o presidente da República, Epitácio Pessoa (1865-1942), criou a Universidade do Rio de Janeiro. O Art. 1.º do decreto estatuía:

---

[60] Cf. *Discurso do Professor Affonso Augusto Teixeira de Freitas*. Curitiba: João Haupt & Cia., 1930, p.5 e 8.

> Ficam reunidas em Universidade do Rio de Janeiro, as Escola Politécnica do Rio de Janeiro, a Faculdade de Medicina do Rio de Janeiro e a Faculdade de Direito do Rio de Janeiro, dispensada da fiscalização.

Essa universidade funcionou por muitos anos[61]. Sua sucessora é a Universidade Federal do Rio de Janeiro (UFRJ). Observamos, também, que não houve a preocupação em criar um curso de Matemática nessa instituição. Lembramos que, na década de 1870, algumas universidades européias e norte-americanas já mantinham programas de estudo conduzindo ao grau de doutor em Matemática.

Em 1927, foi criada, em Belo Horizonte a Universidade de Minas Gerais, constituída das seguintes unidades: Faculdade de Medicina, Faculdade de Direito, Faculdade em Engenharia, Faculdade de Odontologia, Faculdade de Farmácia. Entre o final do século XIX e início do século XX, foram criadas várias faculdades de Engenharia no país.

A fundação de uma importante universidade para o país aconteceu na cidade de São Paulo, no ano de 1934: foi a Universidade de São Paulo. As razões de o Estado de São Paulo ter despontado, nas décadas de 1930, 1940 e 1950, como líder nos estudos da Matemática no Brasil devem ser buscadas tanto no plano político como no econômico. Na década de 1920, houve agravamento nas questões políticas entre o Estado de São Paulo e o governo central, atingindo o clímax na década de 1930. Em 1932, eclodiu a Revolução Constitucionalista, em que São Paulo se insurgiu contra o governo de Getúlio Vargas por não concordar com este, sendo por isso submetido a um cerco militar.

Ainda na década de 1930, houve a derrota militar do Estado de São Paulo, seguida de perdas políticas. Na mesma década, o então governador de São Paulo, Armando de Salles Oliveira (1887-1945), resolveu investir recursos em uma universidade que viesse resgatar, por meio das ciências e das letras, as perdas sofridas para o governo federal. Aliás, não é por outra razão que o brasão da USP contém a expressão *scientia vinces*. Foi então criada uma Comissão Organizadora, presidida por Júlio de Mesquita Filho e tendo como outros membros Paulo Duarte e Fernando de Azevedo, para fundar a Universidade de São Paulo[62], com sua Faculdade de Filosofia, Ciências e Letras, que foi fundada em 12 de janeiro de1934. Nessa instituição, teve início um novo ciclo para o ensino e desenvolvimento da Matemática superior no Brasil, livre das influências do positivismo comtiano. Nela foi criado um curso de graduação em Matemática, formando exclusivamente matemáticos e professores de Matemática para o ensino superior e para o ensino secundário. Um fato novo no país dos bacharéis.

Para a Faculdade de Filosofia, Ciências e Letras, foram contratados bons professores europeus, tarefa que ficou a cargo do professor Theodoro A. Ramos (1895-1935), então docente da Escola Politécnica de São Paulo e que auxiliou a Comissão Organizadora da USP. Do Velho Continente e auxiliado pelos professores Georges Dumas, Paul Rivet, Jean Marx e Pierre Janet, Theodoro Ramos trouxe para a FFCL, em 1934, entre outros, o matemático italiano Luigi Fantappiè (1901-1956), então com 33 anos de idade e no apogeu de sua atividade científica. Posteriormente, em 1936, chegou por indicação de Fantappiè, outro matemático italiano, chamado Giacomo Albanese (1890-1957). Adiante daremos mais detalhes sobre a criação da USP, bem como sobre a atuação dos mencionados matemáticos italianos.

---

[61] Cf. Decreto 14.572, de 23/12/1920, "Aprova o Regulamento da Universidade do Rio de Janeiro", publicado na *Revista da Universidade do Rio de Janeiro*, tomo I, 1926, p. 11-17.

[62] Decreto do Governo Estadual, n.º 6.283, de 25/1/1934.

Tentativas de fundação de universidades no Brasil

Na década de 1930, também houve, na cidade do Rio de Janeiro, a convergência de idéias e ideais por parte de vários educadores liderados por Anísio Teixeira (1900-1971), o que culminou com a criação, em 1935, da Universidade do Distrito Federal, essa instituição, apesar de efêmera, estava voltada para o ensino e para a pesquisa científica básica atrelada ao ensino. Ela foi formada por escolas e, entre estas, havia a de Ciências[63].

Retornemos à FFCL da USP. Júlio de Mesquita Filho concebeu-a como um grande centro de pesquisa científica básica e continuada, associada ao ensino e atuando em algumas áreas do conhecimento, entre as quais destacamos: Ciências Exatas, Ciências Biológicas e Ciências Humanas. Esse centro destinava-se a integrar a USP e a atuar como um catalisador das demais unidades da universidade.

Portanto, a USP, apesar de se compor de faculdades existentes e de ser uma instituição pertencente à elite paulista, foi concebida como uma instituição dotada de uma filosofia bem distinta das outras instituições criadas até então, isto é, universidades constituídas de escolas profissionalizantes, distintas e distantes entre si, em que a preocupação pela pesquisa científica básica continuada e ligada ao ensino de graduação jamais havia existido.

Assim o curso de Matemática da USP contou desde o início, com a colaboração de matemáticos italianos. O primeiro a chegar, repetimos, foi Luigi Fantappiè, discípulo de Vito Volterra (1860-1940), importante matemático italiano. Na época, Fantappiè estava interessado na parte da Análise Matemática conhecida por Funcionais Analíticos, em cuja área fez valiosas descobertas. Ele foi um dos grandes impulsionadores dessa área da Matemática. Antes de vir para o Brasil, Fantappiè foi catedrático de Análise Matemática na Universidade de Bologna e diretor do Instituto Matemático Salvatore Pincherle. Na USP, ele se dedicou ao árduo trabalho de formação de uma escola matemática, de difusão da necessidade do estudo da Matemática. Passou também a divulgar escritos contendo suas idéias sobre a necessidade de reforma do ensino secundário, pois também se preocupava com o ensino da Matemática elementar. Por exemplo, ele combatia o que chamou de "ensino enciclopédico, pleno de conhecimentos isolados, de fórmulas e regras a serem decoradas que nada contribuíam para a formação da personalidade do indivíduo".

De imediato, Fantappiè reformulou os programas das cadeiras de Cálculo Infinitesimal e Geometria que eram ministradas na Escola Politécnica (ele deu aulas na Faculdade de Filosofia, Ciências e Letras, e também na Escola Politécnica da USP). Assim, Fantappiè iniciou o curso de Cálculo com o estudo dos números reais, apresentando a seus alunos a definição de corpo, corpo ordenado, etc., terminando o curso com o estudo das equações diferenciais. Na verdade, ele ministrou um curso de Cálculo bastante diferenciado dos cursos até então apresentados na Escola Politécnica de São Paulo. Fantappiè ministrou ainda cursos sobre assuntos até então não-estudados pelos jovens brasileiros, como Funcionais Analíticos, Teoria dos Grupos Contínuos, Teoria dos Números[64], Álgebra, entre outros assuntos. Também introduziu, na USP, a salutar prática da realização periódica de seminários de formação. Criou o Seminário Matemático e Físico, que atraiu a atenção dos estudantes brasileiros. Iniciou, ainda, a formação de uma biblioteca de Matemática, angariando, para tal, verbas tanto do governo paulista como do italiano. Iniciou-se com Fantappiè a compra de coleções

---

[63] Para detalhes, cf. MEDEIROS, Luis Adauto. In: *Aspectos da Matemática no Rio de Janeiro*. Rio de Janeiro: Instituto de Matemática da UFRJ, 1997.

[64] Sobre esse assunto, muito estudado em instituições européias desde o século XIX, sugerimos a obra de GAUSS, C. F., *Disquisitiones Arithmeticae*. Tradução para a língua espanhola, Academia Colombiana de Ciencias Exactas, Físicas y Naturales, Santafé de Bogotá, 1995.

e assinaturas de revistas sobre Matemática, fato até então impensado ou não-desejado pelas autoridades competentes. Ele retornou à Itália com o advento da Segunda Guerra Mundial, após o Brasil declarar guerra às nações do Eixo. Fantappiè faleceu em Viterbo, Itália, em 30 de julho de 1956. Nas décadas de 1930, 1940 e 1950 os Funcionais Analíticos foram estudados por vários jovens matemáticos brasileiros.

Também trabalhou, na USP Giacomo Albanese, que na época trabalhava em Geometria Algébrica, um dos ramos da Matemática criados pela escola italiana. Na Itália, Albanese recebeu o prestigiado Prêmio Ulisse Dini e foi assistente do professor Ulisse Dini, na Universidade de Pisa. Posteriormente, foi assistente do professor Francesco Severi, na Universidade de Pádua, na cadeira de Geometria Analítica. Albanese obteve, em 1923, a livre-docência pela Universidade de Pisa. Chegou à USP em 1936, para reger a cadeira de Geometria na FFCL. Depois, regeu também a cadeira de Geometria Projetiva, Analítica e Descritiva, na Escola Politécnica. Voltou à Itália durante a Segunda Guerra Mundial, mas, com o término do conflito, retornou a São Paulo, em 1946, para reger a cadeira de Geometria Analítica e Projetiva na Escola Politécnica. Faleceu em São Paulo, em 8 de junho de 1957. Fantappiè e Albanese impulsionaram o ambiente matemático em São Paulo e no Brasil. A partir da década de 1940, os estudos matemáticos se expandiram, em qualidade e quantidade, nesse Estado e no país. Daremos mais detalhes a esse respeito no Cap. 8.

Do que precede, podemos dizer que a Faculdade de Filosofia, Ciências e Letras da USP se constituiu, por mais de vinte anos, na principal fonte de formação e estudos matemáticos do Brasil. E acrescentaríamos que essa instituição foi o berço da atual Matemática brasileira, em virtude dos estudos ali desenvolvidos a partir de 1934.

Pela Lei n.º 452, de 5 de julho de 1937, foi criada, na cidade do Rio de Janeiro, a Universidade do Brasil, sucessora da Universidade do Rio de Janeiro, e pelo Decreto n.º 1.190, de 4 de abril de 1939, foi criada nessa universidade a Faculdade Nacional de Filosofia (FNFi)[65]. Nessa unidade foi criado um curso de Matemática a partir do qual floresceram os estudos matemáticos na cidade do Rio de Janeiro. No ano de 1939, foi extinta a Universidade do Distrito Federal, segundo acordo entre o governo federal e o prefeito do distrito federal.

Enfim, este capítulo nos fornece uma visão panorâmica a respeito das tentativas de criação de universidades no Brasil. Observamos, em quase todas elas, exceto na USP e na Universidade do Distrito Federal, uma particularidade comum: foram propostas de instituições formadas por faculdades isoladas, escolas profissionalizantes, distintas e distanciadas entre si, que tinham em comum apenas a direção, não havendo espaço para a pesquisa científica básica atrelada ao ensino. A preocupação maior foi o fornecimento do diploma, a láurea.

---

[65] Para uma excelente exposição a respeito da criação da Universidade do Brasil, sugerimos (Fávero, 2000.)

O MEIO INTELECTUAL DO BRASIL, DO FINAL DO SÉCULO XVIII À DÉCADA DE 1920

5

Neste capítulo, faremos um estudo do meio intelectual brasileiro no período que vai do final do século XVIII à década de 1920. Para tanto, caracterizamos a elite intelectual brasileira da época, identificando suas idéias, seus ideais, suas críticas e lutas sociais frente aos problemas inerentes à educação e às necessidades científicas, culturais e econômicas do país. É nosso objetivo, ainda, detectar o desenvolvimento científico-tecnológico no país de então, a produção de bens de consumo, questionar a relação entre ciência e sociedade e analisar as propostas apresentadas por entidades literárias e científicas fundadas no período.

Assim fazendo, poderemos entender por que o desenvolvimento e direcionamento das ciências em nosso país — em particular da Matemática — não acompanhou as principais correntes que fluíam naturalmente no Velho Continente e nos Estados Unidos da América do Norte.

Sabemos, por meio da história da cultura brasileira, que houve, no Brasil colônia, uma civilização transplantada da Europa. E, atrelada a ela, veio também toda uma cultura[66]. Nada havia em nosso país que fosse de interesse do descobridor-colonizador, exceto alguns produtos primários e a terra. Os nativos (índios), os europeus e os africanos compuseram a etapa de colonização do Brasil, de modo que a cultura e a composição social formada pela união desses seres humanos em solo brasileiro refletiram a mistura dessas culturas. Adotaremos a definição de cultura em seu sentido mais restrito, compreendendo-a como o conjunto de formas de vida espiritual da sociedade, que nasce e se desenvolve à base do modo de produção dos bens materiais historicamente determinados, ou seja, o nível de desenvolvimento alcançado pela sociedade na instrução, na ciência, na literatura, na arte, na filosofia, na moral, etc., e as instituições correspondentes.

Durante o século XVIII, a sociedade brasileira foi formada basicamente por dois segmentos: de um lado, os proprietários de terras ou fazendas e, de outro, seus escravos. O comércio e a mineração foram privilégios de poucos. É verdade que alguns proprietários de áreas de

---

[67] Cf. SODRÉ, N. W. In: *Síntese de História da Cultura Brasileira*. São Paulo, DIFEL, 1985.

mineração também o foram de grandes fazendas. Por fim, com o término da corrida para a mineração, alguns proprietários de minas passaram a desenvolver atividade comercial.

A partir da segunda metade do século XVIII, começou a emergir no Brasil um outro segmento social: a pequena burguesia, estrato situado entre os dois citados no parágrafo anterior. Em seus primórdios, a pequena burguesia era constituída por pequenos comerciantes e ex-proprietários de terras para a mineração. Essa pequena burguesia, ampliada, transformou-se depois na burguesia brasileira, que passou a enviar seus filhos para estudar na Europa, em particular na Universidade de Coimbra. Nessa instituição, mesmo depois de reformada, em 1772, os brasileiros recebiam uma educação tipo bacharelesca e, até certo ponto, desinteressada da realidade científica européia, em vista do seu tipo de ensino, conforme discutimos em capítulo anterior.

A Universidade de Coimbra serviu, contudo, para introduzir na elite intelectual brasileira o sopro do espírito do Iluminismo, que inundou a Europa ocidental do século XVIII. Mesmo assim, é verdadeira a afirmação de que a Universidade de Coimbra iniciou o que poderíamos chamar de "espírito de desenvolvimento intelectual brasileiro". Lembramos, de passagem, que, em fins do século XVIII, foi fundado em Pernambuco o Seminário de Olinda, pelo bispo Azeredo Coutinho, egresso da Universidade da Coimbra. Essa foi a primeira instituição de ensino renovado criada no Brasil da época. Sabemos também que o Seminário de Olinda exerceu forte influência na formação da elite intelectual do Nordeste do Brasil de então.

O ensino secundário no Brasil colônia, império e nos primeiros anos do período republicano foi deficiente, desorganizado e de baixa qualidade. A esse respeito cf. HAIDAR, 1971 e também SOUZA, 1870, p. 1-6, também o ensino superior não ficou distante dessas marcas. A. Almeida Júnior escreveu sobre isso:

> Alunos mal preparados conseguiam, pois, ingressar nas quatro Faculdades do Império, e nestas, embora sem assiduidade, sem esforço e fazendo ou exames desonestos, ou maus exames, galgavam uma a uma todas as séries do curso, até a ambicionada conquista do diploma...[67]

Na década de 1850, as autoridades competentes tomaram algumas providências para reorganizar e moralizar e ensino público secundário no país. Dessa forma, foi criada no município do Rio de Janeiro a Inspetoria Geral da Instrução Primária e Secundária. Instituíram-se normas para o exercício da liberdade de ensino, bem como previu-se um sistema de preparação ou formação de professores primários. Essas medidas foram tomadas apenas no município da cidade do Rio de Janeiro, havendo uma sensível melhoria na organização e qualidade da instrução pública desse município. Uma forte variável que contribuiu para a execução das referidas medidas foi a calmaria política do país nessa década, conseguida em virtude da chamada "Conciliação". A respeito da Conciliação dos partidos políticos, assim se escreveu HAIDAR (1971):

> Época sem fisionomia, sem emoções, sem crenças entusiásticas, mas que terá a inapreciável vantagem de romper a cadeia de tradições funestas e de favorecer pela sua calma e por seu silêncio o trabalho interior de reorganização administrativa e industrial do país...[68]

---

[67] Cf. ALMEIDA JUNIOR, A. In: *Problemas do Ensino Superior*. São Paulo: Nacional, 1956, p. 46.
[68] Cf. HAIDAR, Maria L. M. In: *op. cit.*, p. 98.

O meio intelectual do Brasil, do final do século VIII

Ainda na década de 1850, houve uma euforia direcionada para o ensino científico, mesmo em nível secundário. Com efeito, o Colégio D. Pedro II, que foi uma instituição modelo de ensino bem-sucedido, passou, em 1855, por uma reforma curricular, na qual se pretendia que o ensino científico fosse o carro-chefe. Mas o imperador não concordou com a pretensão, orientado por seus assessores. Houve a reforma curricular, porém se manteve, nessa instituição, a tradição do ensino humanista. Lamentavelmente as medidas educacionais tomadas nessa década, não tiveram continuidade nas décadas seguintes, voltando a reinar a desorganização, o caos e a corrupção no sistema de ensino público do país.

Na década de 1870, houve uma atmosfera de instabilidade política no Brasil, a qual, como sabemos, antecedeu a derrocada do império. Nessa década e nas seguintes, as questões políticas, em conjunto com as ideológicas, econômicas e sociais, geraram, na parte culta da sociedade brasileira sentimentos de mudança e busca de solução para os graves problemas que grassavam no país. Citamos alguns: escravidão, analfabetismo, estrutura do sistema escolar, imigração, casamento civil, separação entre Estado e Igreja católica. Enfim, o quadro de insatisfação geral que envolvia a população brasileira balizou por muitos anos a vida das instituições de ensino do país, bem como da sociedade como um todo.

Na mesma década, grande parte dos intelectuais brasileiros uniu-se à parte da elite dominante que ansiava por mudanças e reformas, reivindicando do governo federal, várias medidas. Destacamos as seguintes: implantação do regime republicano; atualização da sociedade brasileira com o modo de vida dos países da Europa ocidental; elevação do nível intelectual e cultural da população; reforma na estrutura educacional, visando ao desenvolvimento científico-tecnológico do Brasil; reformas políticas necessárias para o desenvolvimento do país; abolição da escravidão. Um dos intelectuais da época, Tobias Barreto (1839-1889), crítico, pensador, jurista e poeta, assim se expressou em (BARRETO, 1942, p. 153):

> Quando digo que no Brasil as coisas políticas têm uma preponderância absoluta, não quero com isso afirmar que as idéias respectivas estejam bem adiantadas. Assim deveria ser e tinha-se o direito de esperar. Mas dá-se o contrário. Os nossos grandes homens vivem de todo alheios ao progresso das ciências (...) O mundo científico viaja de dia em dia com incrível rapidez, para alturas desconhecidas. Aqui não se sabe disso. O clarão do século ainda não penetrou na consciência brasileira...

Outros intelectuais, como Joaquim Nabuco, Olavo Bilac e Euclides da Cunha, denunciavam ao país, com freqüência, a não-existência de uma nação brasileira, bem como uma possível perda da autonomia da nação, face à fragilidade do Estado. Lembramos que, nas décadas de 1870 e 1880, houve uma atmosfera de instabilidade política e um quadro de insatisfação geral, que, como sabemos, culminaram com a implantação da República. Nessas duas décadas, foi tão forte o sentimento de necessidade de mudanças na estrutura educacional do país que até as classes dominantes passaram a reivindicar um ensino público de boa qualidade, que fornecesse boa formação profissional ao jovem brasileiro.

Em agosto de 1870, o ministro Paulino José Soares de Souza, ao apresentar o orçamento do império à Câmara dos Deputados, também manifestou sua preocupação com a baixa qualidade do ensino público brasileiro:

> "O atrazo do ensino que se demonstra com dados positivos nesse documento, longe de nos fazer desanimar, deve ser o maior incentivo para cuidarmos séria e vigilantemente do objecto que tanto importa ao futuro de nossa pátria ..." [69]

As pressões das elites brasileiras surtiram efeito. Na década de 1870, a Escola Central passou à jurisdição do Ministério do Império, deixando de pertencer ao Ministério da Guerra. Seus estatutos foram reformados em 1874 e ela passou a se chamar Escola Politécnica, como uma escola exclusivamente de Engenharia. Mesmo assim, continuou formando bacharéis em Ciências até o ano de 1896. Buscou-se o intercâmbio científico-tecnológico internacional. Escolas francesas foram contactadas. Docentes da Escola Politécnica foram realizar estágios tecnológicos em países europeus. Porém o necessário intercâmbio científico com matemáticos europeus não se realizou.

Ainda na década de 1870, foi criada, por desejo do imperador, a Escola de Minas de Ouro Preto, em Minas Gerais. Para essa instituição de ensino vieram professores franceses. A partir daquela década, houve uma grande esperança de mudanças no meio intelectual brasileiro, iniciando-se conferências expositivas na Escola Politécnica do Rio de Janeiro. Claude-Henri Gorceix (1842-1919), primeiro diretor da Escola de Minas de Ouro Preto, realizou algumas conferências na Escola Politécnica. Aliás, essas conferências permitiram a Gorceix julgar objetivamente o baixo nível dos estudos superiores no Brasil da época. Na mesma década de 1870, o conselheiro Manoel Francisco Correia criou as "Conferências Populares da Freguesia da Glória", na cidade do Rio de Janeiro, que tinham por objetivo o esclarecimento da população local sobre: liberdade de ensino, criação de universidades, programas de imigração, casamento civil, higiene, saneamento básico, ensino primário obrigatório, história e literatura do Brasil, entre outros assuntos[70]. Foram comuns as críticas dos conferencistas ao governo federal. Surgiu também importante movimento cultural, conhecido por "germanismo brasileiro", do qual participaram intelectuais e políticos de várias regiões do país.

Em 1876, o cientista norte-americano Orville A. Derby (1852-1915), que veio para o Brasil para atuar na recém-criada Comissão Geológica do Império, trabalhou no Museu Nacional. Ele enviou à revista *Science* um artigo, retratando fielmente o estado da ciência no Brasil. Nesse artigo, publicado sem o nome do autor, ele apontava algumas características que ainda hoje marcam a vida científica brasileira:

> Os últimos dez ou quinze anos testemunharam um acentuado despertar do Brasil para a importância da pesquisa científica e a inauguração do que pode ser chamado com justiça de um novo movimento, do qual — pelo que sabemos — nenhuma divulgação foi até agora feita para o mundo exterior; enquanto os próprios brasileiros, em sua maioria, talvez ainda desconheçam a importância e a promessa da atividade científica desenvolvida em seu meio por um pequeno grupo de trabalhadores dedicados. (...) Os brasileiros, com poucas e honrosas exceções, se satisfazem em receber de segunda mão os conhecimentos da história natural de seu próprio país, e raramente se empenham por conta própria em suplementar e corrigir o trabalho dos naturalistas estrangeiros, em grande parte necessariamente incompleto e incorreto. O governo, até recentemente, também não assegurou ajuda bem dirigida e regu-

---

[69] Cf. Souza, P. J. S. In" *Projecto à Câmara dos Deptados — Instrucção Pública*. Rio de Janeiro: Typ. Nacional, 1870, p. 7.
[70] Cf. Diário Oficial do Império, n.º 288, de 22/11/1874.

O meio intelectual do Brasil, do final do século VIII

> lar para as investigações científicas; embora tenha mantido por muitos anos, com despesa considerável, departamentos científicos em todas as instituições superiores do saber e em estabelecimentos como o Observatório Nacional e o Museu Nacional (...) Devido à má organização ou apoio insuficiente, os resultados científicos de todos esses esforços foram, contudo, de pouco valor (...) Por longo período, o que passava por ciência no Brasil era caracterizado por uma quase total ausência de investigação; e embora houvesse muitos nomes com uma reputação local e mesmo nacional como professores ou escritores de assuntos científicos, era difícil encontrar qualquer contribuição sólida tanto no campo das ciências físicas como no das ciências naturais. Hoje ainda há muitas reputações que não têm como base um trabalho original de mérito...[71]

Em 1886, Orville Derby foi convidado para organizar a Comissão Geográfica e Geológica da Província de São Paulo, onde trabalhou até 1904.

Com a abolição da escravatura, em 1888, e a implantação da República, em 1889, mudanças desejadas e que deveriam trazer esperanças de solução para as graves dificuldades que afligiam o país não resolveram os problemas; ao contrário, trouxeram outros. Elas também desagregaram parte dos intelectuais que estavam envolvidos nesses processos. A elite dominante, com o apoio de políticos desonestos, passou a disputar cargos políticos. Nos primeiros anos de República Velha multiplicaram-se: a inocuidade política, o vazio ideológico, a corrupção, a incompetência técnico-administrativa, conforme escreveu (Costa, 1985, p. 9):

> O sistema de clientela e patronagem, cujas origens remontam ao período colonial, impediu a racionalização da administração (...) As lutas políticas se definiram em termos de lutas de famílias e suas clientelas. A ética de favores prevalecia sobre a ética competitiva e o bem público confundia-se com os bens pessoais...

Em meados da década de 1880, grande parte da elite intelectual brasileira passou a concentrar seus esforços na convergência de buscar soluções para os graves problemas que continuavam afligindo a nação. O analfabetismo era um desses problemas; a saúde pública era outro. Na década de 1890, de cada cem habitantes, apenas dezessete sabiam ler e escrever. Dessa forma, o político Rui Barbosa de Oliveira (1849-1923), por defender suas idéias e apresentar anteprojetos para reverter o quadro deplorável da sociedade brasileira (ele apresentou um anteprojeto visando à melhoria da qualidade do ensino público do país, à criação de uma universidade, bem como à questão de sua produção científica), passou a ser o aglutinador de parte dos intelectuais. Emergiu nesse contexto a hegemonia da cidade do Rio de Janeiro, por ser a capital do país, uma cidade que possuía boas escolas superiores e onde havia maior dinamismo cultural, mais oferta de empregos, abrigando quase toda a produção literária nacional[72].

É bom lembrar que, por toda a segunda metade do século XIX e nas duas primeiras décadas do século XX, predominou no meio intelectual brasileiro, a partir das escolas superiores, a ideologia positivista de Auguste Comte, com preceitos que balizaram a filosofia, a política e a ciência no Brasil. Sob a influência dessa ideologia, observa-se que o ensino da Matemática

---

[71] Cf. Derby, O. A. In: *O Estado da Ciência no Brasil.* **Science,** v. 1, n. 8, p. 214-221, 1888.
[72] Cf. Sevcenko, N. In: *Literatura como Missão: Tensões Sociais e Criação Cultural na República.* São Paulo" Brasiliense, 1985.

58 — A Matemática no Brasil

superior sofreu atraso e danos consideráveis, quando tomamos como referencial o desenvolvimento da Matemática que ocorria no Velho Continente .

Ainda na década de 1880, alguns médicos das cidades do Rio de Janeiro e de Salvador passaram a publicar trabalhos, nos quais criticavam o Estado e a qualidade do ensino médico no país. Criticavam também a qualidade das teses de doutoramento exigidas pelas instituições e as que eram apresentadas pelos alunos. Enfim, buscavam explicações para o baixo nível das teses, que não eram bem-desenvolvidas e tampouco escritas em boa linguagem. Portanto, segundo alguns, não tinham o mérito de vulgarizar, em língua portuguesa, o estado da ciência médica em países do Velho Continente. Eis o que escreveu a respeito das teses um desses médicos, (FONSECA, 1893, p. 25):

> Salvo raríssimas exceções, como simples colecionadoras de observações alheias, nacionais ou estrangeiras, catálogos de opiniões de diversos autores sobre o assunto escolhido, compilação dos jornais de medicina sobre as questões da atualidade, repetições de críticas feitas sobre o seu objeto...

Nos estados de São Paulo, Minas Gerais e Rio de Janeiro, na década de 1890, surgiu outro importante acontecimento cultural: as pregações ou conferências, chamadas de "Conferências da Assunção", proferidas por um dos intelectuais brasileiros, o padre Júlio Maria (1850-1916). Ele abordava nas conferências, os mais variados temas científicos, políticos, culturais e religiosos.

Foi nesse ambiente que se formou a elite intelectual brasileira e, em especial, a elite intelectual do eixo Rio de Janeiro — São Paulo do final do século XIX. Não por acaso, a partir da década de 1880, foram fundadas várias instituições literárias e científicas na cidade do Rio de Janeiro, as quais irradiaram para todo o país suas influências e principais decisões. Mais adiante daremos detalhes a respeito de algumas dessas instituições.

Ainda na década de 1890 emergiu no meio acadêmico da cidade do Rio de Janeiro um outro intelectual ligado às ciências, Otto de Alencar Silva (1874-1912) — engenheiro civil pela Escola Politécnica do Rio de Janeiro e docente dessa instituição. Não-satisfeito com a influência da ideologia positivista de Comte sobre o ensino da Matemática no Brasil, rebelou-se e passou a fazer críticas, a partir de 1898, sobre essa influência, mostrando o dano para o país ao se aceitar sem contestações a ascendência de Comte sobre o ensino das ciências exatas. Ele também passou a defender a necessidade de renovação do estudo da Matemática, bem como o intercâmbio científico com cientistas europeus. Otto de Alencar iniciou o que chamamos de ciclo de ruptura da influência de Comte sobre a elite intelectual brasileira[75].

Nas primeiras décadas do século XX, esse ciclo foi continuado por engenheiros, biólogos, geólogos, astrônomos, matemáticos, enfim por homens de ciência como M. Amoroso Costa, Theodoro A. Ramos, Lélio Gama, F. dos Santos Reis, Oswaldo Cruz, Adolpho Lutz, Louis Cruls, Carlos Chagas, Arthur Moses, Miguel Ozório de Almeida, H. Morise, E. Roquette Pinto, entre outros.

Na passagem do século XIX para o século XX, em virtude do barateamento na impressão de jornais, surgiu um novo jornalismo brasileiro, o qual marcou profundamente o meio intelectual de nosso país. Esse jornalismo passou a ser avidamente disputado pela nova

---

[74] Para detalhes a esse respeito, cf. PEREIRA DA SILVA, C. In: Otto de Alencar Silva versus Auguste Comte. *LLULL*, v. 18, p. 167-181, 1995.

O meio intelectual do Brasil, do final do século VIII

burguesia urbana e, dessa forma, foi-se formando uma opinião pública urbana sequiosa de juízo e orientação por parte dos intelectuais que publicavam seus trabalhos na imprensa. Os artigos publicados versavam sobre política, religião, economia e ciências. Por exemplo, Manuel Amoroso Costa publicou vários artigos sobre Matemática, Física, Filosofia, Lógica[75], entre outros temas.

A elite intelectual brasileira passou a se empolgar com seu crescente prestígio, poder de ação e de difusão de idéias, apresentando, nesse ínterim, à sociedade modelos de soluções para os angustiantes problemas nacionais. Porém tais modelos jamais foram aceitos pelas autoridades competentes, bem como pelas elites dominantes. Contudo, na cidade do Rio de Janeiro, a capital do país, não cessaram de ocorrer as transformações sociais, culturais, literárias e científicas. Na primeira década do século XX, a cidade passou por uma profunda crise intelectual e moral, evidenciada pela decadência cultural, conhecida como "o vazio de idéias, o fim da tradição". Segundo cronistas da época, criticava-se a tecnologia, a ciência, a mecanização e a metodização da vida de então, que, segundo eles, haviam destruído os ideais do amor, da arte e do sentimento.

A organização sócio-familiar, assim como o ambiente intelectual da cidade do Rio de Janeiro, conheceu profundas mudanças. Por exemplo, acabaram-se os longos períodos de noivado, comuns na época, adotando-se períodos mais curtos. Os salões das sociedades recreativas, nos quais gravitava a vida social da cidade, foram paulatinamente substituídos pelas ruas da cidade, em processo de urbanização. O cavalheirismo começou a desaparecer, em vista do crescente feminismo; emergiu então uma grande novidade: a mulher intelectual, que passou a ocupar seu lugar na sociedade e no mercado de trabalho.

Relembramos que, a partir de 1879, a mulher brasileira adquiriu o direito de freqüentar escolas de nível superior. Houve, portanto, uma completa reciclagem nos hábitos e nos costumes da burguesia urbana. Uma mudança nos valores morais, dos valores internos, para valores externos. Acentuarem-se a avidez pelo consumo de bens materiais, como roupas, sapatos elegantes, carros, imóveis, entre outros bens. Enfim, a burguesia urbana passou a aguardar ansiosamente pelas novidades européias, chegadas no último navio aportado no Rio de Janeiro.

Como conseqüência, refletindo a atmosfera cultural de sua elite, a cidade do Rio de Janeiro sofreu mudanças substanciais em sua configuração urbana. Assim, desapareceram velhos casarões para dar lugar ao novo, ao progresso. Novas ruas e avenidas foram abertas e mangues aterrados; a Saúde Pública iniciou a vacinação das pessoas. Copiando o estilo das elites européias, a elite brasileira passou a realizar reuniões sociais à tarde e saraus à noite, reuniões essas sob o pretexto de que seus participantes apreciavam e discutiam as recentes obras literárias, as obras de arte e até as obras científicas chegadas da Europa.

Na década de 1910, na cidade do Rio de Janeiro, houve uma aglutinação de intelectuais em torno de idéias e ideais comuns. A Primeira Guerra Mundial desenrolada de 1914 a 1918, fez com que grande parte dos intelectuais brasileiros passasse a se reunir para discutir e redefinir, por exemplo, o papel do homem de ciência, o cientista, seu valor para a sociedade e seu desempenho, bem como sua produção científica face às novas necessidades e exigências da nação. Aqueles intelectuais sentiam que precisavam externar, de modo rápido e seguro, suas idéias diante das mudanças de valores que estavam acontecendo no Velho Continente.

---

[75] Cf. AMOROSO COSTA, M. In: *As Idéias Fundamentais da Matemática e Outros Ensaios*. 3. ed. São Paulo: Convívio Edusp, 1981.

Surgiu assim um consenso em torno da necessidade de se reformular a produção científica e cultural no país. Aqueles homens passaram a questionar o que representaria para a nação o trabalho científico, o trabalho literário, o trabalho artístico. Naquela década, a carreira científica no Brasil, além de obscura, caracterizou-se como uma carreira de sacrifícios, pois a ela se dedicavam as pessoas que tinham outras formas de subsistência. A carreira científica era considerada um diletantismo.

Os intelectuais ligados à ciência passaram também a questionar o que seria um bom trabalho científico e quem deveria ser chamado de "cientista". Questionavam ainda a necessidade de se criar uma faculdade de ciências, uma universidade, e qual seria o modelo para essa universidade. Questões dessa natureza jamais haviam sido colocadas em discussão pela elite intelectual brasileira. Algo de novo acontecia no país e, como uma das conseqüências, uma parte dessa elite, localizada no eixo Rio de Janeiro — São Paulo resolveu fundar, em 1916, na cidade do Rio de Janeiro, a Sociedade Brasileira de Ciências (SBC), a atual Academia Brasileira de Ciências.

A partir da Escola Politécnica do Rio de Janeiro, onde funcionou incialmente a SBC e seguindo a trilha aberta por Otto de Alencar Silva, alguns de seus discípulos reagiram e passaram a fazer críticas ao meio intelectual brasileiro, em particular ao ambiente científico. Foi ainda nessa época que o Brasil participou pela primeira vez, do Congresso Internacional de Matemáticos, o V Congresso, realizado em 1912, em Cambridge, na Inglaterra[76]. Representou o Brasil o professor Eugênio de Barros Raja Gabaglia, docente da Escola Politécnica do Rio de janeiro.

Manuel Amoroso Costa, o mais destacado dos discípulos de Otto de Alencar, continuou e ampliou a luta de seu mestre em prol da implantação no Brasil, das novas teorias científicas, das novas técnicas matemáticas, bem como da renovação dos estudos matemáticos. Viajou para a França, onde fez cursos de aperfeiçoamento e entrou em contato com matemáticos. Passou a publicar artigos expositivos em jornais da cidade do Rio de Janeiro, como parte de um trabalho para divulgação da ciência perante a população brasileira, e a realizar conferências em instituições sediadas nessa cidade. Foi membro fundador da Associação Brasileira de Educação, instituição criada na década de 1920 e sobre a qual falaremos mais adiante.

Miguel Ozório de Almeida, um dos homens de ciência da época, ao realizar uma conferência na cidade do Rio de Janeiro, em 1925, intitulada A Alta Cultura e sua Organização, assim se expressou:

> Entre nós sempre se confundiu ensino superior com ensino technico e profissional. Ora, na Escola Polytechnica formam-se engenheiros, nas Facculdades de Medicina fazem-se medicos (...) O ensino em cada uma dessas escolas destina-se a preparar para uma profissão ou para um officio, e por mais interessante que sejam, essas profissões e esses officios não constituem meio de chegar à alta cultura. As sciencias fundamentais, aquellas justamente que poderiam concorrer para a grande cultura do espirito, são, e não poderiam deixar de o ser, muito resumidamente e muito elementarmente estudadas nessas escolas. A Escola Polytechnica não pode formar mathematicos. A Mathematica ahi se estuda em vista de certas applicações praticas e modo simples e reduzido (...) Precisamos quanto antes em nosso paiz, fornecer meios de estudo superior aos que por suas tendencias, sua intelligencia, e capacidade desejam attingir a um alto gráo de cultura (...) É indispensavel crear não somente faculdades ou escolas superiores de sciencias, como tambem faculdades ou escolas superiores de lettras...[77]

---

[76] Cf. Lehto, Olli. In: *Mathematics Without Borders*. New York: Springer, 1998, p. 320.

[77] Cf. Almeia, M. Ozório de. In: *A Vulgarização do Saber*. Rio de Janeiro: Ariel, 1931, p. 158.

O meio intelectual do Brasil, do final do século VIII 61

Percebemos nas palavras de Miguel Ozório uma reação ao meio acadêmico de então. Entre outras coisas ele enfatiza a urgente criação de uma faculdade de ciências, para ali ser estudada a Matemática superior. No caso específico do ensino da Matemática, foram várias as reações ao meio intelectual. Homens como Amoroso Costa, Theodoro Ramos, Lélio Gama, Roberto Marinho de Azevedo, entre outros expressaram suas angústias. Em 1916, Theodoro Ramos enviou uma carta ao diretor da *Revista Didática* da Escola Politécnica do Rio de Janeiro, a respeito de um artigo ali publicado (ele não cita o autor do artigo) sobre Mecânica Racional (o Teorema das Forças Vivas). Na carta, Theodoro Ramos critica o artigo, apontando alguns erros. Conjecturamos que o autor do artigo tenha sido Licínio A. Cardoso, que foi professor catedrático de Mecânica Racional na Escola Politécnica do Rio de Janeiro. Licínio Cardoso foi um dos adeptos da ideologia positivista de Comte e Theodoro Ramos fez parte do grupo de brasileiros ligados à ciência que combateu a influência de Comte sobre a elite intelectual de nosso país. Transcrevemos a seguir parte da missiva de Theodoro Ramos:

Folheando o último fascículo da vossa conceituada Revista, n'elle encontramos sob o título "Notas de aula de Mecânica Racional" e sem assignatura, um trabalho referente à mecânica dos fluidos. Durante o nosso curso de Mecânica Racional em 1913 e tambem em 1914 tivemos occasião de assistir às prelecções alli feitas a respeito das equações differenciaes da Mecânica e da Mecânica dos fluidos. Sérias e bem fundadas objecções accudiram n'essa occasião ao nosso espirito, objecções essas que o recente artigo da vossa Revista veio reviver (...) Vamos, pois, formular e fundamentar as nossas duvidas, aliás bem justas. Resumindo: o autor das referidas notas de aula denomina de equação geral a expressão analytica do theorema das forças vivas sob a forma differencial, isto é, à relação

$$\sum \left[\left(X - m\frac{d^2x}{dt^2} \right)dx + \left(Y - m\frac{d^2y}{dt^2} \right)dy + \left(Z - m\frac{d^2z}{dt^2} \right)dz \right] = 0$$

e propõe-se a deduzir as equações do movimento de um systema de pontos cujas ligações dependem do tempo applicando o methodo dos multiplicadores de Lagrange. Ora, tal modo de proceder pecca em absoluto pela falta de rigor (...) A doutrina pregada na pag. 10 da Revista Didactica é bem commoda mas absolutamente incompativel com os principios basicos da Mecanica.

Aliás, salvo casos excepcionaes (consulte-se a obra do ilustre Painlevé sobre a integração das equações da Mecanica), o theorema das forças vivas não costuma ser utilizado no estudo do movimento de um systema cujas ligações dependem do tempo.

Passemos adiante. Uma observação relativa aos fluidos. Consideremos um elemento material de volume *dv* e de massa *dm*. Este elemento movendo-se soffre deformações, o seu volume póde variar, mas sua massa permanece invariavel. Portanto, a differencial da massa *dm* durante o tempo *dt*, tomada acompanhando o elemento no seu movimento será nulla. A tradução analytica do que acabamos de dizer nos dá precisamente a equação de continuidade. (Consulte-se para mais esclarecimentos, Appell, Traité de Mécanique, tomo III, pgs. 278 e seguintes)(...) Terminamos ahi as nossas considerações se bem que no alludido artigo ainda haja outros pontos passiveis de critica[78].

---

[78] Cf. RAMOS, Theodoro A. In: Mecânica Racional. *Revista Esc. Poli. Rio de Janeiro*, n. 8, p. 45-48, 1916.

Ainda na década de 1910, Theodoro Ramos expressou, sua reação contrária ao arcaísmo no ensino da Matemática no Brasil e à influência da ideologia comtiana sobre a nossa ciência na forma de um outro trabalho, sua tese de doutoramento, apresentada à Escola Politécnica do Rio de Janeiro, em 1918, sobre a qual teceremos considerações no Cap. 7. Em um outro trabalho, ele escreveu:

> A organisação universitaria ideal seria aquella que a par da manutenção de cursos visando a educação de profissionaes capazes nas especialidades respectivas, estabelecesse institutos convenientemente apparelhados onde as formas mais elevadas e mais aperfeiçoadas das sciencias fossem cultivadas e ministradas ao grupo de seleccionados que se destinassem ao professorado e às pesquizas originaes. Em nosso paiz um sério obstaculo se oppõe inicialmente à criação de institutos universitarios de alta cultura; refiro-me à difficuldade que apresenta a formação do respectivo corpo de professores. Para resolver problema tão relevante e delicado, dever-se-ia cuidar sem demora do aperfeiçoamento de elementos nacionaes de comprovado valor intellectual, quer organisando alguns cursos scientificos dirigidos por professores estrangeiros contractados, quer então, e esta solução talvez seja preferivel, enviando aos centros de grande cultura taes elementos com determinados programmas de estudos a seguir...[79]

Outra reação ao meio intelectual brasileiro da época foi o trabalho desenvolvido por Lélio Gama, na cidade do Rio de Janeiro. Ele trabalhou arduamente para adaptar ao ensino da Matemática superior as novas teorias e novas técnicas matemáticas, atuais para a época, e escreveu livros contendo assuntos atualizados como, por exemplo, teorias desenvolvidas pelo grupo Nicolas Bourbaki. Citamos dois de seus livros, que foram divulgados em todo o país e usados como livro-texto: *Introdução à Teoria dos Conjuntos* e *Séries Numéricas*. No primeiro, o autor aborda assuntos como conjuntos, axioma de Zermelo, espaços métricos, conexidade, conjuntos lineares, espaços de estrutura esferoidal, espaço de n-dimensões, conjuntos totalmente limitados. No livro *Séries Numéricas* são estudados assuntos como complemento ao cálculo dos limites, noções sobre números reais e complexos, sucessões numéricas, séries numéricas, convergência das séries de potências. O trabalho de Lélio Gama, a partir da cidade do Rio de Janeiro, contribuiu para a construção de um bom ambiente científico no país, no qual a Matemática pudesse florescer e prosperar.

Na década de 1920, o país passou por profundas transformações políticas e econômicas. O Estado de São Paulo experimentou uma industrialização mais acelerada que outros estados. Em 1922 em, São Paulo surgiu importante reação de uma parte da elite intelectual brasileira, na forma de um manifesto, que ficou conhecido por Modernismo.

Foi um movimento influenciado pela nova paisagem urbana que surgia com a industrialização da cultura, buscando à modernização das artes brasileiras. O aspecto central do movimento foi seu caráter de radicalidade em relação aos padrões culturais europeus, que serviam até então para representar um contexto inexistente no meio social, econômico, político, cultural e científico de nosso país. José OSWALD DE ANDRADE (in: *Ponta de Lança*. Rio de Janeiro: Civilização Brasileira, 1972), um dos mentores do movimento, escreveu:

---

[79] Cf. Ramos, Theodoro A. In: *Estudos*. São Paulo: Escola Profissional do Liceu Coração de Jesus, 1933, p. 16.

O meio intelectual do Brasil, do final do século VIII **63**

> É preciso compreender o modernismo com suas causas materiais e fecundas, hauridas no parque industrial de São Paulo, com seus compromissos de classe no período Áureo-burguês do primeiro café valorizado enfim com o seu lancinante divisor de águas que foi a Antropofagia nos prenúncios do abalo mundial de Wall-Street. O modernismo é um diagrama da alta do café, da quebra e da revolução brasileira...

Desse movimento participaram vários intelectuais, entre eles Mário Raul de Morais Andrade, José Oswald de Andrade, Annita Malfatti, Manoel Bandeira, Carlos Drummond de Andrade, Candido Portinari, Plínio Salgado, Cassiano Ricardo. A respeito do Modernismo, assim se expressou J. E. de Barros[80]: "Nas manifestações culturais não surgiu até hoje movimento mais importante para a independência cultural do Brasil que o Modernismo..."

PRODUTOS AGRÍCOLAS, INDÚSTRIA E TRANSPORTES NO BRASIL, DE 1800 À DÉCADA DE 1920

Nosso objetivo nesta seção, é fornecer breves informações a respeito de alguns produtos agrícolas, da capacidade industrial, bem como dos meios de transportes no Brasil da época. Pretendemos mostrar que, em função desses fatores, talvez também não tivesse sido possível introduzir, desenvolver e consolidar em nosso país um ambiente de pesquisa científica básica continuada.

Durante o Brasil imperial e mesmo nos primeiros anos de República Velha, acreditava-se que a agricultura seria a única grande fonte de riqueza e que, além da agricultura, apenas a parte comercial poderia se desenvolver no país como outra fonte de riqueza. E todos os investimentos foram canalizados para a compra de fazendas, escravos e plantações de café, principalmente nas províncias do Rio de Janeiro e de São Paulo.

Em meados do século XIX, porém, Irineu Evangelista de Sousa (1813-1889), o Barão de Mauá, resolveu acabar com essa balela. Existia na Ponta da Areia, em Niterói (Rio de Janeiro), um pequeno estaleiro ao lado de uma diminuta fundição cujo proprietário estava com sérios problemas financeiros em virtude da fraca encomenda de navios. Em 11 de agosto de 1846, Mauá abandonou a atividade comercial e comprou o estaleiro, bem como a fundição. A partir dessa data, Irineu Evagelista se transformou em um industrial. A indústria prosperou e ele se tornou o único fabricante de navios no país. Foi a primeira indústria digna desse nome no Brasil de então. Na década de 1850, Mauá já comandava várias empresas, entre elas o Banco do Brasil, o estaleiro e a fundição de Ponta da Areia, a Companhia de Iluminação a Gás do Rio de Janeiro, a Companhia Navegação e Comércio do Amazonas, a Companhia Fluminense de Transportes, a Companhia de Bondes Jardim Botânico, no Rio de Janeiro, e a Estrada de Ferro Rio de Janeiro-Petrópolis[81].

Até a primeira metade do século XIX, o Brasil exportou basicamente o açúcar proveniente da cana, monocultura que utilizava a mão-de-obra escrava. As máquinas que existiam para a industrialização do açúcar eram fabricadas no exterior, exceto alguma máquina feita de

---

[80] Cf. Barros, J. E. de. In: Aspectos Históricos de Cultura Brasileira. *Artes e Literatura*, n. 4, p. 397, 1989.
[81] Cf. *Coleção Mauá*, código L 514 - P12, Insituto Histórico e Geográfico Brasileiro, Rio de Janeiro.

madeira, de espremer cana-de-açúcar e algum engenho de bangüê. Por essa época, não havia no Brasil um parque industrial capaz de construir as máquinas usadas em usinas de açúcar.

O país só começou a se modernizar a partir de 1850; antes disso, existiam por aqui apenas fábricas artesanais, a maioria localizada nas grandes fazendas. Seus produtos eram tecidos grosseiros para uso dos escravos, e raramente uma dessas instalações produzia algum utensílio agrícola. Antes de 1850, o que mais se assemelhava a uma grande indústria, em nosso país, eram as unidades de processamento de produtos agrícolas-charqueadas e engenhos de açúcar — todas, porém, localizadas nas grandes fazendas.

O transporte do açúcar para os grandes centros urbanos e para os portos de exportação, em princípio, era feito por escravos e/ou em lombo de burros. Quando a região permitia, era feito por um precário sistema fluvial. Não havia estradas, apenas trilhas por onde passavam os burros e os escravos. Devido às péssimas condições de transporte e armazenamento do açúcar, as perdas eram freqüentes. E não existia na época, uma estrutura burocrática para a comercialização do açúcar.

As pessoas ligadas à "indústria" açucareira tiveram então que criar toda uma infra-estrutura necessária à produção, armazenamento, transporte, comercialização e exportação do produto. Desse modo, quando da implantação da cafeicultura no Brasil, as pessoas que lidavam com o café já encontraram uma infra-estrutura, apesar de precária, montada por aqueles que haviam se dedicado ao plantio da cana e à comercialização do açúcar[82].

Durante o ciclo da cana-de-açúcar o açúcar foi nosso principal produto de exportação, e não houve um desenvolvimento técnico-tecnológico compatível com a produção agrícola. Também não houve pesquisa científica continuada, visando a uma melhor variedade da cana para o aumento da produtividade do açúcar. Houve apenas, em determinada época, esforço de pesquisa científica isolada, com vistas ao controle de uma determinada praga que atacava algumas plantações de cana.

A partir da segunda metade do século XIX, a produção e a exportação do açúcar brasileiro entraram em declíneo. No período de 1850 a 1851, a exportação de açúcar pelo porto de Santos, em São Paulo, foi inferior à exportação do café. Daí em diante, cresceu a exportação da rubiácea.

A seguir, faremos algumas considerações sobre a cafeicultura no Brasil. Para isso fixemo-nos nas províncias do Rio de Janeiro, de Minas Gerais e de São Paulo. Nessa região do país, a cultura do café foi introduzida por volta de 1825. Inicialmente, no Vale do Paraíba, na parte pertencente à Província do Rio de Janeiro. A partir daí, as plantações da rubiácea estenderam-se, ainda nesse vale, para a parte pertencente à Província de São Paulo, o chamado Norte Paulista. Paulatinamente, as plantações de café atingiram as encostas da Serra da Mantiqueira, ainda na Província do Rio de Janeiro, e também a chamada Zona da Mata mineira. Ali surgiram centros de comercialização como Leopoldina, Juiz de Fora, Muriaé, Cataguases e Carangola.

Logo o café se tornou o principal produto de exportação do Brasil, movimentando grandes somas de dinheiro. Os cafeicultures passaram a ser considerados a parte rica e politicamente influente dos agricultores brasileiros. Surgiram os chamados "barões do café", se bem

---

[82] Para detalhes a respeito do ciclo do açucar no Brasil, sugerimos: Grahan, R. In: *Grã-Bretanha e o Início da Modernização no Brasil (1850-1914)*. São Paulo: Brasiliense, 1973. Furtado, Celso. In: *Formação Econômica do Brasil*. São Paulo: Companhia Editora Nacional 1986.

O meio intelectual do Brasil, do final do século VIII

que, nos primeiros anos da cafeicultura na Província do Rio de Janeiro, os banqueiros que emprestavam dinheiro aos fazendeiros ganharam mais dinheiro que estes. Na época, a cafeicultura era praticada em moldes muito primários, e a principal mão-de-obra era a escrava.

Durante muitos anos, a secagem, o ensacamento e o transporte dos grãos de café foram feitos manualmente, de modo primitivo. A secagem era realizada em pátios cercados expostos ao sol — as tulhas — com mão-de-obra escrava, que espalhava, revolvia e ensacava os grãos. O transporte também era feito por escravos e/ou em burros. Posteriormente, com o advento das ferrovias, o transporte passou a ser feito por trens. Em 1888, após a abolição da escravatura, chegaram os imigrantes europeus para substituir a mão-de-obra escrava.

Como conseqüência da prática primitiva de cultivo do café, sem ajuda da tecnologia agrícola — o que, aliás, não havia no Brasil —, as terras logo se exauriram, criando a necessidade de terras virgens para o início de novas plantações. Com isso, abriram-se novas fronteiras agrícolas, em particular, na Província de São Paulo e na de Minas Gerais. Na Província do Rio de Janeiro a cafeicultura estagnou. Entre os anos de 1869 e 1889, abriram-se novas fronteiras agrícolas para a cafeicultura em São Paulo, no chamado Oeste Paulista, região que corresponde a Campinas, Rio Claro, São Carlos, Araraquara, Catanduva, Pirassununga, Casa Branca e Ribeirão Preto. Em Minas Gerais, as plantações se expandiram pelo sul, no chamado Triângulo Mineiro. Somente no início do século XX é que a plantação de café foi introduzida no Norte do Paraná, o chamado Norte Pioneiro. A partir de então, o café deixou de ser cultivado de forma primitiva, em função dos problemas sérios relativos ao seu plantio e à sua manutenção.

Os cafeicultores viram-se obrigados a adotar novas técnicas e novas tecnologias relativas ao plantio, à colheita, ao armazenamento e transporte de seu produto. Dois grandes problemas surgiram de imediato, passando a inquietar os cafeicultores, em particular os paulistas: o surgimento de pragas nos cafezais e as grandes distâncias a serem vencidas até os centros urbanos e portos de exportação, gerando a necessidade de mais transporte.

Quanto ao primeiro problema, os cafeicultores paulista saíram na frente, ao chamar homens de ciência para dar combate as pragas. A partir daí, houve forte incentivo financeiro e estímulo à pesquisa aplicada à cafeicultura; de imediato, foram criadas instituições de pesquisa agrícola para atacar a praga do cafeeiro. Com respeito ao segundo grande problema, os cafeicultores e alguns brasileiros de visão, como Irineu Evangelista de Sousa, perceberam a necessidade de construírem ferrovias para o transporte da produção cafeeira. Dessa forma, eles resolveriam dois outros problemas: o barateamento do frete e a redução das perdas do produto. Porém o país não possuía tecnologia nem dinheiro suficiente para construir ferrovias.

Com vistas também ao escoamento da produção cafeeira do Vale do Paraíba e da Zona da Mata de Minas Gerais, bem como ao transporte de passageiros e outros tipos de cargas da região, o Barão de Mauá conseguiu autorização da Assembléia Provincial do Rio de Janeiro para construir uma ferrovia, a Estrada de Ferro Rio de Janeiro-Petrópolis. Os 14,5 quilômetros do primeiro trecho, ligando o Porto de Estrela, na Baía da Guanabara, ao sopé da Serra de Petrópolis, foram inaugurados em 30 de abril de 1854. Esse trecho foi construído com técnica, tecnologia, engenheiros e grande soma de dinheiro ingleses. A mão-de-obra não-qualificada foi fornecida pelos brasileiros. Também participaram da empresa, como acionistas, alguns brasileiros, por exemplo, os senadores José Antônio Pimenta Bueno e Teófilo Otoni. Foi a primeira ferrovia no país e ficou conhecida como "Estrada de Mauá".

Porém, quando a ferrovia ficou pronta, a produção cafeeira na Província do Rio de Janeiro e na Zona da Mata de Minas Gerais já estava em declínio[83], fato que de certa forma dificultou os planos do barão. A produção cafeeira de São Paulo, ao contrário, entrou em crescimento, pois as plantações passaram a contar com novas técnicas de plantio e manutenção, ao mesmo tempo que os cafeicultores paulistas ficavam mais ricos e politicamente poderosos.

As ferrovias de São Paulo foram construídas paulatinamente, com técnica e tecnologia importadas. A primeira delas, aparentemente, nada tinha em comum com a cafeicultura. Foi a Estrada de Ferro D. Pedro II, ligando a cidade do Rio de Janeiro à cidade de Cachoeira, em São Paulo. Sua construção, com técnica e tecnologia importadas, foi iniciada com fundos do Tesouro Nacional, em 1855. Somente em 1875 ela chegou à cidade de Cachoeira. A segunda ferrovia de São Paulo já mostrava conexões com a economia agrícola do café. Foi a Estrada de Ferro Santos-Jundiaí, conhecida por São Paulo Railway, passando pela cidade de São Paulo. A concessão para sua construção foi dada ao Barão de Mauá, ao Marquês de Monte Alegre e a José Antônio Pimenta Bueno. Posteriormente, por dificuldades financeiras do grupo, a concessão da ferrovia foi transferida a uma companhia inglesa, que concluiu sua construção em 1867.

Essa importante ferrovia marcou o início da ligação ferroviária do Oeste Paulista com o Porto de Santos, escoando para esse ponto de embarque a produção cafeeira de São Paulo, portanto, a riqueza paulista da época. A partir de 1870, houve expansão das linhas em várias direções, começando na cidade de Jundiaí. A necessidade de transporte da produção cafeeira do Oeste Paulista continuou pressionando e foram constituídas outras empresas ferroviárias com recursos financeiros de cafeicultores, como a Paulista, a Sorocabana e a Mogiana, sempre usando tecnologia inglesa na construção.

O café, que durante muitos anos foi a principal riqueza agrícola do país, bem como seu principal produto de exportação, não induziu, no século XIX, pesquisa científica na área das ciências exatas, tampouco pesquisa tecnológica. Induziu apenas alguma pesquisa científica na área das ciências biológicas, porém localizada na parte específica ao controle de pragas nos cafeeiros. É verdade que a engenharia brasileira deu valiosas contribuições, inclusive resolvendo certos problemas quando da construção das ferrovias paulistas, como foi o caso da ferrovia Santos-Jundiaí. Porém a indústria brasileira não possuía capacidade nem tecnologia para a construção de locomotivas, trilhos, pontes ferroviárias, telégrafo. A economia agrícola do café, além de exigir a construção de ferrovias e de portos, exigiu também sua manutenção, tanto quanto a construção e manutenção da estrutura urbana de várias cidades.

O início do século XX abriu uma nova era, de extraordinário desenvolvimento científico e tecnológico. Os cientistas causavam admiração e espanto na sociedade, através de seus valiosos instrumentos de trabalho: a pesquisa científica e a pesquisa tecnológica. Em São Paulo, o século XX fez germinar e crescer uma semente de conscientização científica que surgiu em 1899. Foi o Gabinete de Resistência dos Materiais, pertencente à Escola Politécnica de São Paulo e criado para atender as necessidades didáticas da disciplina de mesmo nome. Seu criador foi o professor Antonio Francisco de Paula Souza, o introdutor no Brasil da idéia de tecnologia. Em 1926, o gabinete foi transformado em Laboratório de Ensaio dos Materiais. Quando da fundação da USP, em 1934, ele foi transformado em Instituto de Pesquisas Tecnológicas do Estado de São Paulo (IPT).

---

[83] Para detalhes a respeito desse empreendimento, sugerimos a leitura das obras: GRAHAN, R. *Grã-Bretanha e o Início da Modernização do Brasil (1850-1914)*. São Paulo: Brasiliense, 1973. CALDEIRA, Jorge. *Mauá. Empresário do Império*. São Paulo: Companhia das Leras, 1995.

O meio intelectual do Brasil, do final do século VIII

No começo do século XX, o Gabinete de Resistência dos Materiais deu importantes contribuições técnicas e tecnológicas para a área da construção civil, para a rede de distribuição elétrica, para a urbanização de cidades, para o jovem parque industrial paulista , bem como para a construção de ferrovias em São Paulo e em outros estados.

SOCIEDADES LITERÁRIAS E CIENTÍFICAS CRIADAS NO BRASIL, DO FINAL DO SÉCULO XVIII À DÉCADA DE 1920

O objetivo central desta seção é detectar o que as sociedades literárias e científicas, fundadas durante o período aqui abordado, propuseram à sociedade brasileira. Assim fazendo, estaremos dentro do objetivo mais amplo do capítulo: caracterizar o meio intelectual brasileiro da época. Ao detectar os principais pontos das propostas apresentadas, faremos em seguida uma breve análise destas. Para tal, usaremos os estatutos das instituições listadas.

ACADEMIA CIENTÍFICA

Aprovada sua criação pelo vice-rei, o Marquês do Lavradio, foi fundada a Sociedade Científica, na cidade do Rio de Janeiro, em 18 de fevereiro de 1772; esse ano coincide com o ano da reforma da Universidade de Coimbra pelo Marquês de Pombal. O primeiro Presidente da Academia Científica foi o médico José Henrique Ferreira. Essa sociedade foi mais uma manifestação da elite do Rio de Janeiro com vistas à melhora do ambiente cultural da cidade. Segundo seus estatutos, a academia tinha por objetivo tratar de assuntos relacionados com a Física, a Química, a História Natural, a Agricultura, a Medicina, a Cirurgia e a Farmácia.

Foi a primeira sociedade científica em nosso país que intentou despertar o interesse pelos estudos das ciências, mantendo correspondência com a Real Academia das Ciências da Suécia, fato que demonstra a seriedade de propósitos com que estavam imbuídos seus dirigentes. A sociedade criou um horto florestal, contribuindo para os estudos do bicho-da-seda e difundindo a necessidade e importância comercial de sua criação e produção no país, como matéria-prima indispensável para a fabricação da seda. Um de seus membros foi Frei Veloso, conhecido homem de ciência no Brasil da época. Ele escreveu a obra científica *Flora Fluminense*. Apesar do entusiasmo de seus membros, a Academia Científica teve vida efêmera por falta de sócios, isto é, pessoas interessadas na difusão dos estudos científicos, sendo extinta em 1779. Na época, a elite intelectual do Rio de Janeiro não via os estudos científicos como uma atividade de interesse para o país. Em verdade, o grande interesse estava nas atividades comercial e agrícola.

SOCIEDADE LITERÁRIA

Foi fundada em 6 de junho de 1786, na cidade do Rio de Janeiro, sob os auspícios do vice-rei, Luiz de Vasconcelos e Souza, tinha por objetivo central continuar as atividades da Academia Científica. Seu primeiro presidente foi o cirurgião-mor Ildefonso José da Costa Abreu. Participaram como membros homens das mais diversas profissões, como advogados, médicos, professores, militares, comerciantes. Tinha por objetivo, também, segundo seus Estatutos, tratar de assuntos ligados às ciências, à política e à religião. Funcionava na Rua do

Cano (atual Sete de Setembro), n? 78, 1.º andar. Alguns de seus membros deram importantes contribuições à ciência brasileira da época. Por exemplo, em sessão realizada em 1789, foram apresentados trabalhos sobre a observação de um eclipse total da Lua, ocorrido em 3 de fevereiro de 1787. Foi apresentado, também, um trabalho sobre observações realizadas para a determinação da longitude da cidade do Rio de Janeiro, e outro contendo estudos realizados sobre o calor da Terra.

Da mesma forma, temas médicos ligados à área da saúde foram objeto de debates nessa Sociedade Literária, bem como estudos realizados sobre as epidemias e moléstias endêmicas no país. A instituição possuia uma biblioteca e uma coleção de peças de História Natural. Por questões políticas, a sociedade foi fechada em 1790. Porém, o Conde de Rezende, vice-rei, mandou reabri-la em 1794, apenas para fechá-la seis meses depois, sob alegação de que se transformara em um clube político-religioso, portanto muito perigoso para a metrópole.

Mas Manoel Ignacio da Silva Alvarenga, um de seus ativos membros, inconformado com a atitude do vice-rei, convocou outros membros da sociedade e fundaram uma sociedade secreta com o objetivo de estudar e debater Filosofia e outros assuntos de interesse de seus membros. Passaram então a estudar e discutir alguns livros franceses introduzidos secretamente no país. Relembramos que, até a vinda da família real portuguesa, em 1808, a metrópole proibira a impressão e circulação de livros em nosso país. Os membros da sociedade secreta, descobertos, foram todos presos pela autoridade competente: alguns foram enviados para a fortaleza da Conceição, outros para a prisão da Ilha das Cobras. Finalmente, por falta de provas que os incriminassem por graves delitos, foram todos libertados, em 19 de julho de 1797, por ordem da rainha dona Maria I.

O início do século XIX, assistiu à fundação de algumas lojas maçônicas no Brasil. As primeiras, fundadas em 1801, a partir na Província de Pernambuco, tinham por objetivo — além daqueles determinados pela ordem maçônica — denunciar à sociedade as arbitrariedades praticadas pelas autoridades locais, bem como pelo governo central. A ordem maçônica, uma associação internacional reunindo homens de bem, íntegros, intelectuais ou não, tem como objetivo principal desenvolver entre a sociedade local o princípio da fraternidade e da filantropia.

REAL SOCIEDADE BAHIENSE DOS HOMENS DE LETRAS

Pretendia-se fundar essa sociedade em 1810, mas isso não aconteceu. Seus estatutos chegaram a ser elaborados e continham idéias ambiciosas para a época, como a recém-instalação da corte na cidade do Rio de Janeiro. Entre outras coisas, os estatutos previam a criação de uma biblioteca; criação e manutenção de um horto florestal; criação de um laboratório de Química, um observatório astronômico, um museu e um jornal dedicado às ciências. Haveria ainda um diretor de Artes e de Ciências, que seria o responsável pela publicação do jornal de ciências — corresponderia ao editor científico, nos dias atuais.

Seus estatutos também previam que a sociedade patrocinaria aulas de Ciências Naturais, Literatura, História e línguas estrangeiras modernas. Assistiria às aulas o público interessado. Os mentores da sociedade chegaram a enviar, em junho de 1810, uma cópia dos estatutos para a Academia Real das Ciências de Lisboa, pois pretendiam que a sociedade brasileira fosse afiliada àquela academia. Os estatutos previam também que os sócios da Academia Real das Ciências de Lisboa que estivessem no Brasil seriam, se assim desejassem, sócios da sociedade. Entre seus sócios fundadores, estariam homens da elite cultural brasileira como José Bonifácio de Andrada e Silva, Luiz Antonio de Oliveira Mendes e Frei Joaquim Santa Clara.

SOCIEDADE DE SEGUROS PREVIDENTES

Criada em 1814, na cidade do Rio de Janeiro, essa sociedade, que não era constituída pela elite cultural da Corte, produziu um importante movimento, que implicaria na tentativa de criação, pelo monarca, de um órgão ligado às ciências e às artes.

Em regozijo da elevação do Brasil a Reino Unido de Portugal e Algarves, alguns membros da sociedade, comerciantes da cidade do Rio de Janeiro, dirigiram-se a dom João VI e ofereceram ao monarca uma subscrição com o objetivo de se constituir um fundo, cujos rendimentos seriam empregados para o bem da educação pública na corte. Assim, o rei publicou um Aviso Real, em 5 de março de 1816, criando, com esse fundo, o Instituto Acadêmico de Ciências e Artes, que, finalmente, acabou não sendo fundado. Foi, portanto, mais uma reação de parte da sociedade do Rio de Janeiro ao estado da instrução pública de então.

ESCOLA REAL DE CIÊNCIAS

Foi fundada por com João VI na cidade do Rio de Janeiro, por Decreto Imperial de 12 de agosto de 1816. Nessa data já se encontrava na cidade a missão artística francesa, composta de artistas plásticos, arquitetos, etc., contratada por dom João VI para instalar a escola. Chefiava a missão artística o historiador Joaquim Lebreton (1760-1819) que contava, entre outros, com os pintores Jean Baptiste Debret (1768-1848) e Nicolas Antoine Taunay (1755-1830), e o arquiteto e urbanista Grandjean de Montigny (1776-1850). Na década de 1820, a escola passou a chamar-se Real Academia de Desenho, Pintura, Escultura e Arquitetura Civil. Depois, denominou-se Academia Imperial das Belas-Artes. A partir de 1890, a instituição mudou novamente a denominação, passando a ser Escola Nacional de Belas Artes. Essa escola muito contribuiu para o ensino e desenvolvimento das belas artes, bem como para o ensino artístico na cidade do Rio de Janeiro e no Brasil.

ACADEMIA FLUMINENSE DAS CIÊNCIAS E ARTES

Em 31 de outubro de 1821, parte da elite intelectual da cidade do Rio de Janeiro reuniu-se na Biblioteca Real e decidiu criar essa academia, que teria por modelo a Academia Real das Ciências de Lisboa. Seus estatutos foram elaborados posteriormente aprovados pelo príncipe regente dom Pedro I (1798-1835). A academia deveria tratar de assuntos ligados aos estudos das Ciências, Belas-artes, Letras, História do Brasil e da estatística brasileira e seus mentores decidiram que ela seria oficialmente instalada em dezembro de 1822. Porém os acontecimentos políticos ao longo daquele ano ocuparam seus organizadores em outras funções, não permitindo a fundação da academia. Entre estes estavam Joaquim Gonçalves Ledo, Januário da Cunha Barbosa e José Silvestre Rebello. Como sabemos, em 1822, dom Pedro I proclamou, a independência do Brasil.

Tratou-se, portanto, de mais uma reação da elite intelectual da cidade do Rio de Janeiro ao estado de abandono da ciência e da cultura no país de então. Porém, cessados os acontecimentos políticos daquele turbulento período da nossa História, os interessados não mais cogitaram em fundar a academia. Pode-se conjecturar se não teriam eles se acomodado ao contexto político da época.

70   A Matemática no Brasil

SOCIEDADE AUXILIADORA DA INDÚSTRIA NACIONAL

Por volta de 1816, Ignacio Alvares Pinto de Almeida teve a idéia de fundar uma socieda-de para, entre outras coisas, importar máquinas industriais e rurais e distribuí-las à sociedade brasileira. Sua meta era desenvolver a indústria no país. Em 20 de maio de 1820, ele publicou na imprensa do Rio de Janeiro, um artigo mostrando a necessidade e conveniência de pôr em prática suas idéias. Dessa forma, após conseguir o apoio de várias pessoas — comerciantes, políticos e do próprio imperador —, Ignacio A. P. de Almeida fundou a sociedade.

Em 31 de outubro de 1825, foram aprovados os estatutos da Sociedade Auxiliadora da Indústria Nacional, cujo objetivo era cooperar para o progresso industrial do Brasil. Foi constituída sua primeira diretoria, e a sociedade passou a funcionar em uma sala do Museu Nacional, na cidade do Rio de Janeiro.

A Sociedade Auxiliadora iniciou seus trabalhos comprando máquinas industriais no exterior e repassando-as a empresários brasileiros. Alguns anos depois, ela estabeleceu uma escola normal, na qual se ensinavam Geometria, Mecânica aplicada às Artes, Física, Astrono-mia, Aritmética, Álgebra aplicada às questões de comércio, Botânica aplicada à Agricultura, etc. As aulas da escola se destinavam à classe pobre. Em 1871, a sociedade inaugurou uma escola noturna para adultos, onde, além do ensino primário, havia o ensino industrial. A so-ciedade, que publicou um jornal intitulado *Auxiliador da Indústria Nacional,* possuía uma boa biblioteca, composta de obras referentes à indústria, revistas e jornais concernentes ao progresso industrial de vários países, além de uma rica coleção de máquinas e instrumentos fabris importados de vários países.

SOCIEDADE DE MEDICINA

Em 28 de maio de 1829, reuniram-se na casa do dr. Xavier Sigaud, na Rua do Rosário, no Rio de Janeiro, alguns médicos, entre eles o dr. Meirelles, o dr. Luiz Vicente Simoni (italiano e doutor em Medicina pela Universidade de Gênova) e o próprio anfitrião, com o objetivo de discutir o estado das ciências médica e cirúrgica no país. Decidiram, que deveria ser criada uma sociedade médica para congregar os profissionais da área. Posteriormente, eles elabora-ram e aprovaram os estatutos da futura sociedade.

A Sociedade de Medicina foi fundada em 24 de abril de 1830, passando a funcionar em uma sala do hospital da Ordem Terceira de São Francisco de Paula, na cidade do Rio de Janeiro. Entre outros objetivos, seus estatutos determinavam o seguinte: promover o desenvolvimento das ciências médica e cirúrgica no Brasil; prestar serviços à saúde pública na cidade e publicar uma revista médica, intitulada *Semanário da Saúde Pública,* a qual iniciou sua circulação em 1831. Em 1845, a revista foi transformada em *Annaes de Medicina Braziliense* e, em 1885, passou a ser *Revista Médica Brazileira.* Posteriormente, passou a denominar-se *Annaes Brasiliensis de Medicina.* Foi portanto, uma das mas antigas revistas científicas publicadas no Brasil. Ela divulgava, além de notícias referentes à área da saúde, resenhas de teses e monografias apresentadas às faculdades de medicina existentes no país, transformando-se em bom indicador do que se passava com o progresso nas ciências médicas no país e no exterior.

Desde sua fundação, a Sociedade de Medicina contou com o apoio do imperador, ainda menor de idade, bem como com o apoio do regente, o sacerdote e político Diogo Feijó (1784-1843). Por Decreto Imperial de 8 de maio de 1835, foi transformada na academia Imperial de

Medicina. Seus estatutos foram alterados em 1885 e, a partir dessa data, a academia constituiu-se de três seções: médica, cirúrgica e farmacêutica. Suas primeiras diretorias inciaram uma biblioteca e em pouco tempo a academia já possuía um excelente acervo, constituído de livros, teses, monografias e revistas médicas publicadas no estrangeiro.

A partir da segunda metade do século XIX, conforme já mencionamos, a ideologia positivista de A. Comte permeou o meio acadêmico brasileiro, impregnando professores e alunos. E as faculdades de medicina não ficaram imunes a essa influência. Em 1844, o dr. Justiniano da Silva Gomes apresentou para concurso de cátedra à Faculdade de Medicina de Salvador, na Bahia, a tese intitulada *Plano de um Curso de Fisiologia*, em que se referira à lei dos três estados, de Comte. Foi a primeira citação, no meio acadêmico brasileiro, da ideologia positivista de Comte. No Brasil da segunda metade do século XIX e início do século XX, a pesquisa em algumas áreas médicas experimentou um certo desenvolvimento. Em outras áreas, permaneceu estagnada. Estaria esse fato relacionado à aceitação, no ensino médico brasileiro, da ideologia de Comte? Sabemos que o Apostolado Positivista Brasileiro refutava a teoria microbiana, aceita na época pelos círculos científicos de vanguarda. Sabemos também que, entre as várias teses de doutorado e para concurso de cátedras defendidas nas faculdades de medicina do país, muitas eram de nítida inspiração comtiana. Citamos, como exemplos, a tese apresentada à Faculdade de Medicina do Rio de Janeiro, em 1881, por Joaquim Bagueira Leal, intitulada *Teoria Positiva das Epidemias*, e a tese apresentada a essa mesma escola, em 1881, por Raimundo Belfort Teixeira, intitulada *Medicação Revulsiva*. Além disso, vários médicos da cidade do Rio de Janeiro assinaram um pacto de adesão e fidelidade ideológica ao positivista Benjamin Constant, ato que ficou conhecido como Pacto de Sangue[84].

SOCIEDADE ELEMENTAR

Fundada em 1831, funcionou em uma sala do Museu Nacional, na cidade do Rio de Janeiro. Segundo seus estatutos, um dos objetivos era promover a instrução elementar em todo o país. Chegou a promover debates para tratar do estudo dos métodos de ensino na cidade do Rio de Janeiro, elaborando um projeto — que não foi implementado — para reformar o currículo do então Seminário São Joaquim, depois transformado em Colégio D. Pedro II. Entre seus membros constaram José Bonifácio de Andrada e Silva, Antonio Ferreira França, Frei Custódio Serrão, Araújo Lima e José da Costa Azevedo.

SOCIEDADE FILOMÁTICA DE QUÍMICA

Foi fundada em 6 de maio de 1832, em Salvador, Bahia. Manteve um laboratório de Química e patrocinou aulas sobre Química elementar. Teve vida efêmera.

SOCIEDADE PROMOTORA DA INSTRUÇÃO PÚBLICA

Foi criada em 1832, por um grupo de intelectuais da cidade de Ouro Preto (Minas Gerais). Segundo seus estatutos, tinha como objetivo lutar pelo desenvolvimento e melhoria de qualidade da instrução pública. Não conseguiu realizar seus objetivos, tendo curtíssima duração.

---

[84] Cf. *Arquivo Benjamin Constant*, Série República, Museu Casa de Benjamin Constant, Rio de Janeiro.

SOCIEDADE LITERÁRIA

Surgiu em 1º de fevereiro de 1833, na cidade do Rio de Janeiro. Seu objetivo era publicar e divulgar obras literárias inéditas de autores brasileiros, reimprimir e traduzir renomados autores estrangeiros. Os livros publicados pela sociedade não podiam abordar assuntos relacionados à política, nem contra a moral da sociedade. A entidade foi extinta em 16 de agosto de 1844.

INSTITUTO HISTÓRICO E GEOGRÁFICO BRASILEIRO

Fundado em 21 de outubro de 1838, por homens ligados à ciência e à política, bem como às profissões liberais, ao comércio, Exército, e residentes na cidade do Rio de Janeiro. Entre seus fundadores, citamos Alexandre Maria de Mariz Sarmento, Bento da Silva Lisboa, Conrado Jacob Niemeyer, Francisco Cordeiro da Silva Torres Alvim, Januário da Cunha Barbosa, Pedro de Alcântara Bellegarde e Joaquim Francisco Vianna. No início ocupava uma sala pertencente à Sociedade Auxiliadora da Indústria Nacional; após um mês de existência, o IHGB já tinha seus estatutos aprovados e a primeira diretoria eleita. Os estatutos previam sua ramificação por todas as províncias do império, o intercâmbio com entidades congêneres de outros países, bem como a publicação de uma revista científica, de periodicidade trimestral, em que, além da publicação de documentos históricos, se divulgariam as atividades do instituto e a produção científica de seus membros.

Inicialmente, o IHGB funcionava com quatro comissões: História, Geografia, Fundos e Redação da revista. Seus membros dividiam-se por três categorias: efetivos, correspondentes e honorários. O primeiro presidente foi o senador José Feliciano Fernandes Pinheiro — Visconde de São Leopoldo; e os dois primeiros vice-presidentes foram o marechal Raymundo J. da Cunha Mattos e o conselheiro do império Cândido José de Araújo Viana. Em 1839, saiu o primeiro número da revista do instituto, tornando-se de imediato, uma das mais importantes publicações científicas do Brasil. Inicialmente, ela divulgou documentos, fatos históricos, notícias geográficas sobre rios, grutas, minas, matas e povoações do país. Também divulgou fatos políticos do Brasil e do exterior, bem como biografias de homens ligados à ciência e às letras. Continua sendo publicada até hoje.

A diretoria do instituto passou a realizar acordos de reciprocidade com sociedades congêneres de outros países e a permutar sua revista com outras. Logo a revista do instituto se tornou uma importante ferramenta para os estudiosos de História, Geografia e Etnografia do Brasil. Contando também com verbas do Tesouro Nacional, o IHGB patrocinou expedições científicas ao interior do país, e também envou missões de cientistas brasileiros à Europa. O cônego Januário da Cunha Barbosa foi o grande articular e executivo do IHGB em seus primeiros anos de existência[85].

Em 2 de setembro de 1847, os membros do instituto aprovaram a criação de uma nova seção, a qual passou a tratar, exclusivamente de estudos arqueológicos e etnográficos da América. Em 16 de setembro de 1847, os sócios aprovaram modificações nos estatutos, mudando o nome da instituição para Instituto Histórico, Geográfico e Etnográfico do Brasil. A partir de 1849, já instalado no Paço Imperial, o instituto começou a receber a presença do Imperador dom Pedro II em todas as sessões.

---

[85] Cf. GUIMARÃES, Lúcia Maria P. In: Debaixo da Imediata Proteção de Sua Majestade Imperial. *Rev. IHGB*, a. 156, n. 388, p. 459-613, 1995.

O meio intelectual do Brasil, do final do século VIII   **73**

Posteriormente, sua denominação mudou para Instituto Histórico e Geográfico Brasileiro. Funcionando atualmente na Avenida Augusto Severo, número 8, no bairro da Glória no Rio de Janeiro, possui uma rica e valiosa biblioteca, que constitui um precioso acervo para os estudiosos da ciência brasileira. O IHGB possui também arquivo, mapoteca, filmoteca, videoteca e museu, e a *Revista do Instituto Histórico e Geográfico Brasileiro* é uma das valiosas fontes de informação para o historiador da ciência. De acordo com os estatutos atuais (1997), o IHGB é considerado a "casa da memória nacional".

REAL GABINETE PORTUGUÊS DE LEITURA

Foi fundado em 14 de maio de 1837, por um grupo de intelectuais da cidade do Rio de Janeiro. Segundo seus primeiros estatutos, o gabinete tinha por objetivo promover a instrução dos seus membros e desenvolver a cultura luso-brasileira. Existe até os dias atuais e mantém uma excelente biblioteca especializada em assuntos portugueses. Promove, ainda, cursos e conferências de escritores portugueses e brasileiros. Concedia bolsas de estudos, para a realização de trabalhos em Portugal, a intelectuais brasileiros que se distinguiam nas Artes, Letras e Ciências.

SOCIEDADE BIBLIOTECA CLÁSSICA PORTUGUESA

Surgiu em 1838, criada por intelectuais da cidade de Salvador. Seu objetivo era estudar a língua portuguesa mediante a análise de estilo dos mais importantes autores. Chegou a ter uma biblioteca com 280 volumes de obras de autores portugueses. Foi extinta.

SOCIEDADE PROPAGADORA DAS BELAS ARTES

Foi fundada em 23 de novembro de 1856, na cidade do Rio de Janeiro. Pretendia difundir o aprendizado gratuito das Artes, Letras e dos Ofícios, colaborando com as autoridades competentes para a educação da classe operária da cidade. Para consecução desse objetivo, criou, em 9 de janeiro de 1858, na cidade do Rio de Janeiro, o Liceu de Artes e Ofícios. Posteriormente, fundou uma Escola Técnica de Comércio para auxiliar na educação dos trabalhadores no comércio da cidade, criando, também, uma biblioteca destinada ao público operário e um departamento de arte e ciência para atender à demanda nessas áreas.

SOCIEDADE PALESTRA CIENTÍFICA

Teve início em junho de 1856 por iniciativa de intelectuais da cidade do Rio de Janeiro. Idealizada pelo médico Francisco Freire Alemão (1797-1874), tinha por finalidade os estudos da Matemática e da Física. Seus sócios pertenciam a três categorias: efetivos, honorários e adjuntos correspondentes. Segundo o Art. 13.º de seus estatutos, todo sócio efetivo contraía a restrita obrigação de apresentar pelo menos um trabalho anualmente, tarefa que, se descumprida levava ao desligamento do sócio, uma novidade, nas sociedades científicas da época. A entidade também pretendia publicar uma revista científica (conjecturamos que esse objetivo não foi efetivado), bem como criar uma biblioteca e um museu. Teve vida efêmera, publicando apenas o volume 1 de seus arquivos.

BIBLIOTECA BRASILEIRA

Em 1862, Quintino Bocaiúva fundou, na cidade do Rio de Janeiro, uma espécie de Clube do Livro — a Biblioteca Brasileira, dirigida por ele e outros intelectuais. O objetivo era dar publicidade a todas as obras literárias inéditas de autores nacionais, bem como difundir a literatura junto ao público em geral. A biblioteca publicava mensalmente suas atividades. Por falta de interesse pela leitura, a biblioteca teve vida curta, sendo extinta em 1863. Durou apenas um ano. Esse fato nos revela a pobreza de cultura na formação da sociedade brasileira da época, pouco diferente da que temos nos dias atuais. Revela-nos, ainda, que aquela foi uma sociedade que rechaçou as boas e bem-intencionadas tentativas de colocá-la na trilha do desenvolvimento cultural-científico de então.

INSTITUTO POLYTECHNICO BRAZILEIRO

Foi fundado em 11 de setembro de 1862, na cidade do Rio de Janeiro. Participaram dessa instituição vários intelectuais da cidade, notadamente docentes da Escola Central e da Academia Real dos Guardas-Marinhas. Tinha por objetivo o debate de temas científicos. Funcionou na Escola Central e existiu por mais de 60 anos, constituído por dezesseis seções, sendo duas de Matemática: uma de Matemática abstrata e concreta e outra de Matemática aplicada. Fizeram parte da seção de Matemática abstrata e concreta: Felippe Hypolito Aché, Benjamin Constant Botelho de Magalhães, Antonio Carlos de Oliveira Guimarães. E da seção de Matemática aplicada: Joaquim Alexandre Manso Sayão, Agostinho de Borja Castro, Antonio de Paula Freitas. Estes dois últimos foram professores da Escola Central; Sayão foi professor da Academia Real dos Guardas-Marinhas.

O instituto publicou uma revista científica. Em julho de 1867, saiu o volume 1, n.º 1, da *Revista do Instituto Polytechnico Brazileiro*. Esse primeiro número, trazia um artigo sobre Matemática, de autoria do engenheiro André Pinto Rebouças. Até o ano de 1887, foram impressos dezessete volumes da revista. O volume de número 29 foi lançado em 1903. Na sessão de dezembro de 1867, Benjamin Constant apresentou ao Instituto um trabalho intitulado *Theoria das Quantidades Negativas*, o qual foi publicado pela primeira vez em 1868, pela Typographia do Mercantil, de Bartholomeo Pereira Sudré, de Petrópolis (Rio de Janeiro). , Trata-se na verdade de um fraco trabalho matemático (mesmo para os padrões científicos do país na época), mais de cunho filosófico, no qual o autor, à luz da ideologia positivista comtiana, procura identificar traços metafísicos em certas teorias e proposições matemáticas. Conjecturamos que Benjamin Constant desconhecia grande parte do desenvolvimento da Matemática que ocorria no Velho Continente, por exemplo, os trabalhos de C. F. Gauss, K. Weierstrass, B. Riemann, R. Dedekind, dentre outros. Em seu trabalho, Benjamin Constant procurou refutar ou ridicularizar duas proposições (para citarmos apenas essas) da teoria das quantidades negativas, a saber:

> "Qualquer quantidade negativa é menor do que zero, e uma quantidade negativa é tanto menor quanto maior é o seu valor absoluto".

Ele escreveu:

O meio intelectual do Brasil, do final do século VIII

> "No imenso todo da ciência matemática não há, felizmente, abrigo algum para essas proposições, que impropriamente se prendem à teoria das quantidades negativas, as quais nada mais são do que uma nociva excrescência..." [86]

Na época, a Análise Matemática já estava sendo colocada em bases sólidas e consistentes, de forma que essas e outras questões já haviam·sido resolvidas positivamente[87]. Daí conjecturarmos que Benjamin Constant desconhecia os trabalhos desenvolvidos e publicados, principalmente pelos matemáticos mencionados — isso para não lembrar os trabalhos desenvolvidos por matemáticos franceses, contemporâneos seus.

CLUBE DE ENGENHARIA

Fundado em 24 de dezembro de 1880 por um grupo de engenheiros da cidade do Rio de Janeiro, foi autorizado a funcionar pelo Decreto Imperial n.º 8.253, de 10 de setembro de 1881. Eram seus objetivos: congraçar engenheiros e industriais da cidade, bem como promover o estudo de questões técnicas, econômicas e sociais relacionadas com as mencionadas atividades. O clube também funcionou e funciona como um ponto de congraçamento de intelectuais tanto da cidade do Rio de Janeiro como de todo o país, ligados á engenharia, tecnologia e indústria.

Mantém uma boa biblioteca, e uma mapoteca. Atualmente, funciona na Avenida Rio Branco, 124. A partir da segunda década do século XX, iniciou a publicação da *Revista Brasileira de Engenharia*, dirigida no início por engenheiros docentes da Escola Politécnica do Rio de Janeiro, e que recebeu e recebe a colaboração de homens e mulheres ligados à ciência, técnica e tecnologia. Na década de 1920, o Clube de Engenharia recebeu a visita de Albert Einstein, ocasião em que o ilustre físico realizou uma conferência a respeito de seus trabalhos sobre a Teoria da Relatividade para uma platéia composta de intelectuais civis e militares.

ACADEMIA BRASILEIRA DE LETRAS

Na década de 1890, alguns intelectuais brasileiros, como Araripe Júnior, A. Azevedo, Graça Aranha, Joaquim Nabuco, José Veríssimo, Machado de Assis, dentre outros, reuniram-se na cidade do Rio de Janeiro com o objetivo de fundar uma academia de letras. Em 20 de junho de 1897, criaram a Academia Brasileira de Letras, funcionando na Rua do Passeio. Seu primeiro presidente foi o escritor Joaquim Maria Machado de Assis (1839-1908), considerado, aliás, o maior autor da literatura brasileira. O Art. 1.º de seu primeiro estatuto estabelecia que a ABL teria por objetivo a cultura e a literatura nacional.

Desde sua fundação, a ABL tem admitido como membros escritores profissionais e não-profissionais. A entidade, que representa a mais alta casa da intelectualidade brasileira, no que diz respeito às letras, tem colaborado também com o governo central em assuntos internacionais no tocante à uniformização ortográfica da língua portuguesa entre os países que

---

[86] Cf. MAGALHÃES, Benjamin Constant D. de. In: *Teoria das Quantidades Negativas*. Rio de Janeiro: Jornal do Commercio, Rodrigues & Cia., 1939, p. 41-42.

[87] Atualmente se define o valor absoluto de um número real x como sendo x se $x \geq 0$, e como $-x$ se $x < 0$. O valor absoluto de x é indicado pelo símbolo $|x|$. Por essa definição, vemos a veracidade das proposições acima mencionadas. A noção de valor absoluto é de grande importância em Análise Matemática.

76   A Matemática no Brasil

falam esse idioma. Atualmente, a ABL está desenvolvendo, em colaboração com a Academia das Ciências de Lisboa, um estudo concertado da língua portuguesa. Com base nesse instrumento, a Academia das Ciências de Lisboa trabalhou na elaboração do *Novo Dicionário da Língua Portuguesa*, publicado em 1998. A ABL tem, também, emitido instruções para a organização do *Vocabulário Ortográfico da Língua Portuguesa* publicado no Brasil.

SOCIEDADE BRASILEIRA DE BELAS ARTES

Surgiu em 10 de agosto de 1910, na cidade do Rio de Janeiro, com o nome de Centro Artístico Juventas, criada por um grupo de pessoas ligadas às belas artes. Segundo seus primeiros estatutos, a sociedade teria por finalidade, entre outras coisas, promover a união dos artistas plásticos brasileiros e estrangeiros residentes no Brasil. Seus membros também trabalharam em favor da estética pública. Para tanto, a sociedade promoveu conferências, exposições e concursos sobre as belas artes.

SOCIEDADE BRASILEIRA DE CIÊNCIAS

Foi fundada em 3 de maio de 1916, no salão nobre da Escola Politécnica do Rio de Janeiro, que funcionava no Largo de São Francisco de Paula. A idéia de uma entidade para debate de temas científicos, segundo nos informa o professor Arthur Moses, (*Breve Histórico da Academia*. Edição Comemorativa dos 80 Anos da Academia Brasileira de Ciências, Rio de Janeiro: ABC, 1996, p. 11-13), surgiu da iniciativa dos professores Henrique Morize, Antônio Ennes de Souza e Everardo Backheuser, quando participavam de uma banca examinadora da Escola Politécnica.

Em seus primeiros anos de funcionamento, a sociedade, teve sua sede na Escola Politécnica. Ali se reuniam periodicamente, professores e pesquisadores da Escola Politécnica, do Observatório Nacional, do Museu Nacional e do Instituto de Manguinhos. O primeiro presidente da SBC, em diretoria provisória para o biênio 1916-1917, foi o professor Henrique Morize. Seus fundadores formavam um grupo de 25 homens ligados à ciência, que trabalhavam no eixo Rio de Janeiro—São Paulo.

Como sabemos, desenrolava-se na Europa a Primeira Guerra Mundial, certamente, uma época de dificuldades para o país, uma vez que o Brasil era grande importador de produtos industrializados. A elite intelectual brasiléira — em particular da cidade do Rio de Janeiro —passou a pensar no direcionamento, por parte do governo federal, de uma política científica para as necessidades do país. Na verdade, o surgimento da SBC foi uma reação de homens ligados ao ensino superior e à ciência àquilo que a cultura bacharelesca havia imposto ao ensino superior e à pesquisa científica no Brasil. Tanto assim que logo após sua fundação, passou a receber o apoio de vários grupos de pesquisadores, entre eles o do Serviço Geológico e Mineralógico, o da Escola Médica Baiana e o do Museu Nacional.

Um dos fatores que impeliram os fundadores da SBC foi a preocupação em formar uma entidade que deveria ter por finalidade, segundo seus primeiros estatutos "concorrer para o desenvolvimento das ciências e das suas aplicações que não tiverem caráter profissional". Em seus primórdios, a SBC buscava incentivar trabalhos científicos originais por parte de seus membros, obtidos mediante dedução lógica e inferência baseada na experimentação e na observação empírica, e que abrangiam somente as três seções que compunham a sociedade: Ciências Matemáticas (que incluía Matemática, Astronomia e Física Matemática),

O meio intelectual do Brasil, do final do século VIII

Ciências Físico-Químicas (que incluía Física, Química, Mineralogia, e Geologia) e Ciências Biológicas. Eram também objetivos da entidade estimular o trabalho científico continuado de seus sócios, promover o desenvolvimento da pesquisa científica no país e ampliar a difusão do conceito da ciência como fator primordial do desenvolvimento tecnológico do Brasil.

Os fundadores da SBC também estavam preocupados com determinados problemas que afligiam o país, como epidemias, saneamento, a saúde do povo brasileiro, entre outros. De certa forma, essa preocupação revelava a necessidade de se diversificar a vinculação da diminuta comunidade científica brasileira, dependente de países como a França e a Grã-Bretanha, no campo da Física, a Alemanha, no campo da Química e da Biologia, e a Itália, no campo da Matemática. Os poucos cientistas brasileiros da última década do século XIX e da primeira do século XX, enviavam seus artigos para serem publicados em periódicos científicos do exterior, pois no Brasil não havia publicações especializadas em Matemática, Química, Biologia, etc.

Outro objetivo importante da SBC foi a criação de uma revista que divulgasse os principais resultados das pesquisas de seus membros. Observamos aí objetivos completamente diferentes dos que existiam e norteavam o que se fazia no país em nome das ciências. Assim, em 1917, teve início a publicação da *Revista da Sociedade Brasileira de Ciências*, que passou a publicar os trabalhos de pesquisa dos membros da sociedade. No ano de 1920, o título do periódico mudou para *Revista de Ciências*. Ambas foram publicadas de forma assistemática, até assumirem a forma periódica no ano de 1929, já sob o título de *Anais da Academia Brasileira de Ciências*, mantido nos dias atuais.

Essa revista tornou-se uma das mais conceituadas publicações científicas brasileiras, com circulação internacional. Os fundadores da SBC também visavam, com a criação da sociedade, reagir contra a estagnação da atividade científica experimental, decorrente da poderosa influência da ideologia positivista de Comte sobre a elite intelectual brasileira. E a reação aconteceu não só nas ciências exatas, mas também nas ciências biológicas e nas ciências da Terra.

Com o passar dos anos, a SBC revitalizou a atividade científica no país, em particular no eixo Rio de Janeiro—São Paulo. Criada para ser essencialmente um foro de debate de temas científicos, a sociedade desempenhou também outro papel, o de articuladora, influenciando a fundação de importantes entidades ligadas ao ensino superior e à pesquisa científica. Por exemplo, em 1922, foi realizado o I Congresso Brasileiro de Química, que teve também o apoio da já denominada Academia Brasileira de Ciências. Durante aquele evento científico, foi fundada a Sociedade Brasileira de Química (SBQ). Posteriormente, algumas das sessões da ABC e da SBQ foram realizadas em conjunto.

No ano de 1924, vários membros da ABC, sob a inspiração de Heitor Lyra da Silva (1879-1926), fundaram a Associação Brasileira de Educação (ABE), instituição que liderou um movimento de reforma e modernização do ensino universitário no Brasil. A ABE foi dotada, por seus fundadores, de uma estrutura descentralizada, de forma a comportar grande diversidade de iniciativas e membros. Ela se compunha de seções estaduais autônomas e de departamentos especializados: ensino técnico e superior, ensino secundário, ensino profissional e artístico, dentre outros. Essa entidade realizou várias atividades, tais como conferências e cursos para atualização de professores.

Das idéias discutidas pelos membros da ABE surgiu, por exemplo, a disposição para a fundação, em 1935, da Universidade do Distrito Federal, uma concepção moderna de institui-

ção universitária, voltada para o ensino de graduação associado à pesquisa científica básica[88].
Os membros da ABE também sugeriram às autoridades competentes a criação do Ministério da Educação. Nas décadas de 1920 e 1930, a ABE desenvolveu um movimento que teve grande importância na reformulação do ensino no país, em particular, na reformulação do ensino superior. Da cisão ocorrida entre renovadores e católicos, membros da ABE, durante a realização da V Conferência Nacional de Educação (CNE), realizada em 1932, surgiu o *Manisfesto dos Pioneiros da Educação Nova*.

Em 1921, a SBC passou a chamar-se Academia Brasileira de Ciências. Ainda na década de 1920, com seus estatutos modificados mais uma vez, a Academia Brasileira de Ciências passou a implementar seu objetivo-fim por meio das seguintes ações: auxiliar, por todos os meios, as pesquisas científicas dos sócios; organizar e manter cursos de excelência nas ciências e realizar conferências de especialização e divulgação; recomendar assuntos de pesquisa aos estudiosos brasileiros; desenvolver a cultura científica no país.

Em 8 de junho de 1948, um grupo de cientistas brasileiros, entre eles alguns membros da ABC, fundou a Sociedade Brasileira para o Progresso da Ciência (SBPC). Essa sociedade, que tem como um de seus objetivos contribuir para o desenvolvimento científico e tecnológico do país, vem desempenhando relevante papel na representação do pensamento da comunidade científica brasileira.

Em 1951, o presidente da República, Eurico Gaspar Dutra, criou por sugestão de uma comissão formada por membros da ABC, da qual participou o almirante Álvaro Alberto da Motta e Silva, então presidente da entidade, o Conselho Nacional de Pesquisas (CNPq), atualmente Conselho Nacional de Desenvolvimento Científico e Tecnológico, mas mantendo a sigla anterior, órgão do governo federal para o fomento da pesquisa científica no país. O almirante Álvaro Alberto foi o primeiro presidente do CNPq.

Atualmente, a ABC abrange cinco seções: Ciências Matemáticas, Ciências Físicas, Ciências Químicas, Ciências da Terra e Ciências Biológicas. Seus membros são congregados nas seguintes categorias: titulares, associados, colaboradores e correspondentes. Todos eles são eleitos mediante a apresentação de candidaturas feitas por membros da ABC.

Vimos que, do final do século XVIII até o início do século XX, a sociedade brasileira se organizou basicamente como uma combinação de núcleos rurais e urbanos, os quais dependiam do comércio local, do comércio com outros países, bem como da administração central. Surgiram, a partir daí, os chamados Ciclo do Ouro, da Cana-de-Açúcar e Ciclo do Café.

No início do século XIX, a ciência moderna necessitava, para seu desenvolvimento e consolidação, de um espaço proporcionado por um bom sistema educacional, amplo e sólido, assim como da utilização social intensiva dos conhecimentos técnicos e tecnológicos, até então obtidos, na indústria, na área militar, na área de saúde, de saneamento básico, etc. A ciência moderna necessitava, ainda, de um espaço que fosse ocupado, também, por um segmento da sociedade que buscasse na atividade científica, uma das formas de ascensão e reconhecimento social, e possuísse sociedades científicas consolidadas, assim como boas e conceituadas revistas científicas.

Essa combinação de circunstâncias, que aconteceu em vários países, não se verificou no Brasil de então. Dessa forma, nosso país não conseguiu passar do século XIX para o século XX com alguma tradição na área científica, nem mesmo com um sistema educacional universitário bem constituído e consolidado e no qual houvesse a preocupação e a determinação de se formarem recursos humanos qualificados, isto é, professores e pesquisadores científicos. É

O meio intelectual do Brasil, do final do século VIII

verdade que, a partir da segunda metade do século XIX, o imperador fundou algumas institui-ções de pesquisa. Porém o trabalho científico nelas desenvolvido foi diminuto e inexpressivo, como bem expressou o professor Orville Derby.

Só a partir de 1916, com a fundação da Sociedade Brasileira de Ciências, passou a emergir no eixo Rio de Janeiro—São Paulo, um segmento socialmente importante, que percebeu na atividade científica continuada um digno objetivo a ser perseguido. Relembramos que a primeira universidade fundada no Brasil com uma faculdade de ciências que associava o ensino universitário à pesquisa básica foi a USP, em 1934.

Não duvidamos que as entidades aqui mencionadas tenham contribuído para o enriquecimento do meio intelectual brasileiro.

ALGUMAS QUESTÕES RELEVANTES

Neste capítulo apresentamos algumas indagações pertinentes ao contexto do livro, para as quais daremos algumas respostas. Talvez haja mais de uma resposta para algumas das indagações. Pretendemos, com elas, despertar também o interesse do leitor para o estudo e a pesquisa da história da Matemática no Brasil. Relembramos que fizemos referências às reformas dos estatutos da Escola Militar, em particular a que ocorreu em 9 de março de 1842, que instituiu o grau de doutor em Ciências Matemáticas. Certamente, uma novidade para o ensino da Matemática superior no país de então. Nossa primeira indagação é a esse respeito, como se verá a seguir.

1. Por que as autoridades responsáveis pela Escola Militar, ao reformar os estatutos da instituição, em 1842, resolveram incluir a concessão do grau de doutor em Ciências Matemáticas?

2. Por que, na década de 1860, fase da Escola Central, e na década de 1870, fase da Escola Politécnica, a congregação dessas escolas, aproveitando a existência do instrumento legal mencionado na indagação anterior, não sugeriu a criação de um programa de estudos especiais para os alunos interessados na obtenção do grau de doutor em Ciências Matemáticas?

Lembramos que na década de 1870, algumas universidades norte-americanas e européias já mantinham programas especiais de pós-graduação que conduziam seus alunos ao grau de doutor em Matemática. Citamos as seguintes, entre outras: Johns Hopkins University, Harvard University e Georg-August Universität Göttingen.

3. Por que a Congregação da Escola Politécnica extinguiu, em 1896, os chamados "cursos científicos" (Ciências Físicas e Matemáticas; Ciências Físicas e Naturais) que eram oferecidos?

4. Por que, no período que vai da década de 1810 à década de 1920, não encontramos a mulher brasileira contribuindo, como profissional, para o desenvolvimento e consolidação do ensino e da pesquisa matemática no Brasil?

Passemos às possíveis respostas.

Com respeito à primeira indagação temos o seguinte: uma lei de 3 de outubro de 1832 instituiu o grau de doutor em Medicina para os alunos da Faculdade de Medicina de Salvador. O Art. 26.º dessa lei estabelecia o seguinte:

> "Mesmo que o candidato tivesse passado em todos os exames ele não poderia obter o título de doutor se não sustentasse em público uma tese, escrita em idioma nacional ou em latim..."

A partir daquela data, tornou-se obrigatória a defesa de tese para que os alunos recebessem o grau de doutor em Medicina nessa instituição de ensino.

A partir de 1840, a Faculdade de Medicina do Rio de Janeiro também instituiu a defesa obrigatória de tese para que seus alunos recebessem o grau de doutor em Medicina.

Nesse contexto, observamos que, ao serem reformados os Estatutos da Escola Militar, em 1842 — portanto dois anos depois de se instituir da concessão do grau de doutor pela Faculdade de Medicina do Rio de Janeiro as autoridades responsáveis pela Escola Militar estabeleceram a concessão do grau de doutor em Ciências Matemáticas. Os fatos nos fazem conjecturar que os responsáveis pela Escola Militar resolveram conceder o grau de doutor para que os alunos não se sentissem em desvantagem acadêmica, na obtenção de graus, em relação aos alunos da Faculdade de Medicina.

Lembramos que a Escola Militar também foi considerada, pela comunidade acadêmica, uma faculdade de Matemática. Contudo os quatro anos básicos é que constituíam o chamado "curso Matemático". O aluno que completasse apenas os quatro primeiros anos do curso da Escola Militar e desistisse de completar o curso militar não tinha direito a receber título algum. Lembramos também que o grau de doutor dava uma posição social de destaque perante a elite intelectual. Uma medida tomada pelos responsáveis pela Escola Militar foi que, a partir de 1842, só poderiam concorrer a uma posição de professor na instituição os graduados portadores do grau de doutor.

Uma outra variável que podemos considerar também é que, ao ser criado o curso na Academia Real Militar (ver Cap. 3), para os anos básicos seus idealizadores copiaram muito do que havia no curso de Matemática da Universidade de Coimbra. A Faculdade de Matemática da Universidade de Coimbra, desde sua fundação, instituiu a concessão do grau de doutor. É provável que os dirigentes da Escola Militar tivessem decidido que seria natural (mesmo com mais de trinta anos de atraso) a Faculdade de Matemática do Brasil também instituir a concessão do grau de doutor para seus alunos. Enfim, acreditamos ser uma dessas ou uma combinação das duas conjecturas, a resposta à primeira indagação.

Para as indagações 2 e 3, formamos o seguinte quadro de possíveis variáveis. Até as primeiras décadas do século XX, não houve, no Brasil, um movimento social forte e amplo que reivindicasse mudanças substanciais nas estruturas social e escolar. Em verdade, não houve uma sociedade esclarecida quanto ao papel da ciência como um fator de progresso, de bem-estar para o povo e aplicada também à solução dos graves problemas que afligiam o país. Se tivesse existido tal movimento, então ele teria sido forte o suficiente para pressionar as autoridades responsáveis pela única escola de Engenharia do país a criar programas especiais de estudos para os alunos interessados em obter o grau de doutor em Matemática. Esse mesmo segmento da sociedade teria ainda pressionado os membros da Congregação da Escola Politécnica do Rio de Janeiro a não extinguir, em 1896, os cursos científicos, necessários à formação do cientista brasileiro.

Algumas questões relevantes

No período de 1810 até 1933, as faculdades de Engenharia foram, no Brasil, o único espaço onde se ensinou de modo contínuo a Matemática superior. E a extinção dos cursos científicos que funcionavam na Escola Politécnica do Rio de Janeiro constituiu um retrocesso com respeito ao ensino e desenvolvimento da Matemática no Brasil. Ainda mais lamentável porque a extinção aconteceu na época em que emergiu, na Escola Politécnica, Otto de Alencar Silva, um pioneiro da pesquisa matemática no Brasil.

Devemos registrar que a decisão de extinguir os cursos científicos no âmbito da Congregação da Escola Politécnica não foi tranqüila. Vários de seus membros votaram contra a extinção. Exatamente os professores mais bem-informados a respeito das necessidades matemáticas futuras do país.

Em verdade, faltaram importantes elementos para se instalar, na Escola Politécnica, um ambiente de pesquisas científicas nas Ciências Exatas. Faltou um segmento academicamente importante que percebesse na pesquisa matemática continuada um objetivo digno de ser perseguido e tentasse retirar a Escola Politécnica do Rio de Janeiro da estrutura do sistema de ensino napoleônico na qual estava inserida, colocando-a na trilha da atividade acadêmica mais aberta, mais dinâmica e mais progressista. Não devemos nos esquecer, contudo, de que o objetivo principal da Escola Politécnica foi graduar engenheiros.

Uma outra resposta para essas indagações pode ser encontrada no tipo de sistema educacional implantado no Brasil. O tipo napoleônico, baseado em escolas profissionalizantes. Como se viu, esse tipo de educação não estimulava a competição sadia entre centros de pesquisa científica. Ao contrário, fazia com que as carreiras universitárias tendessem à fossilização em torno das posições vitalícias, as cátedras, conquistadas via concurso público, sendo a pesquisa científica uma atividade acadêmica que valia muito pouco ou quase nada. Os concursos para cátedras eram para preenchimento de vagas, em que os títulos acadêmicos reconhecidos pelo governo central eram de grande valia para os candidatos. Esses títulos, quando obtidos, garantiam um *status* legal aos seus possuidores, ao mesmo tempo que correspondiam a uma expectativa reconhecida de remuneração. Referindo-se aos concursos públicos para cátedras realizados no país de sua época, o professor O. Derby escreveu o seguinte:

> O sistema de preenchimento das cátedras através de concurso, na forma como tem sido conduzido, freqüentemente dá margens a que a retórica e a elegância sejam preferidas ao mérito sólido comprovado por pesquisa original; e os mais competentes às vezes se recusam a concorrer, ou, se concorrem, são derrotados numa competição em que a maioria da mesa examinadora tem apenas um conhecimento superficial do assunto da cadeira a ser preenchida...[89]

Devemos considerar também, nesse quadro, a falta de mercado de trabalho para os egressos dos cursos mencionados. As considerações acima tentam responder às indagações 2 e 3.

Com respeito à quarta indagação, estamos convencidos ser esse um tema que possui profundas causas sociais. No que segue, propomo-nos a apresentar algumas possíveis respostas, sem, contudo, ter a pretensão de esgotar o assunto. Sugerimos aos pesquisadores interessados no tema um profundo trabalho de pesquisa sobre o assunto.

---

[89] Cf. Derby, O. A. In: O Estado da Ciência no Brasil. *Science*. v. 1, n. 8, p. 214-221, 1883.

Após o descobrimento da paternidade pelo homem (o fato fisiológico da paternidade), com o qual as realizações dos seus descendentes passam a ser suas próprias realizações, a mulher foi levada à sujeição. No início, sujeição física; depois, sujeição mental, sendo esse o único modo de garantir sua virtude. Nas sociedades constituídas por famílias patriarcais, como foi o caso da sociedade brasileira durante o período aqui abordado, centralizaram-se os direitos básicos sobre o homem, o chefe do grupo familiar, acima dos direitos da mulher como pessoa, essa sendo regra também válida entre irmãos. A precedência do filho sobre a filha. Obtinha-se assim — ou esperava-se obter — o comportamento submisso da mulher, esposa e/ou filha perante o chefe de família, uma forma de dever que, diga-se de passagem, a mulher aceitava sem protestar, mesmo porque não havia espaço para protestos. Em troca da submissão, a mulher deveria receber do homem a proteção, em virtude de sua "fragilidade".

Dessa forma, foi negada à mulher brasileira quase toda a experiência do mundo. O ensino superior, a ciência, parte do conhecimento cultural da época, a política, o negócio, etc. Houve exceções, porém raras, de mulheres que, ao ficar viúvas, ou mesmo ao ter seus maridos ou pais incapacitados, assumiram os negócios da família. Outras, ao obter permissão dos pais, passaram a freqüentar escolas superiores. Mas, de modo geral, a mulher foi considerada, na sociedade brasileira da época, um ser destinado à procriação e aos deveres do lar, recebendo em função disso uma educação especial, direcionada a tais deveres.

Esses preceitos foram guardados e praticados por famílias pertencentes às elites dominantes e também por famílias pertencentes à burguesia. Quanto às famílias pobres, não foi possível praticar tais preceitos, pois logo cedo a mulher via-se obrigada a trabalhar para ajudar no orçamento familiar. Para se manter. Nesse caso, a mulher não teve oportunidade de freqüentar escolas superiores além da escola primária.

Durante a fase colonial não houve no Brasil, escolas primárias e secundárias para meninas. A educação escolarizada para as mulheres era feita por ordens religiosas, mas somente para as famílias abastadas e que permitiam que suas filhas estudassem. Para as famílias pobres, a solução, quando havia bom senso dos pais, era permitir que suas filhas se tornassem religiosas. Somente após a chegada da família real portuguesa ao Brasil, em 1808, é que passaram a surgir algumas oportunidades de instrução escolar não-religiosa para a mulher brasileira.

Por exemplo, na cidade do Rio de Janeiro, em 1816, funcionaram dois "colégios" destinados à educação de meninas. Na verdade, tratava-se de senhoras portuguesas e francesas que ensinavam bordado, costura, religião, rudimentos de aritmética e de língua portuguesa às moças que lá residiam na qualidade de pensionistas. Foi portanto, uma espécie de educação escolarizada para moças cujas famílias podiam pagar pelo ensino. Somente após 1826 foram criadas escolas primárias e secundárias públicas destinadas às meninas.

Lembramos que o ensino superior passou a existir no Brasil só a partir da chegada da família real portuguesa, em 1808, e foi exclusiva do homem. Somente em 1884 é que matricularam-se na Faculdade de Medicina do Rio de Janeiro as três primeiras mulheres: Rita Lobato Velho Lopes, Ermelinda Lopes de Vasconcelos e Antonieta César Dias.

No caso particular da Matemática, é fácil entender por que no período de 1810 a 1873 a mulher brasileira não tenha participado do desenvolvimento dessa ciência. Porém, a partir de 1874, a Escola Politécnica perdeu seu caráter de escola militar, passando a ser uma escola de Engenharia, subordinada a um ministério civil.

Mesmo assim, não encontramos mulheres cursando a Escola Politécnica, a partir de 1874, e durante muitos anos. Aliás, apenas no ano de 1919 foi que a primeira brasileira gra-

Algumas questões relevantes   85

duou-se em Engenharia pela Escola Politécnica do Rio de Janeiro. No período que vai de 1842 à década de 1920, nenhuma mulher brasileira obteve o grau de doutor de Ciências Matemáticas ou em Ciências Físicas e Matemáticas.

A primeira brasileira a obter o grau de doutor em Matemática foi Elza F. Gomide, na USP, em 27 de novembro de 1950. Sua tese foi orientada pelo professor Jean Delsart. De passagem, informamos que desde a segunda metade do século XIX, algumas universidades da Europa, Estados Unidos e Canadá já admitiam estudantes mulheres em seus programas de doutoramento em Matemática.

Face ao exposto, somos de opinião que a mulher brasileira não participou do desenvolvimento e consolidação do ensino e pesquisa matemática no país porque não lhe foi permitido. À medida que se intensificaram no Brasil a urbanização e o processo de industrialização, e que tiveram grande repercussão na organização familiar — inclusive reorganizando o grupo familiar — a família passou a cuidar com mais carinho e atenção da educação escolarizada da mulher, permitindo-lhe o acesso ao ensino superior, e a sociedade deu-lhe o acesso a postos de trabalho até então reservados aos homens. Assim, acreditamos ter respondido à indagação número 4.

TESES SOBRE MATEMÁTICA APRESENTADAS A PARTIR DA ESCOLA MILITAR

Neste capítulo, faremos uma breve análise das teses apresentadas a partir da Escola Militar, no ano de 1848, para obtenção do grau de doutor em Ciências Matemáticas, grau que, posteriormente, passou a chamar-se doutor em Ciências Matemáticas, Físicas e Naturais; doutor em Ciências Naturais; doutor em Ciências Físicas e Naturais.

Entre as teses analisadas destacamos, pelo aspecto de trabalho original, a primeira e a última. A primeira foi apresentada por Joaquim Gomes de Sousa, em 1848, e intitula-se *Dissertação sobre o Modo de Indagar Novos Astros sem Auxílio das Observações Diretas*; e a última, defendida na Escola Politécnica do Rio de Janeiro por Theodoro Augusto Ramos, em 1918, intitula-se *Sobre as Funções de Variáveis Reais*. Julgamos esta última a mais importante das duas porque, entre outras coisas, introduziu no Brasil a moderna Análise Matemática.

Com exceção das duas teses citadas, as demais são trabalhos de caráter expositivo, compilações de temas conhecidos e contidos em livros, o que de certa forma reflete o grau de seriedade que se atribuiu, na época, à concessão do grau de doutor em Ciências Matemáticas.

O tema de cada tese era escolhido pelo candidato a partir de uma lista de assuntos oferecida pelo órgão competente da instituição à qual a tese seria apresentada. A partir da escolha do tema, o candidato tinha um determinado prazo para defender seu trabalho. Esse prazo era variável, mas nunca ultrapassava doze meses.

Devido à estrutura da sociedade brasileira da época, julgamos oportuno indagar qual seria o perfil social dos alunos da Academia Real Militar, Escola Militar, Escola Central e Escola Politécnica?

Na época da Academia Real Militar, seus alunos pertenciam à pequena burguesia urbana. Eram filhos de pequenos comerciantes, de modestos funcionários da Corte e de alguns militares. As famílias abastadas e proprietárias de grandes fazendas e/ou de engenhos enviavam seus filhos para uma faculdade de direito, instituição considerada de maior status social.

Nas fases de Escola Militar e Escola Central, não houve mudanças significativas no perfil social de seus alunos. Por exemplo, na década de 1830, muitos alunos da Escola Militar chegaram a desistir do curso por problemas financeiros. Isto é, seus pais não podiam mantê-los estudando na cidade do Rio de Janeiro. Essa informação nos dá um bom perfil social dos alunos da Escola Militar.

Para evitar a evasão escolar por problemas financeiros, os responsáveis pela Escola Militar instituíram, em 1839, um soldo para os alunos (uma espécie de bolsa de estudos disfarçada em soldo). Posteriormente, também por problemas financeiros de alguns de seus alunos, a Escola de Minas, de Ouro Preto, também instituiu bolsas de estudos para alunos. Nesse caso, o imperador dom Pedro II pagava de seu próprio bolso as importâncias.

Detectamos, portanto, pela segunda vez, no Brasil — isto é, em 1839 — a concessão de bolsas de estudos para alunos de um curso superior. A primeira ocorrência desse fato aconteceu durante a existência da Real Academia de Artilharia, Fortificação e Desenho. Com efeito, os estatutos dessa instituição, de 1792, já determinavam a existência de seis partidos (bolsas de estudos) para os alunos que desejassem fazer o curso de Engenharia (cf. PARDAL, P. 1985, p. 88).

Somente após 1889 percebemos mudanças no perfil social dos alunos da Escola Politécnica do Rio de Janeiro. Na época, já havia sido fundada a Escola Politécnica de São Paulo. A partir daí é que as famílias abastadas, bem como as famílias dos altos funcionários da República passaram a enviar seus filhos para uma Escola de Engenharia. Aliás, a Escola Politécnica de São Paulo foi uma criação das elites paulistas.

OS PRIMEIROS GRAUS DE DOUTOR

Com respeito à concessão do grau de doutor em Ciências Matemáticas, sabemos que, a partir de 9 de março de 1842, de acordo com os Estatutos reformados da Escola Militar, seus professores passaram a fazer jus ao grau de doutor em Ciências Matemáticas sem a necessidade de defesa de uma tese. Assim sendo, no ano de 1846 foram concedidos, por decreto, os primeiros graus de doutor.

Receberam grau de doutor em 18 de dezembro de 1846, os seguintes professores José Saturnino da Silva Torres, José Victorino dos Santos, João Paulo dos Santos Barreto, José da Costa Azevedo, José Pedro Nolasco Pereira da Cunha, Antonio Joaquim de Souza, Manoel Felizardo de Souza e Mello, Pedro D'Alcantara Bellegarde, Joaquim José de Oliveira, Antonio José de Araujo, Antonio Manoel de Mello, Eugenio Fernando de Souza, José Maria da Silva Paranhos, José Joaquim da Cunha e Antonio Francisco Coelho. E, em 20 de setembro de 1847, receberam o grau de doutor os seguintes professores: Ricardo José Gomes Jardim, Frederico Leopoldo César Burlamaque, André Cordeiro de Negreiros Lobato, Francisco Antonio de Araújo.

O Decreto Imperial nº 2.116, de 1º de março de 1858 (ver Cap. 3), reformou os estatutos da Escola Militar, transformando-a em Escola Central. O Art. 148º do decreto estatuía que os professores catedráticos da Escola Central fariam jus ao grau de doutor em Ciências Físicas e Matemáticas, sem necessidade de defesa de uma tese. Dessa forma, os seguintes professores da Escola Central receberam o grau de doutor, em 1863: Henrique de Amorim Bezerra, de acordo com aviso de 19/12/1862. Em 1864: Francisco Carlos da Luz. Em 1871: Antonio José do Amaral e Jerônimo Francisco Coelho, de acordo com aviso de 22/11/1871. Esses foram os professores que, durante o século XIX, receberam o grau de doutor por decreto.

Na época da Escola Politécnica, não apenas nessa mas em todas as intituições do país, os professores que defendiam tese para concurso público de cátedra também recebiam o diploma de doutor, amparados que estavam por lei.

Com respeito à obtenção do grau de doutor, registramos, por dever de ofício, o seguinte. No Arquivo Benjamin Constant, que se encontra no Museu Casa de Benjamin Constant (Rua Monte Alegre, 255, Rio de Janeiro, RJ), encontramos, nos dados biográficos do titular, entre outras, a seguinte informação: "Cursou a Escola Militar em 1853. Aperfeiçoamento em Engenharia e doutor em Matemática e Ciências Físicas pela Escola Central". Contudo, nos livros em que constam os termos de colação de grau de doutor concedidos pela Escola Militar, pela Escola Central e pela Escola Politécnica do Rio de Janeiro que examinamos, não encontramos o nome de Benjamin Constant como um dos recebedores do referido grau.

No frontispício da primeira edição, de 1868, de sua obra intitulada Theoria das Quantidades Negativas, apresentada ao Instituto Polytechnico Braziliero, em 1867, consta o seguinte, após o nome de Benjamin Constant: "Bacharel em Mathematicas e Sciencias Naturaes, Capitão do Corpo do Estado Maior de Primeira Classe". Contudo Raimundo T. Mendes escreveu que, em 23 de março de 1889, Benjamin Constant foi nomeado lente da Escola Superior de Guerra, instituição criada pelo governo imperial pelo Decreto n.º 10.203, de 9 de março de 1889, para separar os oficiais-alunos dos demais alunos (cadetes e praças) que freqüentavam a Escola Militar da Praia Vermelha. Segundo ainda Raimundo T. Mendes, em 26 de março daquele ano, em complemento, Benjamin Constant recebeu o grau de doutor em Ciências Físicas e Matemáticas, uma decisão política por parte das autoridades competentes[90].

Contudo, ao consultarmos a *Coleção de Leis do Império do Brazil de 1889* (Rio de Janeiro, Imprensa Nacional, 2 volumes, 1889), não nos foi possível confirmar a informação de que Benjamin Constant havia sido nomeado lente da Escola Superior de Guerra, nem tampouco que ele recebeu, em 26 de março de 1889, o grau de doutor. Encontramos apenas o Decreto n.º 10.203, que "Aprova o Regulamento para as Escolas do Exército". Seu título IV: "Da Escola Superior de Guerra".

Ressaltamos que o grau de doutor recebido por Benjamin Constant (supondo verdadeira a informação de Raimundo T. Mendes) não poderia ter sido concedido pela Escola Central, conforme consta em seu arquivo, pois o Decreto Imperial n.º 5.600, de 25 de abril de 1874, transformou a Escola Central em Escola Politécnica. A partir dessa data, a Escola Central deixou de existir.

TESES DEFENDIDAS A PARTIR DE 1848

A seguir são apresentadas em ordem cronológica, as teses defendidas, a partir da Escola Militar, para obtenção do grau de doutor em Ciências Matemáticas e em Ciências Físicas e Matemáticas. Devido à importância de suas teses para o contexto da ciência brasileira da época, acrescentamos breves dados biográficos sobre Joaquim Gomes de Sousa e Theodoro Augusto Ramos.

---

[90] Cf. Mendes, Raimundo T. In: *Benjamin Constant: Esboço de uma apreciação sintética da vida e da obra do fundador da República Brasileira*. Rio de Janeiro: Igreja Positivista, v. 1, 1982 e v. 2, 1984.

JOAQUIM GOMES DE SOUSA

Filho de Ignacio José Gomes de Sousa e Antonia Carneiro de Brito e Sousa, Gomes de Sousa nasceu em 1829, na Fazenda Conceição na Província do Maranhão. Chegou à cidade do Rio de Janeiro em 1844, para ingressar na Escola Militar, onde se mariculou no meso ano. Mas, em 1845, não se sentindo satisfeito com os estudos nessa instituição, pediu e obteve permissão dos pais para abandonar a Escola Militar e matricular-se na Faculdade de Medicina do Rio de Janeiro. Ao freqüentar a Faculdade de Medicina, o desejo de se aprofundar nas Ciências Físico-Químicas e Naturais impeliu-o a estudar Matemática com mais afinco e dedicação.

No ano de 1846, voltou a se matricular na Escola Militar e, em 1847, pediu permissão à direção para realizar o *exame vago* de todas as cadeiras que faltavam para completar o curso da escola. Foi um acontecimento inédito na história da instituição; professores e colegas não acreditavam que ele obteria aprovação nos exames. Após obter o deferimento de seu requerimento, passou a realizar os exames, sendo aprovado com louvor. Colou grau de bacharel em Ciências Matemáticas em 10 de junho de 1848. Ato contínuo, dedicou-se à elaboração de sua tese. Em 14 de outubro de 1848, aos dezenove anos de idade, após defender sua tese — intitulada *Dissertação Sobre o Modo de Indagar Novos Astros sem Auxílio das Observações Diretas* —, colou grau de doutor em Ciências Matemáticas. Foi um dos primeiros alunos da Escola Militar a obter o referido grau.

Posteriormente, ao ser aprovado em primeiro lugar em concurso público realizado pela Escola Militar, foi nomeado, em 23 de novembro de 1848, lente substituto. Também foi nomeado capitão honorário da Escola Militar e, em 1.º de março de 1858, lente catedrático da primeira cadeira (Astronomia) do quarto ano do curso Matemático e de Ciências Naturais da Escola Central.

Joaquim Gomes de Sousa foi o mais importante matemático brasileiro nas duas primeiras décadas da segunda metade do século XIX. Publicou vários trabalhos, tratando de Física Matemática, Integração de Equações Diferenciais Parciais e Equações Integrais. A obra matemática de Gomes de Sousa impressiona, não tanto pelo rigor, mas quando se leva em consideração seu isolamento do mundo científico europeu de então. Posteriormente, ele voltou a estudar Medicina. Também se dedicou com brilhantismo aos estudos filosóficos, literários, etc. E foi político, exercendo um mandato de deputado provincial. Faleceu em Londres, em 1864. Em 1867 Antonio Henriques Leal apresentou à Assembléia do Maranhão, um projeto — que foi aprovado — propondo o traslado, de Londres para São Luís, dos restos mortais de Joaquim Gomes de Sousa.

Título da tese:

Dissertação Sobre o Modo de Indagar Novos Astros sem Auxílio das Observações Diretas

Typographia de Teixeira & C., Rio de Janeiro, 1848, ii+53 páginas. Tese defendida em 14 de outubro de 1848, para obtenção do grau de doutor em Ciências Matemáticas. Escola Militar.

Na década de 1840, a Astronomia experimentou um surto de grande desenvolvimento face à descoberta de novos planetas do Sistema Solar, bem como pela utilização das teorias de Pierre Simon Laplace contidas em sua obra *Mécanique Céleste*. Por volta de 1845, astrônomos registraram irregularidades na órbita do planeta Urano, que não podiam ser explicadas.

Teses sobre matemática apresentadas a partir da Escola Militar

Alguns cientistas conjecturaram que tais anomalias poderiam ser provocadas por um outro astro desconhecido. Em 1846, John Couch Adams e Le Verrier publicaram um artigo divulgando a massa aproximada e a posição, no Sistema Solar, do astro causador das anomalias na órbita de Urano. Algum tempo depois, os dados fornecidos por Adams e Le Verrier possibilitou a localização do novo astro por telescópio. O planeta recebeu o nome de Netuno.

Esses fatos impregnaram a mente do jovem Gomes de Sousa. Dessa forma, quando da elaboração de sua tese para obtenção do grau de doutor, ele optou por um trabalho sobre Física Matemática. Foi o primeiro trabalho de um brasileiro abordando o assunto. Apesar de algumas imperfeições, trata-se de um trabalho original. Como objetivo central, o autor, se propõe a resolver três problemas, por meio dos quais seria possível, a partir de astros conhecidos, indagar a respeito da existência de novos astros (planetas, cometas, estrelas) sem o auxílio de aparelhos ópticos.

No início do trabalho Gomes de Sousa trata do problema do movimento do centro de gravidade dos astros. Depois, ele aborda o problema das formas (que ele chamou de "figuras") e do movimento dos astros em torno do seu centro de gravidade.

As sete fórmulas por ele apresentadas envolvem seis elementos e, ainda, a massa do planeta perturbador e a massa do planeta perturbado. Gomes de Sousa considerou conhecidos os elementos das fórmulas, bem como a massa do astro perturbado, que, segundo ele, seriam suficientes para determinar todas as incógnitas envolvidas nos três problemas propostos. Logo na primeira página, assim ele se expressa:

> As sete formulas bastarão para a determinação de todas as incognitas: a descoberta de Le Verrier bem o prova. Porem depois que se tiver achado hum planeta que satisfaça as perturbações do planeta conhecido, não he possivel achar outro que produza o mesmo que elle? Não he possivel achar hum systema de planetas que substitua o outro? Se isto tiver lugar quando se procura resolver a questão exatamente não haverá equivoco quando se trata de formulas approximadas? A que gráo de approximação devemos levar as nossas formulas para que o equivoco desappareça? São estas questões que formão principalmente o objecto desta Dissertação...[91]

Ao resolver os problemas, Gomes de Sousa inicialmente trata do problema do movimento do centro de gravidade dos astros. Ato contínuo, ele trabalha sobre as formas dos astros e o movimento dos astros em torno de seu centro de gravidade. Gomes de Sousa se inspirou na obra de Laplace acima mencionada e, apesar de seu isolamento da corrente científica internacional, conseguiu se atualizar nessa área. A seguir, listamos os três problemas formulados e resolvidos por Gomes de Sousa.

Problema 1.

"Sendo dada a perturbação de hum astro, achar-se-ha mais de hum systema de astros que as satisfaça?"

Antes de apresentar a solução do problema, Gomes de Sousa transcreve as fórmulas de Laplace que representam as forças perturbadoras do primeiro sistema. Ao deduzir as equações desejadas, conclui, na página 5:

---

[91] Cf. Souza, Joaquim G. de. In: *O Modo de Indagar Novos Astros*. Ed. fac-símile, Curitiba, Ed-UFPR.

> Ora essas equações sendo em número infinito e distinctas, segue-se que ellas são identicas e que por conseguinte não se póde em hum systema de astros perturbadores substituir outras. As formulas de nos servimos são approximadas: he relativamente à ellas que a questão que tratamos offerece maior enteresse, por isso vamos agora occuparmos-nos della.

Problema 2.

"Sendo dadas as perturbações de hum planeta, he possivel achar mais de hum planeta perturbador que as satisfaça?"

Em seguida ele escreve o seguinte:

> Os planetas são suppostos sphericos e a approximação levada até a primeira dimensão das excentricidades e enclinação reciproca das orbitas. No caso que consideramos a perturbação que hum planeta m' exerce em latitude sobre outro planeta m, he...

E passou a uma equação, devida a Laplace, representando a perturbação mencionada. Ao final de sua demonstração, na página 14, Gomes de Sousa afirma o seguinte:

> "Vê-se que dois planetas de excentricidade defferentes e as suas linhas dos nodos sendo diversas, produzem entretanto a mesma perturbação em longitude".

Problema 3.

"He possivel substituir a acção perturbadora de hum planeta pela de dois outros?"

Ao finalizar a demonstração do problema, o autor escreve, na página 44:

> Pode-se levar o exame das questões de que nos temos occupado à ordens superiores por meio de formulas que com o auxilio dos livros segundo e sexto da Mechanica Celeste se construirão; porem não podemos examinar estas questões, sem que esta these tivesse hum tamanho desmesurado...

Nas demonstrações dos três problemas, observa-se o uso de uma ferramenta matemática adequada: equações trigonométricas, séries, derivadas e integrais, com o que Gomes de Sousa se mostrou familiarizado.

A partir da página 45, o autor dedica-se ao estudo dos cometas. Inicialmente, ele assim se expressou:

> Si as lunetas não se aperfeiçoarem, muitos planetas do nosso systema ficarão desconhecidos, quando elles se acharem a huma grande distancia. He entretanto digno da attenção dos geometras a determinação de semelhantes astros. Os cometas podem servir nestas endagações: suas orbitas sendo muito excentricas, elles podem ser perturbados por astros que ja não enfluão sobre os planetas conhecidos; devemos então considerar os cometas como consideramos os planetas; porem as massas dos cometas sendo muito pequenas relativamente aos planetas, não perturbão de huma maneira appreciavel estes ultimos astros; porem elles, ao

Teses sobre matemática apresentadas a partir da Escola Militar   93

> contrario, são grandemente perturbados. Si se tratasse de resolver exactamente a questão da determinação dos planetas pelos cometas, não haveria equivoco algum, como se vê pelo terceiro problema; porem as formulas de que nos servimos sendo approximadas, convem ver si com ellas a mesma cousa tem lugar, ou até que gráo deve ser levada a approximação para que os equivocos desappareção. As grandes excentricidades das orbitas cometarias, as suas grandes inclinações reciprocas, não permittem, como acontece com os planetas, de representar as suas perturbações geraes por formulas finitas, que possão ser facilmente comparadas; he necessario recorrer as quadraturas mechanicas, para o que Laplace dá, na Mechanica Celeste as tres formulas seguintes (...) que não podem servir no nosso caso, pois que para sua integração devem-se conhecer os planetas perturbadores. O melhor meio de determinar as orbitas dos cometas he como o propoz o ellustre Lagrange, suppol-os movendo-se em elypsis de elementos variaveis. Nós vamos applicar o mesmo methedo à determinação dos astros perturbadores...

A seguir, Gomes de Sousa passa a considerar três casos segundo as posições relativas dos astros:

a)   quando o cometa acha-se muito longe do planeta;
b)   quando o cometa acha-se muito perto;
c)   quando o cometa encontra-se a uma distância média do planeta.

Para o estudo desses três casos, o autor usa fórmulas obtidas por Laplace em sua obra *Mécanique Céleste*. Após a demonstração, ele conclui, na página 51:

> Taes são os elementos da orbita do cometa em termos do planeta. Calcular-se-ha sem embaraços os elementos de nova orbita na ocasião em que o planeta o abandonar. Far-se-há a mesma cousa para hum segundo palneta: comparar-se-há as duas formulas. Os calculos sendo muito longos, e eu tendo muita pressa de acabar esta these despensar-me-hei de desenvolverl-as...

Na página 52, Gomes de Sousa faz rápidas considerações sobre a forma dos astros e o movimento em torno dos seus centros de gravidade, finalizando seu trabalho, na página 53, com o seguinte:

> A grandeza que ja tem esta these, a pressa em que estamos de a concluir nos fez tratar com pouco desenvolvimento certas questões: assim tratando de substituir dois planetas a hum não consideramos as suas perturbações mutuas; o calculo seria penoso, porem analogo ao que demos no mesmo lugar.

A tese em pauta não é um trabalho acadêmico de excepcional qualidade. Contudo é um importante marco para a historiografia da ciência no Brasil, pois corresponde ao início de uma importante atividade científica: a pesquisa matemática séria em nosso país. Não devemos nos esquecer das dificuldades que tiveram, no Brasil da época, as pessoas interessadas em obter livros e revistas especializados em Matemática publicados no Velho Continente. Enfim, a dificuldade de acompanhar os avanços recentes, face ao isolamento científico do Brasil de então.

Ao final do trabalho, não há uma listagem bibliográfica das obras consultadas, mesmo porque essa prática não era comum no meio científico brasileiro. Aliás, em nenhuma das teses aqui apresentadas os autores se preocuparam com tal prática. Mas, em muitas partes de sua tese, Gomes de Sousa fez referências a obras de Laplace e Lagrange.

Em 26 de maio de 1848, o dr. José Pedro Nolasco Pereira da Cunha, docente da Escola Militar, conferiu o grau de doutor em Ciências Matemáticas aos seguintes bacharéis: Manoel da Cunha Galvão e Ignacio da Silva Galvão, este com a tese intitulada *Dissertação sobre as Superfícies Involtórias*; João Baptista de Castro Moraes Antas, com a tese *Theoria Mathematica das Probabilidades*; Francisco Joaquim Cattete, com a tese *Sobre a Curva Acústica*; Luis Affonso d'Escragnolle e Manoel Caetano de Gouveia. Não nos foi possível localizar e obter cópias de suas teses.

Em 19 de maio de 1849, receberam o grau de doutor em Ciências Matemáticas pela Escola Militar os bacharéis: João Luiz d'Araujo Oliveira Lobo, Francisco Pereira de Aguiar, Marcos Pereira de Sales (não nos foi possível localizar suas teses) e Guilherme Schüch de Capanema, com a tese *Sobre o Methodo de Divisão de Horner e sua Applicação à Álgebra*.

Em 5 de fevereiro de 1850, o bacharel Miguel Joaquim Pereira de Sá apresentou à Escola Militar da corte a tese intitulada: *Sobre os Princípios de Estática*, defendida em 2 de março de 1850. Não foi possível obter cópia do trabalho; sabemos apenas que era de inspiração positivista comtiana.

JOÃO ERNESTO VIRIATO DE MEDEIROS

Título da tese.

Dissertação Sobre o Methodo dos Limites e dos Infinitamente-Pequenos

Typographia de Francisco de Paula Brito, Rio de Janeiro, 1850, i+27 páginas. Tese defendida em 1850 para obtenção do grau de doutor em Ciências Matemáticas. Escola Militar.

Trata-se de um trabalho expositivo, de cunho histórico, no qual o autor rememora, sem apresentar novas demonstrações, resultados matemáticos conhecidos e obtidos nos séculos XVII e XVIII a respeito da noção de limite e dos infinitamente pequenos.

Lembramos que, a partir da década de 1820, o problema do rigor na Análise Matemática foi encaminhado em bases sólidas e permanentes graças a trabalhos produzidos por Bolzano, Cauchy, Dirichlet, entre outros matemáticos. Os principais conceitos e conseqüentes definições dessa área da Matemática já estavam bem postos, como, por exemplo, a definição de função, limite de uma função em um ponto, derivada de uma função em um ponto. Enfim, já existia o rigor, nessa parte da Matemática, introduzido por Cauchy com o uso dos ε e δ (épsilons e deltas)[92].

A tese está dividida em quatro partes. Na página i, o autor escreveu o seguinte, mostrando que não estava atualizado com o desenvolvimento dessa parte da Matemática:

"Qual dos dous methodos deve servir de base ao Calculo Differencial? O dos Limites ou o dos Infinitamente-Pequenos?".

Na primeira parte, o autor tece considerações gerais a respeito do desenvolvimento da Matemática, em particular do Cálculo Diferencial, nos séculos XVII e XVIII, mas não sobre os resultados obtidos nessa área durante a primeira metade do século XIX. Ele lista alguns nomes de matemáticos que contribuíram para o desenvolvimento da Matemática: R. Descartes, B. Cavalieri, I. Barrow, J. Wallis, I. Newton e G. W. Leibniz. Na página 4, assim se expressou o autor:

---

[92] Cf. BOURBAKI, N. In: *Elements of the History of Mathematics*. Berlim: Stringer-Verlag, 1994.

> As notações empregadas por Leibniz, e a idéa primordial de Newton, para achar as relações entre a fluxão da ordenada e sua abscissa, tem sido empregadas por alguns autores para basearem o Calculo Differencial; concebendo estas relações como primeiras e ultimas razões das quantidades ou seus limites: outros porém seguem à risca as genuinas idéas de Leibniz. Em saber qual dos dous methodos, si o dos Limites, ou dos Infinitamente - pequenos, contém a verdadeira metaphysica do Calculo Differencial, é que existe controversia e os mathematicos se acham ainda hoje divididos em suas seitas ...

Observa-se aqui que o autor não estava atualizado com os avanços obtidos nessa área da Matemática, pois não menciona em ponto algum de sua tese trabalhos Lagrange, Bolzano, Cauchy, Dirichlet, Weierstrass, entre outros.

Na segunda parte do trabalho, o autor trata do *método dos limites*. Ele se reporta aos matemáticos (sem citar nomes) que preferiam trabalhar usando o método dos limites, ao invés de usarem os infinitamente pequenos. Logo a seguir, ele considera a função $y = f(x)$, mas não explicita o que entende por função. Na continuação, supõe que à variável x corresponde um *aumento* qualquer Δx e informa o seguinte: "é claro que a y também corresponderá um certo augmento Δy". Em lugar algum de seu trabalho, o autor faz referência ao domínio (termo atual) de definição das funções abordadas, pois, como sabemos, para tal mister é preciso também especificar o domínio de definição da função, além da lei de correspondência. Em 1850, esses fatos já eram bem conhecidos dos matemáticos.

Em seguida, o autor escreve a expressão:

$$y + \ y = f(x + \ x) \tag{1}$$

e, após subtrair $y = f(x)$ de ambos os termos de (1), obtém a expressão:

$$y = f(x + \ x) - f(x). \tag{2}$$

A seguir, o autor dividiu (2) por $\ x$, sem supor $\ x \ \pi \ 0$, e escreve a expressão:

$$\frac{\Delta y}{\Delta x} = \frac{f(x + \Delta x) - f(x)}{\Delta x}.$$

Ato contínuo, escreve o seguinte:

> Da qual teremos o limite, quando suppozermos que o augmento dado à variavel se tem nullificado, ou, o que é o mesmo, quando for $\Delta x = 0$. Fazendo esta hypothese, visto ser $\Delta y = 0$ quando $\Delta x = 0$, acha-se:
>
> $$\frac{0}{0} = \frac{f(x+0) - f(x)}{0} = \frac{f(x) - f(x)}{0} = \frac{0}{0}$$
>
> uma identidade de expressões affectas do simbolo da indeterminação, da qual porém se obterá o valor, quando se conhecer $f(x)$, e então $\frac{0}{0}$ é substituido por $\frac{dy}{dx}$ para indicar a relação dos augmentos, da função y e sua variavel x, quando elles tem chegado ao limite zero, mudança esta somente feita, porque nenhum vestigio deixa, das variaveis que se consideram".

Na página 6, o autor acrescenta:

> "O que fizemos, serve de base a differenciação de todas as funcções, qualquer que seja o numero de variaveis independentes que n'ellas entrem, e é por esse meio, que são tratadas todas as questões do Calculo Differencial..."

Na continuação, ele apresenta o seguinte exemplo: "Seja a função $y = 6a^5x^2 + 30$". Após algumas considerações e substituições, ele obtém a expressão

$$\frac{dy}{dx} = 12a^5x.$$

Na página 7, o autor passa a fazer considerações filosóficas a respeito de: 0, 0/0 e1/0, que se obtém para resultado final de uma expressão qualquer. Continuando em suas divagações filosóficas, ele apresenta, como exemplo,

$$\frac{0}{0} = 12a^5x,$$

e conclui que $dy = 12a^5\,xdx$. Ele escreve ainda, (página 8):

> Não é uma equação absurda porque zero sobre zero é o simbolo de uma indeterminação, e como pode representar indifferentemente 1, 2, 3, etc., nada prohibe que seja igual a $12a^5x$.

Ainda em suas considerações filosóficas a respeito de expressões com valores iguais a zero, zero sobre zero e um sobre zero, o autor cita obras de Boucharlat, Newton, Carnot e Lacroix. Contudo não cita a definição de limite de uma grandeza, dada por d'Alembert, em 1751, e tampouco a definição de limite de uma função, dada por Euler no século XVIII. Imaginamos que o autor desconhecia todo o trabalho de Cauchy, divulgado a partir da década de 1820, sobre essa área da Matemática. Nessa parte da tese, Viriato de Medeiros aborda o assunto utilizando os conceitos apresentados por Isaac Newton nos primórdios do Cálculo Diferencial, isto é, no século XVII.

Na terceira parte da tese, o autor trata do *Methodo dos Infinitamente-Pequenos*. Ali, ele usa as idéias e conceitos dos infinitésimos apresentados por Leibniz para obtenção da derivada de uma função. Assim ele se expressa na página 14:

> Essencialmente diverso do methodo dos limites, é o dos Infinitamente-Pequenos, e o Calculo Differencial, segundo elle, em lugar do limite da relação dos augmentos simulta neos de uma função e da variavel de que ella depende, busca a relação d'estes augmentos, que por se tomarem tão pequenos quanto se queira, tem o nome de infinitamente pequenos, ou mais propriamente indefinidamente pequenos ...

A seguir, ele considera a função $y = f(x)$ e escreve "Dando um augmento qualquer x a y corresponderá um novo valor Δy". Em seguida, ao somar Δy ao primeiro membro da igualdade e Δx ao segundo membro, o autor obtém a expressão $y + \Delta y = f(x + \Delta x)$, concluindo que $\Delta y = f(x + \Delta x) - f(x)$. A seguir, ele divide ambos os membros dessa igualdade por Δx, sem fazer considerações sobre Δx, obtendo a expressão:

$$\frac{\Delta y}{\Delta x} = \frac{f(x + \Delta x) - f(x)}{\Delta x}.$$

Depois disso, o autor escreve:

Quando n'esta relação o augmento Δx fôr tomado tão pequeno quanto se queira, ou indefinidamente pequeno, é claro que Δy também o será, e representando-os por dy e dx, ella se transformará em

$$\frac{\Delta y}{\Delta x} = \frac{f(x + dx) - f(x)}{dx}.$$

relação que ficará completamente conhecida quando for dada $f(x)$; devendo-se notar que se no desenvolvimento do numerador da fracção do segundo membro, apparecerem potencias de dx superiores à primeira, ellas se desprezarão em comparação a esta...

Na continuação, ele passa ao exemplo: $y = x^2 + sx - t$ e acrescentando:

Dando a x um augmento h, y se mudará em y' e teremos $y' = (x + h)^2 + s(x + h) - t = x^2 + sx - t + (2x + s)h + h^2$. Subtraindo $y' - y$ tem-se $y' - y = (2x + s)h + h^2$. Quando h se tornar em dx, $y' - y$ se tornará em dy, e esta equação passará a ser $dy = (2x + s)dx + dx^2$ na qual desprezando dx^2, acha-se $dy = (2x + s)dx$ d'onde se tira

$$\frac{dy}{dx} = 2x + s,$$

coefficiente differencial.

Na página 17, Medeiros passa à discussão filosófica do método dos infinitamente pequenos, citando algumas críticas feitas por Carnot ao método idealizado por Leibniz. A seguir, ele dá exemplos para justificar sua preferência pelo método abordado. Continuando, apresenta justificativas filosóficas a respeito da idéia de infinito e de indefinido. E acrescenta (página 22):

É certo que um e outro não tem limites, mas ao segundo a consideração do tempo e do espaço é de necessidadeabsoluta, e ao primeiro não visto por si mesmo existir: ou antes, só o tempo e o espaço são infinitos e preexistentes a todos os objectos, e o indefinido nasce dos objectos, quando fazemos a comparação da parte por elle occupada do espaço, com o mesmo espaço ...

Na quarta parte do trabalho, Medeiros valoriza o método idealizado por Leibniz para calcular a derivada de uma função em um ponto e, em seguida, compara os dois métodos abordados no trabalho. E passa à obtenção da diferencial de arcos de curvas, no plano e no espaço, bem como para superfícies de revolução. Na página 26, o autor repete alguns cálculos, utilizando, dessa feita, o método dos limites e não mais o método dos infinitesimais. E concluiu na página 27, com o seguinte:

> N'estes poucos exemplos, e bem simples, a superioridade pratica do methodo dos Infinitamente-Pequenos não pode ser declinada: mas onde elle se mostra com todo o brilhantismo (...) é em sua applicação aos phenomenos da natureza, que repugnando a extincção completa dos seus seres, e regulando-os por leis, que em tudo coincidem com as proclamadas por Leibniz, imprime-lhes o sello de incontestavel verdade...

Por fim, ao concluir seu trabalho, Viriato de Medeiros afirma que somente no método dos infinitésimos (infinitamente pequenos) se pode estabelecer o Cálculo Diferencial. Apesar de sua preferência pelos infinitésimos para a obtenção da derivada de uma função em um ponto, o autor não faz considerações lógicas a respeito dos infinitésimos. Sabemos que matemáticos como Euler, D'Alembert, Lagrange, Bolzano, Cauchy, entre outros, utilizaram em alguns de seus trabalhos, os infinitésimos, mesmo desconhecendo suas bases lógicas[93].

Observamos que o autor não se preocupou em fazer considerações a respeito do problema da tangente a uma curva em um ponto, tema de grande interesse para os matemáticos do século XVII, por estar intimamente relacionado ao problema da derivada de uma função em um ponto. Matemáticos como Fermat, Descartes, Wallis, Barrow, entre outros, tentaram explicar, por completo, o problema do cálculo da tangente a uma curva em um ponto.

JOAQUIM ALEXANDRE MANSO SAYÃO

Título da Tese:

Dissertação Sobre os Principios Fundamentaes do Equilibrio dos Corpos Fluctuantes Mergulhados em Dous Meios Resistentes e Sobre a Estabilidade em a Construção Naval.

Typographia de Francisco de Paula Brito, Rio de Janeiro, 1851, vii+33 páginas+4 páginas com figuras explicativas. Tese defendida em 1.º abril de 1852 para obtenção do grau de doutor em Ciências Matemáticas. Escola Militar.

Uma das poucas teses inspiradas na ideologia positivista de Auguste Comte apresentadas à Escola Militar. No início da primeira parte, o autor transcreve algumas palavras da obra de Comte *Cours de Philosophie Positive*:

> "Les phénomènes mécaniques sont, par leur nature, à la fois plus particuliers, plus compliqués et plus concrets que les phénomènes geometriques".

A tese está dividida em duas partes: *"Considerações Sobre os Corpos Fluctuantes"*; *"Da Architectura Naval"*. Trata-se de um trabalho expositivo sobre Engenharia Naval, abordando assuntos bem conhecidos de Hidrostática e Hidrodinâmica. O autor era na época, primeiro tenente da Armada Nacional e Imperial.

---

[93] Em 1960, o lógico A. ROBINSON (1918-1974) estabeleceu as bases lógicas para os infinitésimos. Cf. Robinson, A. In: *Nonstandard Analyis*. Amsterdam: North Holland, 1974. Na verdade, Rovinson axiomatizou os hiper-reais que contêm os infinitésimos. A partir desse trabalho, os infinitésimos foram compreendidos. Ainda a esse respeito, cf. OLIVEIRA, A. J. Franco de. In: O Advento da Matemática Não-Standard. *Monogr. Soc. Paran. Mat.* Curitiba, n. 8, 1990.

Teses sobre matemática apresentadas a partir da Escola Militar

Na introdução do trabalho, Sayão discorre sobre a *sciencia naval*. Mencionando sua importância na época, para o Brasil, ele escreve:

> Entretanto, é triste mas de mister dizel-o, é o assumpto talvez o menos cultivado em nossos dias, mesmo pela orgulhosa nação ingleza, de cujo colossal poder é a marinha o principal apoio; e que, finalmente, é julgado entre nós como a cousa mais simples e trivial, ao alcance de todas as intelligencias, e só dependente da pratica e da rotina.

Na primeira parte da tese, o autor define a Hidráulica e, a seguir, apresenta sua subdivisão em dois ramos: Hidrostática e Hidrodinâmica. Ato contínuo, escreve a respeito de seus objetivos, tecendo considerações sobre o princípio de igualdade de pressão, citando o Princípio de Arquimedes sobre o equilíbrio dos corpos flutuantes, que é o seguinte: "Um corpo mergulhado em um fluido perde uma parte de seu peso igual ao peso do fluido deslocado".

Na página 2, lemos:

> Provaremos este theorema d'um modo o mais amplo e geral que é possivel, mostrando que é uma condição necessaria da equação geral de equilibrio d'um corpo fluctuante, não só em um, como em dous fluidos resistentes; e por tanto ampliando o principio de Archimedes, que, em quasi todos os tractados de mechanica, se acha discutido relativamente a um fluido, e não a dous como realmente se nos apresenta em a natureza e phenomeno da fluctuação de um corpo solido.

Não há dúvidas de que essa "nova" demonstração do referido teorema é uma contribuição do autor para o assunto em pauta. Contudo ele não informa claramente se essa ampliação do Princípio de Arquimedes, que ele chama de "o mais amplo e geral que é possivel", é uma contribuição inédita. Achamos que sim. Se assim for, então temos um exemplo de que era possível apresentar, na época, uma nova abordagem de um assunto matemático conhecido.

Continuando, Sayão faz algumas considerações a respeito do centro de gravidade e da rotação de um corpo em torno de seu centro de gravidade, bem como do eixo instantâneo de rotação do corpo, entre outras considerações. A seguir, ele deduz as equações algébricas a respeito. Omitiremos essas demonstrações por se tratar de assunto técnico. Contudo devemos ressaltar que o instrumental matemático utilizado diz respeito à Trigonometria, Geometria Analítica e ao Cálculo Diferencial e Integral. O autor faz referências a Lagrange, Arquimedes, Torricelli, Maupertuis, porém não menciona os títulos das obras que foram consultadas.

Na página 14 e seguintes, podemos ler:

> Um dos theoremas mais notaveis que até ao presente se tem deduzido das equações geraes do equilibrio é a celebre propriedade, descoberta devida ao sabio Torricelli, relativamente aos corpos pesados. Esta propriedade consiste essencialmente em que, quando um systema qualquer de corpos pesados está em equilibrio, seu centro de gravidade está necessariamente collocado no ponto o mais baixo ou o mais alto possivel, comparativamente à todas as posições que poderia tomar o systema em qualquer outra situação. Nas considerações geraes segundo as quaes Torricelli tentou demonstral-o, não foi de certo muito feliz; porém Lagrange dá a verdadeira demonstração geral deduzindo-o do seu grande principio fundamental das velocidades virtuaes. Que este theorema tem igualmente lugar para com o centro de gravidade geral d'um corpo fluctuante e dos dous fluidos que o envolvem, é o que já annunciamos, e o que vamos demonstrar...

Continuando, o autor passa à sua demonstração, fato que omitiremos por ser uma parte técnica envolvendo equações algébricas e desigualdades. Observamos, contudo, que o autor fez uso, também, de máximo e mínimo absolutos de uma dada função, indicativo de que ele possuía bons conhecimentos teóricos da Matemática. Na página 16, ele escreve, após algumas considerações:

> É pois evidente que o corpo só estará em equilibrio perfeitamente estavel no caso de mínimo absoluto, de modo que, estando o fluctuante em equilibrio, se acontecer ser afastado infinitamente pouco de sua posição natural, tenderá a restituir-se a ella fazendo oscilações infinitamente pequenas. É nisto que consiste a chamada lei de repouso de Maupertuis, que não é senão o theorema ou principio de Torricelli encarado debaixo de um ponto de vista amplo e geral...

Na segunda parte da tese, a partir da página 19, Sayão aborda o tema "Architectura Naval". Inicialmente, ele define essa expressão, fazendo, em seguida, considerações sobre a ciência e a arte de construir navios de madeira. Apresenta a subdivisão da Arquitetura Naval, mas não comenta o melhor tipo de madeira para construção de navios militares e comerciais. Tece, também, considerações sobre a maneira de se projetar e construir navios de guerra. Na página 21, discorre sobre os navios em geral e, na página 23, a respeito do equilíbrio dos navios e de sua estabilidade em geral. A partir daí, após considerações pertinentes à Física — como centro de gravidade e metacentro de um navio, momento da pressão de um fluido, etc. — o autor apresenta algumas expressões matemáticas correspondentes. Na página 26, trata do modo de se reduzir a estabilidade dos navios a uma forma determinada e, na página 27, escreve sobre a determinação da estabilidade dos navios, com o que concluiu o trabalho.

Em 12 de março de 1853, recebeu o grau de doutor em Ciências Matemáticas, pela Escola Militar, o bacharel Manoel Maria Pinto Peixoto. Não foi possível obter cópia de sua tese. Obtivemos apenas o título: *Estudo dos Princípios do Cálculo*.

Em 10 de março de 1854, recebeu o grau de doutor em Ciências Matemáticas pela escola Militar, o bacharel José Carlos de Carvalho. Não foi possível obter cópia de sua tese, nem seu título.

JOSÉ JOAQUIM DE OLIVEIRA

Título da Tese:

Estudo Sobre o Movimento de um Ponto Material Submetido a uma Força Central

Trabalho em manuscrito, Rio de Janeiro, 1855, vii+21 páginas. No final, uma página com figuras. Tese defendida em 7 de dezembro de 1855 para obtenção do grau de doutor em Ciências Matemáticas. Escola Militar.

Trata-se de um trabalho sobre Física, mais especificamente sobre a Dinâmica, no qual o autor usa em seu desenvolvimento, como ferramenta matemática, a Geometria Analítica, a Trigonometria e o Cálculo Diferencial e Integral. O autor não apresenta novidades com respeito à Dinâmica de então, porém, em várias passagens, ele informa que "abordará determinados assuntos de modo diferente ao encontrado nas obras sobre Dinâmica".

Todo o trabalho se desenvolve em função do seguinte: indagar a natureza das trajetórias, bem como os movimentos de um ponto material infinitamente pequeno, livre, que, tendo recebido um impulso inicial, acha-se submetido a uma força constante que o atrai para um centro fixo, cuja intensidade depende unicamente da distância do móvel ao centro de ação.

O trabalho está dividido em duas partes. Na primeira, Joaquim de Oliveira faz uma espécie de introdução, com considerações gerais necessárias ao entendimento da outra parte. Nessa outra parte, ele estuda as trajetórias e os movimentos de um ponto material submetido a uma força central. Ainda nessa segunda parte, deduz expressões matemáticas gerais relativas ao assunto. Em nenhuma parte do trabalho, o autor explica a noção de força, definição crucial para a ciência da época. Na dedução de algumas fórmulas, o autor cita o Tratado de Mecânica, de Siméon-Denis Poisson, e o livro de Lacroix, *Cálculo Diferencial*. Mas, não cita trabalhos de Lagrange, Poncelet, Coriolis, Fourier, Gauss, entre outros matemáticos que deram valiosas contribuições à Mecânica.

Na verdade, o trabalho se transforma em uma compilação de equações algébricas, trigonométricas e integrais, ferramentas matemáticas usadas na Mecânica.

AUGUSTO DIAS CARNEIRO

Título da Tese:

Equações Geraes da Propagação do Calor nos Corpos Solidos Suppondo Variavel a Condectibilidade com a Direção e Posição

Typographia Universal de Laemmert, Rio de Janeiro, 1855, iii+29 páginas. Tese defendida em dezembro de 1855 para obtenção do grau de doutor em Ciências Matemáticas. Escola Militar.

Trabalho de inspiração positivista comtiana. Aliás, já na introdução, ou na parte "Breves Considerações sobre a Thermologia Mathematica", na página 1, o autor transcreve trecho de um pensamento de Comte a respeito da *Teoria Analítica do Calor*, de Fourier:

> Je ne crains pas de prononcer, comme si j'étais à dix siècles d'aujourd'hui, que depuis la théorie de la gravitation, aucune création mathématique n'a eu plus de valeur et de portée que celle-ci, quant aux progrès généraux de la philosophie naturelle: peut-être même, en scrutant de près l'histoire de ces deux grandes pensées, trouverait-on que la fondation de la thermologie mathématique par Fourier était moins préparée que celle de la mécanique céleste par Newton.
>
> Aug. Comte

Trata-se na verdade de um trabalho sobre a Termologia, que o autor chama de "Thermologia Mathematica". Diz ele que o objetivo analítico da Thermologia Mathematica consiste em obter uma certa função que possa exprimir, em um dado instante, a temperatura de um ponto qualquer de uma massa considerada. Não há resultados novos nesse trabalho, tampouco novas demonstrações de resultados conhecidos. Na página 8, assim se expressa Carneiro:

> Muitas outras considerações se nos offerecem, mas receando o grande desenvolvimento que ellas exigirão, e ao mesmo tempo conscio da nossa insufficiencia, pômos aqui termo a esta parte, declarando desde já que não apresentamos idéas novas, privilegio a poucos concedido; mas sim o que pudémos colligir dos autores que consultámos.

O autor cita obras de Fourier, Laplace, Biot, Poisson, Lamé, Duhamel sobre o assunto em pauta, porém utiliza parte do trabalho de Duhamel *Propagação do Calor nos Corpos Sólidos*, para elaborar o trabalho, conforme expressa na página 7. Na página 9, o Carneiro passa às "Equações Fundamentaes da Propagação do Calor nos Corpos Solidos", apresentando-as (mas as omitiremos). A seguir, na página 13, escreve uma equação diferencial representando a equação geral da propagação do calor em um corpo sólido indefinido. Finalmente, na página 14, ele diz o seguinte:

No caso da conductibilidade constante em todos os sentidos, a equação ultima tomará a fórma mais simples

$$\frac{du}{dt} = \frac{A}{q}\left(\frac{d^2u}{dx^2} + \frac{d^2u}{dy^2} + \frac{d^2u}{dz^2}\right).$$

Na página 20, Carneiro trata da "Propagação do Calor em uma Substancia cuja Conductibilidade varia com a Direção e a Posição". Após suas considerações e após obter as equações diferenciais correspondentes, ele escreve a equação:

$$q\frac{du}{dt} = \frac{d \cdot A\dfrac{du}{dx}}{dx} + \frac{d \cdot A\dfrac{du}{dy}}{dy} + \frac{d \cdot A\dfrac{du}{dz}}{dz}.$$

Esta equação já tinha sido deduzida por Poisson (*Théorie mathématique de la chaleur*, pag. 92).

Carneiro concluiu seu trabalho na página 22, abordando a "Propagação do Calor em um Prisma Rectangular". Após obter as expressões matemáticas correspondentes, ele afirma, na página 28:

"A uma grande distancia da base, e sobre uma parallela qualquer às arestas, as temperaturas estão em progressão geometrica, quando as distancias estiverem em progressão arithmetica ..."

Em seu trabalho, Dias Carneiro utilizou vários conceitos, como função, condutibilidade, temperatura, densidade, calor específico, mas não teve o cuidado de defini-los.

Dom JORGE EUGENIO DE LOSSIO E SEILBTZ

Título da Tese:

Theoria das Tangentes, da Curvatura e do Raio de Curvaturaa e dos Contactos das Curvas Planas.

Não há indicação da tipografia onde o trabalho foi impresso. Rio de Janeiro, 1855, 39 páginas + 2 com figuras. Tese defendida em dezembro de 1855 para obtenção do grau de doutor em Ciências Matemáticas. Escola Militar.

O trabalho se divide em três partes: "Theoria das Tangentes"; "Theoria das Curvaturas, do Raio e Centro de Curvatura"; "Theoria dos Contactos das Curvas Planas". O autor não

Teses sobre matemática apresentadas a partir da Escola Militar **103**

emite, antes de abordar o assunto das tangentes a uma curva, comentários gerais a respeito dos números reais, o que, diga-se de passagem, na época já era tratado com clareza pelos matemáticos europeus. Ressalte-se ainda que ele não faz demonstrações originais dos assuntos focalizados na tese, já largamente conhecidos pela comunidade matemática da época. Também não faz um esboço gráfico no plano cartesiano, para facilitar a compreensão do problema de uma reta tangente a uma curva. Aliás, determinar uma reta tangente a uma curva qualquer não é um problema de solução simples, como o autor nos faz entender. Essa é uma questão muito delicada, pois envolve o fato de sabermos o que é o raio de uma curva em um ponto. O autor não comenta a esse respeito. Talvez, para contornar a delicada situação, ele devesse ter iniciado suas considerações supondo que a curva em pauta fosse o gráfico de uma certa função dada.

Na página 1, Seilbtz assim apresenta a definição de uma reta tangente a uma curva plana:

> A theoria das tangentes funda-se em sua definição: a maneira mais conveniente e geral de a definir, de sorte que a sua definição se preste à deducção rigorosa de sua theoria, consiste em considera-la como o limite para o qual tende uma secante em que um dos pontos da intersecção supposto movel se approxima indefinidamente de um outro ponto supposto fixo até que se confundão exactamente.

A seguir, passa às considerações analíticas, supondo que $f(x, y) = 0$ seja a equação de uma curva plana em coordenadas cartesianas. Na seqüência, deduz a equação da reta secante à curva:

$$\beta - y = \frac{\Delta y}{\Delta x}(\alpha - x), \tag{1}$$

onde $B = (\alpha, \beta)$ é um ponto qualquer da reta secante e Δx, Δy são incrementos dados ao ponto $P = (x, y)$. Ato contínuo ele deduz a equação da reta tangente à curva dada, acrescentando, porém, que a partir da equação (1) podemos obter facilmente a equação da reta tangente à curva no ponto $P = (x, y)$. E informa que a equação da reta tangente "pode ser considerada como o limite da secante" para, em seguida, apresentar a equação da reta tangente à curva $f(x, y) = 0$ como sendo:

$$\beta - y = \frac{dy}{dx}(\alpha - x),$$

Continuando, Seilbtz apresenta a equação da reta normal à curva $f(x, y) = 0$,

$$\beta - y = -\frac{dx}{dy}(\alpha - x),$$

definindo-a como: "a recta que passa pelo ponto $P = (x, y)$ e é perpendicular à tangente". Contudo ele não dá nenhuma indicação do que atualmente chamamos de "coeficiente angular de uma reta". Apenas acrescenta, na página 3:

À vista do methodo que acabamos de expor empregado para determinar a tangente de uma curva dada por sua equação, se reconhece que o calculo differencial resolvendo em sua maxima generalidade o problema das tangentes o reduzio ao simples conhecimento do valor do coefficiente differencial $\frac{dx}{dy}$ dado pela equação da curva.

Em seguida, Seilbtz escreve que, se desejarmos obter a equação da reta tangente à curva $f(x, y) = 0$, bastará diferenciar essa equação, o que nos fornecerá:

$$\frac{df}{dx}dx + \frac{df}{dy}dy = 0 \quad \text{ou} \quad \frac{dy}{dx} = -\frac{df}{dx}\frac{dy}{df}. \tag{2}$$

Substituindo (2) em (1), obteremos a equação:

$$\frac{df}{dx}(\alpha - x) + \frac{df}{dy}(\beta - y) = 0.$$

Seilbtz acrescenta ainda o seguinte:

"Para se obter a equação da tangente differencie-se a equação da curva, e substitua-se em lugar das differenciaes dx e dy, as differenciaes $\alpha - x$ e $\beta - y$".

A seguir, o autor passa a considerar o caso geral, em que desejamos obter a equação da reta tangente a uma curva, dada por $f(x, y) = c$, no qual, segundo ele, "c é uma variavel e susceptivel de qualquer valor". Após suas considerações, concluiu:

Daqui se poderá concluir que para construir as rectas que, passando pelo ponto (α, β), toquem as curvas dadas pela $f(x, y) = c$, bastará construir a linha lugar da equação

$$\frac{df}{dx}(\alpha - x) + \frac{df}{dy}(\beta - y) = 0.$$

e depois unir ao ponto (α, β) cada um dos pontos em que esta linha encontrar as curvas a que se pretende as tangentes.

Na continuação, são apresentados dois exemplos: a curva de equação $u + v + z = c$, em que u, v, z são funções homogêneas de x, y, de graus, respectivamente, m, m-1, m-2. O outro exemplo é a circunferência de raio $r > 0$, de centro na origem dos eixos cartesianos, dada por $x^2 + y^2 = r^2$. Na página 6, o autor escreveu o seguinte a respeito da primeira parte de seu trabalho:

Na solução geral que acabamos de obter da questão fundamental da determinação da tangente, debaixo do ponto de vista que a temos considerado, suppõe-se sempre conhecido o ponto de contacto da recta com a curva; no entretanto a tangente póde ser determinada por muitas outras condições...

Teses sobre matemática apresentadas a partir da Escola Militar   105

Na segunda parte do trabalho, são abordados os seguintes assuntos: "Teoria das Curvaturas, do Raio e do Centro de Curvatura de uma Curva Plana". Na página 7, o autor define curvatura de um círculo:

> Quando dous circulos passarem por um mesmo ponto e tiverem nesse ponto uma tangente comum, diz-se que tem maior curvatura aquele cujo arco proximo do ponto de contacto mais se afasta da tangente: definida desta sorte a curvatura do circulo, passaremos à inda geração de sua expressão analytica.

Atualmente se define a curvatura de um círculo por: "A curvatura de um círculo em um ponto qualquer é o recíproco do raio e, portanto, é a mesma em todos os pontos". A seguir, o autor passa à demonstração do que seria um teorema, obtendo:

$$\frac{\Delta s}{\Delta t} = \pm \frac{1}{r},$$

em que r é o raio do círculo, s o comprimento de um arco de círculo, t a inclinação da reta tangente em um determinado ponto. Na continuação, após algumas considerações, ele obtém a expressão:

$$\frac{dt}{ds} = \pm \frac{1}{\rho},$$

que é a curvatura do círculo de raio ρ, $\frac{dt}{ds}$ a curvatura da curva em um ponto M. O autor acrescenta que: "Nesse ponto M a curva tem uma curvatura que é igual à do círculo".

Na continuação, ele apresenta as definições de raio de curvatura, centro de curvatura e círculo osculador. Na página 11, são deduzidas as expressões para a curvatura da curva e para o raio de seu círculo osculador. Porém o autor não nos informa se a equação da curva considerada foi tomada em coordenadas retangulares, na forma paramétrica ou em coordenadas polares. A fórmula apresentada pelo autor para a curvatura de uma curva diz respeito à equação de uma curva dada por suas equações paramétricas.

Na página 14, Seilbtz volta a exprimir, de outra forma, o raio de curvatura, dessa vez, através da expressão:

$$\rho = \lim \frac{i^2}{2\delta},$$

em que i é um comprimento tomado de medida *infinitamente pequena* e   uma certa distância considerada pelo autor.

Continuando, o autor passa a fazer considerações com o objetivo de determinar as coordenadas (α, β) do centro de curvatura C — que ele não o define —, e obtém as seguintes expressões para as coordenadas:

$$\alpha - x = -\frac{y'(1 + y'^2)}{y''} \quad \text{e} \quad \beta - y = \frac{1 + y'^2}{y''}.$$

Na página 27, o autor fala sobre a evoluta e a involuta de uma curva. Nesse caso, ele define ambas, porém não faz a construção mecânica dessas curvas planas, tampouco cita algumas de suas propriedades. A segunda parte do trabalho é finalizada com o seguinte exemplo:

Obter a equação da evoluta da ciclóide dada pelas equações:

$$x = r(\omega - \text{sen } \omega); \, y = r(1 - \cos).$$

Essas equações, após derivações e algumas transformações, fornecem:

$$\alpha = r(\omega + \text{sen } \omega)$$
$$\beta = -r(1 - \cos \omega); \text{ que é outra ciclóide.}$$

Tal como na primeira parte da tese, também na segunda o autor não apresenta demonstrações novas nem assuntos originais, pois os temas tratados na segunda parte eram, na época, de amplo conhecimento da comunidade matemática internacional. Aliás, os assuntos abordados já estavam definidos na década de 1850.

A terceira parte do trabalho diz respeito à "Teoria dos Contatos das Curvas Planas". O autor inicia definindo o contato de duas curvas planas. Ato contínuo, considera duas curvas planas de equações, $y = f(x)$ e $y = F(x)$, em coordenadas cartesianas e, após algumas considerações, passa a definir a ordem de contato dessas curvas. Continuando, o autor faz referência ao círculo osculador a uma curva em um ponto, porém não definiu círculo osculador.

Por fim, poderíamos sintetizar essa terceira parte da tese informando que nela, Seilbtz procura obter condições necessárias para determinar a ordem de contato de duas ou mais curvas planas, assunto bem conhecido na época. Entendemos que o autor da tese não estava a par dos progressos matemáticos sobre os assuntos aqui tratados e difundidos nos centros universitários europeus. Aliás, na página 39, finalizando o trabalho, ele escreve:

Igual benevolencia esperamos da parte de nossos leitores, certos de que apresentando este limitado trabalho tivemos unicamente em vista satisfazer o preceito da lei, para podermos obter o gráo a que aspiramos.

FRANCISCO DA COSTA ARAUJO E SILVA

Título da Tese:

Dissertação Sobre o Parallelismo da Linhas e Superfícies Curvas.

Typographia Nacional, Rio de Janeiro, 1855, 16 páginas. Tese defendida em dezembro de1855 para obtenção do grau de doutor em Ciências Matemáticas. Escola Militar.

Trabalho expositivo, sem demonstrações originais, no qual o autor expõe noções sobre paralelismo das curvas em um plano e o paralelismo de superfícies curvas. Inicialmente, ele apresenta a seguinte definição:

Se, por todos os pontos d'uma linha recta ou d'um plano, e d'um mesmo lado, se elevarem perpendiculares do mesmo comprimento, o lugar das extremidades superiores destas perpendiculares será, como se sabe, uma outra linha recta ou um outro plano, paralela à recta

Teses sobre matemática apresentadas a partir da Escola Militar   107

> ou ao plano dado. Se igualmente, por todos os pontos d'uma curva ou d'uma superficie curva, se lhe elevarem, d'um mesmo lado, normaes do mesmo cumprimento, o lugar geometrico das extremidades superiores destas normaes será uma outra curva plana ou uma outra superfície curva que, por analogia, poderemos considerar como parallela à curva ou à superficie dada ...

A seguir Araujo tece considerações a respeito de uma curva paralela a uma curva dada e que dista da curva por uma quantidade dada. A seguir, ele considera uma curva no plano, de coordenadas x, y, e considera também o fato de que a curva que se deseja tem para coordenadas t e u. Considera ainda k como o comprimento da parte das normais construídas entre as curvas em questão.

Em seguida, o autor considera um ponto (x', y') da curva dada e o ponto (t', u') correspondente, da curva procurada. Seu objetivo é obter as equações solução do problema em pauta. Continuando, ele escreve o seguinte:

> A equação da normal à primeira curva no ponto particular que se considera será:
>
> $$(x - x') + (y - y')\frac{dy'}{dx'} = 0;$$
>
> ora como o ponto (t', u') está sobre esta normal, e a uma distancia k de seu ponto de partida, deve-se ter ao mesmo tempo
>
> $$(t' - x') + (u' - y')\frac{dy'}{dx'} = 0$$
>
> e
>
> $$(t' - x')^2 + (u' - y')^2 = k^2$$
>
> ou, supprimindo os accentos:
>
> $$(t - x) + (u - y)\frac{dy}{dx} = 0 \qquad (1)$$
>
> e
>
> $$(t - x)^2 + (u - y)^2 = k^2 \qquad (2)$$
>
> equações que resolvem o problema.

Em seguida, o autor apresenta o seguinte exemplo: suponha que a reta dada, à qual se deseja obter uma paralela a uma distância k, tenha por equação

$$\frac{x}{a} + \frac{y}{b} = 1.$$

Derivando em relação a x, obtém-se

$$\frac{dy}{dx} = -\frac{b}{a},$$

que, substituindo-se na equação (1), fica:

$$a(t - x) - b(u - y) = 0. \tag{3}$$

A equação da reta dada pode ser escrita na forma

$$b(t - x) + a(u - y) = bt + au - ab. \tag{4}$$

das equações (3) e (4), obtém-se:

$$t - x = \frac{b(bt + au - ab)}{a^2 + b^2} \quad \text{e} \quad u - y = \frac{a(bt + au - ab)}{a^2 + b^2},$$

valores de $t - x$ e $u - y$ que, substituídos na equação (2), fornecem a equação $bt + au = ab \pm k\sqrt{a^2 + b^2}$, que é a equação da reta desejada. A seguir, Araujo apresenta outro exemplo: uma circunferência de raio r, com centro na origem dos eixos cartesianos de equação $x^2 + y^2 = r^2$. E escreve:

Teremos para a curva procurada $t^2 + u^2 = (r \pm k)^2$, equação d'um outro circulo, concentrico com o primeiro, e tendo um raio igual ao delle, augmentado ou diminuido do comprimento dado k.

Prosseguindo em suas considerações, faz a seguinte observação:

Vê-se que o paralelismo das rectas e o dos circulos são reciprocos, isto é que, se uma destas duas linhas for parallela a outra linha da mesma denominação, esta será igualmente parallela à primeira; mas nada prova, a priori, que deva acontecer o mesmo para todas as curvas, ao menos em geral...

Na página 7, ele continua:

Eis aqui como se pode facilmente chegar a remover esta difficuldade (...) Defferenciando debaixo deste ponto de vista a equação (1), acha-se

$$(t - x)\left(\frac{dt}{dx} - 1\right) + (u - y)\left(\frac{du}{dx} - \frac{dy}{dx}\right) = 0.$$

Eliminando $t - x$ entre esta e a equação (1), $u - y$ desaparecerá por si mesmo e virá, reduzindo

$$\frac{du}{dx} = \frac{dy}{dx}\frac{dt}{dx},$$

donde

$$\frac{du}{dt} = \frac{dy}{dx};$$

assim pois o parallelismo é geralmente reciproco para todas as curvas.

Teses sobre matemática apresentadas a partir da Escola Militar 109

Observamos, entre outras coisas, que o autor não define reta normal a uma superfície em um ponto. Atualmente define-se a reta normal a uma superfície em um ponto P como a reta perpendicular ao plano tangente nesse ponto P. Ato contínuo, o autor passa a deduzir as expressões que nos fornecem os raios de curvatura dos pontos correspondentes nas duas curvas. Assim , após deduções, ele obtém:

$$r = \frac{\left(1 + \left(\frac{dy}{dx}\right)^2\right)^{\frac{3}{2}}}{\frac{d^2 y}{dx^2}} \quad e \quad \rho = \frac{\left(1 + \left(\frac{du}{dt}\right)^2\right)^{\frac{3}{2}}}{\frac{d^2 u}{dt^2}},$$

em que r é o raio de curvatura para a curva de coordenadas x, y e   o raio de curvatura para a curva de coordenadas t, u. Por fim, o autor obtém $\rho = \gamma \pm k$. E escreve:

> " Donde é facil concluir que os pontos correspondentes de duas curvas parallelas tem o mesmo centro de curvatura".

Na seqüência do trabalho, Araujo estuda os comprimentos dos arcos correspondentes das duas curvas: a curva considerada e a curva paralela a ela. Em seguida, ele aborda o assunto referente à medida da superfície compreendida entre os arcos correspondentes de duas curvas paralelas e as normais às suas extremidades. Na página 13, ele escreve o seguinte:

> A area do trapezio mixtilineo comprehendido entre os arcos correspondentes de duas curvas paralelas e as normaes a suas extremidades é igual à area de um retangulo que, tendo por base o arco exterior, tivesse por altura a distancia constante entre as duas curvas, menos a area de um sector circular que, tendo seu centro no ponto de concurso das normaes extremas e sendo comprehendido entre estas normaes, tivesse seu raio igual a esta mesma distancia constante.

Na última parte do trabalho, o autor estuda o paralelismo das superfícies. Ele considera, inicialmente, uma superfície dada, de coordenadas x, y, z. A superfície que se deseja obter paralela à superfície dada terá, para coordenadas, t, u, v, sendo k o comprimento comum das normais às duas superfícies. Após algumas considerações, ele obtém:

$$(t - x) + (v - z)\frac{dz}{dx} = 0, \quad (u - y) + (v - z)\frac{dz}{dy} = 0, \quad (t - x)^2 + (u - y)^2 + (v - z)^2 = k^2,$$

que apresenta como soluções do problema em pauta. Passa em seguida a dois exemplos: um plano de equação

$$\frac{x}{a} + \frac{y}{b} + \frac{z}{c} = 1,$$

a uma distância k da superfície procurada. Sem maiores detalhes, escreve que a superfície paralela procurada terá por equação: $bct + cau + abv = abc \pm k\sqrt{b^2 c^2 + c^2 a^2 + a^2 b^2}$. Para segundo exemplo, ele considerou uma superfície dada pela equação: $x^2 + y^2 + z^2 = r^2$, e, a seguir, escreve a equação como sendo da equação da curva procurada, paralela à curva dada: $t^2 + u^2 + v^2 = (r \pm k)^2$. E escreveu o seguinte:

> O parallelismo é pois reciproco, para os planos e as esferas, e somos naturalmente conduzidos a indagar se acontece o mesmo a respeito de todas as superficies.

Araujo finaliza com o seguinte teorema, sem o demonstrar:

> Se as normaes a uma superficie curva, terminadas em uma outra superficie curva, forem do mesmo comprimento, serão igualmente normaes a esta; de sorte que as normaes a esta ultima, terminada na primeira, serão tambem do mesmo comprimento, e as duas superficies serão exacta e reciprocamente parallelas.

JOSÉ ANTONIO DA FONSECA LESSA

Título da Tese:

O Movimento dos Projectis Tanto no Vacuo Como no Ar

Empreza typographica Dois de Dezembro, Rio de Janeiro, 1855, 28 páginas + 2 com figuras. Tese defendida em dezembro de 1855 para obtenção do grau de doutor em Ciências Matemáticas. Escola Militar.

Trabalho expositivo sobre Física, mas especificamente sobre Balística. Nele, o autor limita-se a expor resultados sobre a trajetória de projéteis no ar e no vácuo, obtidos por Tartaglia, Galileu, Newton, Euler, Legendre, Lagrange, Poisson, entre outros. Portanto, o autor nada apresenta de novo sobre o tema.

Na introdução, o autor faz um apanhado histórico a respeito do assunto, focalizando os principais resultados sobre Balística obtidos por diversos autores. O trabalho se divide em duas partes, uma sobre resistência do ar e outra sobre o trajetória de projéteis. Em ambas as partes, ele se limita a transcrever resultados e tabelas obtidos por vários autores. Aliás, o próprio informa:

> Não ha neste trabalho nada de essencial que propriamente nos pertença; com tudo julgamos haver estabelecido e coordenado com alguma clareza e simplicidade as principaes idéas dos melhores autores que consultamos sobre a materia: eis o que pudemos fazer...

Por ser um trabalho muito fraco, uma cópia de resultados existentes sobre o assunto, conjecturamos tratar-se de uma simples formalidade legal para que o autor pudesse receber o grau de doutor em Ciências Matemáticas. Como observador atual, temos a impressão de que a concessão do referido grau não foi levada a sério pelos responsáveis pela Escola Militar.

GABRIEL MILITÃO DE VILLA-NOVA MACHADO

Título da Tese:

Sobre Maximos e Minimos

Typographia Universal de Laermmert, Rio de Janeiro, 1855, 73 páginas + 1 com figuras. Tese defendida em dezembro de 1855 para obtenção do grau de doutor em Ciências Matemáticas. Escola Militar.

Um trabalho expositivo sobre os valores máximos e mínimos de funções reais de uma ou mais variáveis reais que o autor dividiu em duas partes. Na introdução, ele tece considerações filosóficas a respeito dos máximos e mínimos e se fixa nos valores máximos e mínimos para funções:

> Um maximo ou um minimo é sem duvida o maior ou o menor de muitos seres semelhantes ou de mesma especie; de muitos effeitos de uma mesma ou de causas concurrentes; de muitas sensações, de muitos sucessos, de muitos acontecimentos, e, mathematicamente fallando, de muitos valores que uma quantidade pode ter...

Ainda na introdução, o autor faz um breve histórico a respeito da solução do problema de valores máximos e mínimos. Cita Pierre de Fermat, suas idéias para determinar a trajetória da luz ao passar de um meio para outro. Cita também Newton, sua lei do quadrado da velocidade, mediante a qual foi resolvido o problema de determinar o sólido de revolução que experimentasse a menor resistência em um fluido resistente. Cita também resultados sobre o assunto obtidos por Euler e Lagrange, entre outros.

Na primeira parte do trabalho, Machado aborda o problema de máximo e mínimo de funções reais a uma ou mais variáveis reais. Na segunda parte, trata do problema geral de máximos e mínimos das integrais definidas. Devemos, contudo, ressaltar que o trabalho não apresenta resultados novos nem novas demonstrações de resultados já conhecidos. Informamos que, na época, essa parte da Matemática — obtenção de máximos e mínimos absolutos e relativos — já estava teoricamente bem definida.

JOSÉ FRANCISCO DE CASTRO LEAL

Título da Tese:

Theoria Geometrica das Sombras

Typographia Universal Laemmert, Rio de Janeiro, 1855, vii+51 páginas + 3 com figuras. Tese defendida em dezembro de 1855 para obtenção do grau de doutor em Ciências Matemáticas. Escola Militar.

Trabalho expositivo em que o autor aborda assuntos conhecidos e sobre Desenho Geométrico e Geometria Descritiva, mas sem contribuição original sobre os temas tratados. Ele divide o trabalho em duas partes: teoria geométrica das sombras e determinação das sombras.

Na parte referente à teoria geométrica das sombras, Castro Leal descreveu as sombras, os pontos brilhantes e as linhas de igual gradação real e aparente. Na segunda parte, discute

112   *A Matemática no Brasil*

o método gráfico geral de solução do problema. Ainda na segunda parte, ele aborda os seguintes problemas gerais:

1.ª) dados o corpo luminoso e o corpo opaco, determinar a sombra destes e sua contra-sombra sobre qualquer superfície dada;

2.ª) conhecida a parte iluminada da superfície do corpo opaco, determinar os pontos brilhantes e as curvas de igual gradação real e aparente para uma posição dada do olho do observador, suposto reduzido a um ponto único.

O autor concluiu o trabalho expondo os métodos gerais para a construção dos pontos brilhantes, das linhas de igual gradação real e aparente. Ele cita autores como Monge, Hachette, Le Roy, Vallé, entre outros, que deram importantes contribuições sobre o assunto em pauta.

THEODORO ANTONIO DE OLIVEIRA

Título da Tese:

Considerações Sobre o Movimento das Machinas Locomotivas nos Caminhos de Ferro

Typographia Universal de Laemmert, Rio de Janeiro, 1855, 38 páginas. Tese defendida em dezembro de 1855 para obtenção do grau de doutor em Ciências Matemáticas. Escola Militar.

Trabalho expositivo, de pobre conteúdo, sobre Engenharia Ferroviária. Não é um trabalho sobre Matemática. Como um observador atual, somos de opinião que não se deveria ter permitido ao candidato apresentar um trabalho sobre Engenharia Ferroviária para obtenção do grau de doutor em Ciências Matemáticas. É verdade que o tema reflete a preocupação e o interesse de parte do segmento culto da sociedade brasileira pelos transportes no país. Em sua apresentação, escreve o autor:

> Tivemos de escrever uma these ou dissertação para que nos possa ser conferido o gráo de doutor em sciencias mathematicas (…) Por entre os muitos assumptos, que se nos offerecião a escolha, um se apresentava, que de primeira vista nos fixou a attenção. Tomamo-lo, como teriamos feito a qualquer outro, sem razão para a preferencia, a não ser aquella que deriva das suas relações com as necessidades mais urgentes dos povos: - vias de communicação. Não pudemos dar ao assumpto todo o desenvolvimento que exigia: - tempo nos faltava para isso, e ainda a somma de conhecimentos preciso para o fazer completamente.

Inicialmente, Oliveira faz um breve histórico dos transportes terrestres, marítimos e fluviais. Fixando-se nas estradas de ferro, divide a história das máquinas locomotivas em quatro períodos: 1802 a 1813; de 1813 a 1825; de 1825 a 1829; de 1829 a 1855. Mas não explica os critérios adotados para essa divisão. Em seguida, tece considerações sobre as máquinas locomotivas, fazendo, na continuação, breves comentários sobre suas partes construtivas. Após listar as forças de resistência ao movimento das máquinas locomotivas, passa a fazer considerações a respeito dos atritos, da resistência do ar, influência dos declives, influência das curvas de junção sobre o desempenho das máquinas locomotivas.

Na página 34, o autor apresenta a seguinte definição para o efeito útil de uma máquina locomotiva:

Chama-se quantidade de acção de uma força a integral do produto do esforço exercido por essa força multiplica do pelo esforço percorrido pelo seu ponto de applicação no sentido da mesma força:

$$\int F df + C.$$

Em seguida, distingue duas classes de força em uma máquina qualquer: forças motrizes e forças resistentes. E deduz uma expressão para o efeito útil em uma ferrovia reta e horizontal. Termina assim seu trabalho:

A brevidade com que somos chamados a apresentar este trabalho nos obriga a termina-lo aqui. Aos nossos illustres mestres pedimos desculpas para os erros e ommissões que nelle encontrarem.

Observamos que Antonio de Oliveira não estava a par dos estudos e resultados sobre máquinas a vapor obtidos desde 1765 por James Watt[94].

BENTO JOSÉ RIBEIRO SOBRAGY

Título da Tese:

Dissertação Sobre a Theoria dos Momentos de Inercia

Typographia Imparcial, Rio de Janeiro, 1857, ii+32 páginas. Tese defendida em setembro de 1857 para obtenção do grau de doutor em Ciências Matemáticas. Escola Militar.

Um modesto trabalho expositivo sobre a Dinâmica, isto é, sobre os momentos de inércia de corpos. Na introdução, o autor faz um breve histórico sobre a Dinâmica, focalizando autores como Aristóteles, Arquimedes, Newton, Kepler, Galileu, Torriceli e Euler. E apresentou na página 1, a seguinte definição:

Chama-se momento de inercia do corpo, relativamente ao eixo que se considera, a quantidade

$$\sum mr^2.$$

Na página 4, o Sobragy aborda o cálculo do momento de inércia de um corpo em relação a uma reta dada. E deduz a fórmula, já conhecida, que permite calcular o momento de inércia de um corpo de massa m:

$$\int \int \int \rho(x^2 + y^2) dx\, dy\, dz$$

Para obter esse resultado, o autor considera o corpo dividido em paralelepípedos "infinitamente pequenos", tendo como sistema de eixos os eixos coordenados ortogonais. Nos dias

---

[94] Ao leitor interessado sugerimos a leitura de Wanderley, Augusto, J. M. In: Uma questão de Matemática no período da revolução industrial. *Revista Uniandrade*, v. 2, n. 3, p. 19-30, 2001.

atuais, para deduzir a fórmula que nos permite calcular o momento de inércia de um corpo D, em rotação em torno de um eixo L e com velocidade angular ω, procedemos do seguinte modo: cada elemento de massa $dm = \rho dV$, a uma distância r do eixo, terá velocidade escalar ωr. Logo, sua energia cinética será

$$\frac{(\omega r)^2 \, dm}{2} = \frac{\omega^2 r^2 \rho dV}{2}.$$

A energia cinética total devida à rotação será:

$$E_{cr} = \iiint_D \frac{\omega^2 r^2 \rho dV}{2} = \frac{\omega^2}{2} \iiint_D r^2 \rho dV.$$

A última integral é considerada, por definição, o momento de inércia I do corpo em relação ao eixo L, isto é,

$$I = \iiint_D r^2 \rho dV.$$

Na página 18, o autor faz "algumas reflexões sobre conseqüências precedentes". A partir daí, ele escreve algumas propriedades, acrescentando o seguinte:

> Os primeiros autores que tiverão occasião de se occupar com esta materia não considerarão o ellipsoide de inercia, do qual saltão como consequencias as importantes propriedades, que acabamos de enunciar, de que gozão os eixos principais. Ellas se deduzem muito facilmente da equação $L = A\cos^2\alpha + B\cos^2\beta + C\cos^2\gamma$ que elles todos conheciam, e que uma pequena transformação reduz, como sabe, a $1 = Ax^2 + By^2 + Cz^2$, equação do ellipsoide que consideramos.

Ao fazer a análise de algumas propriedades a respeito do elipsóide de inércia, ele escreve (página 20):

> Esta ultima equação, isto é,
>
> $$\cos\gamma = \pm\cos\alpha\sqrt{\frac{B-A}{C-B}} \quad \text{ou} \quad z = \pm x\sqrt{\frac{B-A}{C-B}},$$
>
> como se vê, representa os dous planos que já conheciamos, e que determinão no ellipsoide as duas secções circulares de raio b. Ha pois como tinhamos annunciado uma infinidade de rectas em torno das quaes o momento de inercia sempre o mesmo é igual a B. Nesta serie infinita de rectas ha uma distincta de todas por sua posição especial, é a que resulta da intersecção dos dous planos, intersecção que se faz segundo o eixo dos y, terceiro eixo principal. Este eixo unico, pois, somente quanto à sua posição, não communica ao momento de inercia que lhe é relativo a propriedade de maximo ou minimo que verificou para os dous outros eixos principais. Tal é a analyse que conduz à estas propriedades que decorrem naturalmente do ellipsoide de inercia.

Na página 25, ele aborda a determinação das seguintes integrais: $\int xydm$, $\int xzdm$ e $\int yzdm$, que, diga-se de passagem, já eram conhecidas na época pelos estudiosos do assunto. Na página 28, Sobragy estuda o caso da superfície formada por um feixe de retas passando pela origem dos eixos coordenados, relativamente às quais o momento de inércia do corpo tem sempre o mesmo valor L. A partir daí, deduz a seguinte equação de uma superfície, lugar geométrico de todas as retas em torno das quais o momento de inércia L é sempre o mesmo:

$$(L-A)x^2 + (L-B)y^2 + (L-C)z^2 + 2Dyx + 2Exz + 2Fyz = 0.$$

Por essa equação, vemos que a superfície em questão é uma cônica de segunda ordem, cujo vértice ou centro coincide com a origem dos eixos coordenados.

O autor finaliza o trabalho tecendo considerações a respeito da disposição da superfície cônica dos momentos de inércia, relativamente aos eixos coordenados, quando se supõe o momento de inércia L constantemente menor ou maior que o momento médio B. Aí ele também faz considerações a respeito da natureza da diretriz de uma superfície cônica. Em nenhum momento do trabalho o autor não faz, referências profundas a respeito da Dinâmica.

MANOEL IGNACIO DE ANDRADE SOUTO-MAIOR PINTO COELHO

Título da Tese:

Attração dos Spheroides e em Particular da Attração dos Ellipsooides

Typographia Universal de Laemmert, Rio de Janeiro, 1858, 42 páginas. Tese defendida em 4 de abril de 1858 para obtenção do grau de doutor em Ciências Matemáticas. Escola Central.

Neste trabalho expositivo, o autor apresenta um firme conhecimento dos assuntos abordados, fazendo até referências a séries convergentes, apesar de não, explicar o que ele entende por série convergente. Deduz fórmulas gerais para determinar as atrações dos esferóides, bem como para as atrações dos elipsóides. Devemos ressaltar que as fórmulas deduzidas, bem como os teoremas demonstrados no trabalho, já eram, bastante conhecidos dos estudiosos do assunto na época.

Trata-se, na verdade, de um trabalho sobre Física Matemática, no qual a maior preocupação é o estudo da atração de corpos com uma certa massa m, com forma de elipsóide, esferóide e esfera. A ferramenta matemática utilizada pelo autor — derivadas e integrais — é impecável. P. Coelho demonstra um bom domínio de funções elípticas, série convergente, integração tripla, etc. Visto superficialmente, o trabalho nos dá a impressão de estar restrito ao Cálculo Diferencial e Integral de funções reais de várias reais. Mas é apenas uma primeira impressão, pois trata-se de um trabalho bem mais profundo.

Enfim, esse foi um dos poucos trabalhos expositivos, porém sério, apresentados para obtenção do grau de doutor em Ciências Matemáticas no século XIX. Portanto podemos conjecturar que, na época, seria possível desenvolver bons trabalhos matemáticos em nosso país e que, se tivesse havido incentivo e estímulo à pesquisa científica, poderia ter se desenvolvido um ambiente de pesquisa matemática continuada em nossa pátria.

MANOEL MONTEIRO DE BARROS JUNIOR

Título da Tese:

Determinação das Orbitas dos Cometas

Typographia Universal de Laemmert, Rio de Janeiro, 1858, 50 páginas. Tese defendida em 26 de fevereiro de 1859 para obtenção do grau de doutor em Ciências Matemáticas. Escola Central.

Trabalho expositivo sobre Astronomia, de fraco conteúdo, sem enfoques originais, no qual o autor repete os métodos obtidos por Lagrange e por Cauchy para a determinação das órbitas dos cometas. Na introdução, Barros Junior faz um resumo histórico a respeito dos cometas, destacando sua composição e órbita, a partir de estudos feitos pelos antigos caldeus e também por Sêneca, Pitágoras, Aristóteles, Copérnico, Hiparco, Ptolomeu, Ticho Brahe, Kepler, Newton, Lagrange, Laplace, Halley e Cauchy, entre outros.

O autor aborda o problema da determinação das órbitas dos cometas usando o método desenvolvido por Lagrange, bem como o método desenvolvido por Cauchy. Na página 42, ele escreve o seguinte:

> O methodo de Cauchy presta-se com espantosa facilidade aos calculos numericos, quando as observações são feitas em épocas equidistantes (...) Não sabemos se este methodo foi alguma vez apllicado.

AMERICO MONTEIRO DE BARROS

Título da Tese:

A Descoberta de Newton e Sobre o Problema de Kepler

Typographia Nacional, Rio de Janeiro, 1858, i+35 páginas + 1 com figuras. Tese defendida em 24 de abril de 1860 para obtenção do grau de doutor em Ciências Matemáticas. Escola Central.

Trabalho expositivo sobre Astronomia em que o autor apenas transcreve resultados já obtidos por cientistas europeus. Portanto não há novidades, nem demonstrações originais dos assuntos abordados. Devemos registrar que a defesa foi assistida pelo imperador dom Pedro II, que, aliás, tinha particular interesse pelos temas discutidos na tese. Na verdade, o trabalho, bem como sua aceitação como tese para obtenção do grau de doutor em Ciências Matemáticas, reflete o tipo de sistema educacional vigente no país de então.

BRASILIO DA SILVA BARAÚNA

Título da Tese:

Estudo Cinethmico da Rotação dos Corpos

Typographia Imparcial de J. M. Nunes Garcia, Rio de Janeiro, 1859, ii+16 páginas + 1 com figuras. Tese defendida em 24 de abril de 1860 para obtenção do grau de doutor em Ciências Matemáticas. Escola Central.

Esse é um trabalho expositivo sobre Mecânica, porém o autor não apresenta novidades sobre a matéria da época, tampouco demonstrações originais dos assuntos abordados. No prefácio ele escreve o seguinte:

> Não me encarreguei de fazer a exibição de uma theoria puramente nova pois que a deficiencia dos conhecimentos e a carencia de talento se anteporião, e aniquilarião seo merecimento scientifico; foi portanto subordinado inteiramente a essa convicção, e mais que tudo, cedendo ao grande desejo de obter a maior honra scientifica, que não poupei o menor esforço em ordenar, como me foi possivel, as ideias bebidas nos tratados dos homens eminentes, juntando uma ou outra suggerida no decurso do trabalho. Não tenho a louca pretensão de crear theorias...

Baraúna também cita, no prefácio, trabalhos de Euler, d'Alembert e Lagrange, nos quais se inspirou para escrever a tese. Observamos na tese, muito claramente uma característica social importante para a elite intelectual brasileira da época, que era o desejo de obtenção do grau de doutor, título acadêmico de alta importância no seio do segmento culto da sociedade de então.

AGOSTINHO VICTOR DE BORJA CASTRO

Título da Tese:

O Principio das Velocidades Vistuaes no Equilibrio dos Systemas

Typographia Universal de Laemmert, Rio de Janeiro, 1858, 39 páginas. Tese defendida em 6 de setembro de 1861 para obtenção do grau de doutor em Ciências Matemáticas. Escola Central.

Trabalho expositivo sobre Física Matemática, dividido em dois capítulos. Na introdução da tese, o autor faz um resumo histórico-filosófico sobre o estado das ciências. Assim, ele cita autores como Bacon, Carnot, Galileu, Bernoulli, Lagrange, Euler, Olinda Rodrigues, entre outros.

Na página 4, Borja Castro fez a seguinte referência a respeito de algumas fórmulas para a determinação da posição do eixo em torno do qual gira um determinado corpo em um tempo finito:

> Euler, na memoria já citada, demonstra analyticamente que em todo movimento infinnitamente pequeno de um corpo solido, quando suppõe fixo o seu centro de gravidade, sempre haverão além deste ponto, outros destituidos de todo o movimento, situados sobre uma recta que passa pelo centro fixo, e em torno da qual effectivamente se dá um movimento de rotação. Annos depois, reconsiderando a mesma questão, apresenta uma demonstração geometrica, que pode ser estendida aos movimentos discontinuos, cujos eixos de rotação mudão por angulos finitos no fim de tempos tambem finitos; nesta occasião declara que a demonstração analytica levaria a calculos mui extensos. Em 1840, no Jornal de Mathematicas de Liouville[95], apresenta Olinda Rodrigues formulas proprias para a determinação da posição do eixo em torno da qual effectivamente gyra o corpo no fim de tempos finitos; porem ainda é levado a calculos alguma cousa estensos. Deduzimos estas formulas por processo que nos parece elegante. Não sei que pessoa alguma tenha dellas tratado depois de Olinda Rodrigues.

---

[95] Título correto da revista: *Journal de Mathématiques Pures et Appliquées,* também conhecido por *Jornal de Liouville*, por ter sido seu fundador e durante muitos anos seu editor o matemático francês Joseph Liouville (1809-1899).

No Capítulo I, ao abordar o princípio das velocidades virtuais, na página 12, ele assim as define:

> Devendo-se entender por velocidades virtuaes as que cada ponto deveria tomar immediatamente no primeiro instante depois daquelle em que se suppõe o equilibrio desarranjado por um motivo qualquer.

Ainda no Capítulo I, o autor deduz algumas fórmulas relativas ao assunto, porém todas já conhecidas da comunidade científica. Mas ele informa que faria demonstrações originais de alguns temas abordados no capítulo.

No Capítulo II, Borja Castro trata dos seguintes assuntos: equilíbrio geral de um sistema de pontos materiais; equilíbrio de um sistema tendente ao movimento de translação; equilíbrio de um sistema tendente ao movimento de rotação. Ato contínuo, ele deduz algumas fórmulas relativas aos temas tratados, porém não anuncia demonstrações originais sobre os temas já conhecidos.

Devemos registrar que o autor cita em seu trabalho um dos mais prestigiados periódicos da época o *Journal de Mathématiques Pures et Appliquées*, conhecido por *Jornal de Liouville*. Esse fato nos sinaliza que, mesmo no pobre ambiente científico brasileiro da época, havia pessoas interessadas no estudo dessa ciência. O trabalho em si reflete a ausência de um meio acadêmico que abrigasse uma atividade científica séria e continuada.

MIGUEL VIEIRA FERREIRA

Não nos foi possível obter o título da tese. Sabemos apenas que o trabalho foi impresso na Typographia Popular de Azeredo Leite, na cidade do Rio de Janeiro, em 1862, com v+14 páginas. A tese foi defendida em 17 de outubro de 1863 para obtenção do grau de doutor em Ciências Físicas e Matemáticas. Escola Central.

Um trabalho expositivo, de fraca qualidade, dividido em duas partes: a primeira, que o autor denomina "These Mathematica", e a segunda, de apenas uma página, que ele denomina "These de Sciencias Physicas".

A primeira parte aborda, em verdade, assuntos sobre Física Matemática. Nela, o autor trata dos seguintes assuntos: o movimento dos planetas Júpiter e Saturno, bem como de qualquer outro sistema dual de planetas; a determinação da curva, lugar geométrico dos pontos igualmente atraídos dos dois planetas; a discussão dessa curva e, finalmente, a determinação das circunstâncias do movimento de um ponto material sujeito a descrever a curva em pauta.

No desenvolvimento da primeira parte do trabalho, Ferreira determina o lugar geométrico de todos os pontos igualmente atraídos, com intensidade máxima, por dois corpos que se movem em torno de um centro fixo, obedecendo às leis de Kepler. Ato contínuo, ele discute a natureza da curva formada pela união de todos os pontos considerados. A seguir, supondo que um determinado ponto percorra esse lugar geométrico, estando sujeito à ação das forças de atração dos dois corpos, ele discute as circunstâncias do movimento desse ponto. Todas as hipóteses são feitas para o caso particular de órbitas circulares descritas pelos corpos e pertencentes ao mesmo plano. O autor considera os corpos, em alguns casos, com massas iguais, e, em outros, com massas desiguais.

Ferreira informa que, por questão de comodidade, considera, na questão de movimentos, o caso de dois corpos quaisquer, e não o caso de dois planetas pertencentes ao Sistema Solar. Acrescenta que, assim fazendo, evita o caso das perturbações planetárias, que, segundo ele, é uma questão complexa. Aliás, Joaquim Gomes de Sousa abordou, em sua tese o caso das perturbações planetárias.

A segunda parte do trabalho, (apenas uma página) examina as vantagens ou inconvenientes do sistema de equivalentes químicos de Gerhardt sobre o sistema ordinário seguido. Ato contínuo, o autor cita dez proposições referentes ao assunto. A título de exemplo, transcrevemos a primeira delas. "Não se pode provar que as formulas chimicas demonstrem a constituição dos corpos".

Finalizando o trabalho, o autor reclama do prazo de cinco meses que teve para escrever a tese e defendê-la. Mais uma vez, detectamos, por meio deste trabalho, a falta de seriedade com que foi considerada, pelas autoridades competentes, a concessão do grau de doutor em Ciências Matemáticas ou em Ciências Físicas e Matemáticas no Brasil de então.

ARISTIDES GALVÃO DE QUEIROZ

Não foi possível obter o título da tese. Typographia Universal de Laemmert, Rio de Janeiro, 1868, 69 páginas. Tese defendida em 21 de maio de 1870 para obtenção do grau de doutor em Ciências Físicas e Matemáticas. Escola Central.

Trabalho expositivo, de inspiração positivista comtiana, relativo à propagação do som. A tese está dividida em duas partes. Na primeira parte, o autor trata dos princípios gerais da Mecânica tendo como objetivo central uma demonstração sintética dos três seguintes princípios: Princípio da Inércia, estabelecido por Kepler; Princípio da Independência dos Movimentos, estabelecido por Galileu Galilei; e o Princípio da Igualdade da Ação à Reação, estabelecido por Newton. Na primeira parte, Queiroz estuda os seguintes assuntos: equações gerais do movimento; princípio da conservação da quantidade total de movimento; princípio geral da conservação do movimento do centro de gravidade; princípio geral da conservação das áreas; princípio geral da periodicidade e da conservação das forças vivas; princípio geral da menor ação; princípio geral da superposição dos pequenos movimentos. Em seguida, ele deduz fórmulas sobre os citados assuntos, todas elas; porém, já obtidas por matemáticos como Laplace, Lagrange, d'Alembert, entre outros.

Na segunda parte do trabalho, o autor demonstra a lei de propagação do som na atmosfera terrestre, supondo a gravidade constante e a temperatura decrescente na razão inversa das alturas. Nessa parte, ele cita resultados obtidos por Newton, Lagrange, Poisson, dentre outros. Enfim, o autor não apresenta resultados novos nem enfoques originais dos assuntos tratados.

ANTONIO DE PAULA FREITAS

Não nos foi possível obter o título da tese. Também não há indicação da tipografia que a imprimiu. Rio de Janeiro, 1869, 137 páginas. Tese defendida em 21 de maio de 1870 para obtenção do grau de doutor em Ciências Físicas e Matemáticas. Escola Central.

Trabalho expositivo sobre Física, dividido em duas partes. Na primeira parte, o autor demonstra o teorema das velocidades virtuais sem dependência da consideração dos infinitamente pequenos e, ainda, quais são os princípios fundamentais da Mecânica reduzidos ao menor número possível. São abordados, portanto, nessa primeira parte, os seguintes assuntos: sistemas materiais invariáveis; sistemas materiais variáveis; princípios fundamentais da Mecânica reduzidos ao menor número possível. Paulo Freitas cita os que contribuíram para esses temas, como: Arquimedes, Galileu, Kepler, Newton, d'Alembert e Lagrange. Ainda na primeira parte, além de efetuar deduções de fórmulas a respeito do que foi estudado, ele faz, também, considerações filosóficas sobre os temas tratados.

Na segunda parte do trabalho, Paula Freitas estuda qual hipótese explica melhor a formação primitiva da Terra — um exame da teoria de Laplace. Após expor algumas idéias sobre o assunto e devidas a Cardan, Palissy, Whinston, Copérnico, Ticho Brahe, Galileu, Kepler, Descartes, Buffon, entre outros, ele examina, a partir da página 89, a teoria apresentada por Laplace a respeito da origem do Sistema Solar. Nesse contexto, refaz algumas deduções matemáticas de Laplace a respeito de sua teoria. No desenrolar do trabalho, Paula Freitas apresenta várias notas de rodapé contendo informações a respeito de obras dos autores citados.

JOSÉ MARTINS DA SILVA

Não foi possível obter o título da tese. Typographia do Imperial Instituto Artístico, Rio de Janeiro, 1869, 47 páginas. Tese defendida em 21 de maio de 1870 para obtenção do grau de doutor em Ciências Físicas e Matemáticas. Escola Central.

Trabalho expositivo, de inspiração positivista comtiana, sobre a Física e parte da Botânica. Está dividido em duas partes, uma sobre fluidos gasosos e outra sobre temas Botânicos.

Na primeira parte, o autor aborda as circunstâncias do movimento de um fluido gasoso que escapa de um vaso. Após algumas considerações a respeito dos fluidos gasosos e das leis que regem os fenômenos dinâmicos, ele refaz deduções de expressões matemáticas relativas ao assunto. Aqui, também, ele apresenta tabelas obtidas pelo sueco Lagerhgelm relativas a experimentos sobre o escapamento de gases de um determinado vaso. Finalmente, depois de citar resultados sobre o assunto e obtidos por Carnot, Lagrange, Poisson, Navier, dentre outros, ele concluiu essa parte citando trechos de uma obra de Comte referentes à Hidrodinâmica.

Na segunda parte do trabalho, da Silva explica o sono, o movimento das plantas, bem como a simetria orgânica vegetal segundo o ponto de vista de autores como Garcias de Horto, Valerius Cordus, Ratchinsky, entre outros.

PHILIPPE HIPPOLITE ACHÉ

Título da Tese:

Demonstrar quaes os Principios a Analyse, Reduzindo-os ao Menos Possivel

Trabalho manuscrito, Rio de Janeiro, dezembro de 1862, iii+13 páginas. Tese defendida em 26 de fevereiro de 1872 para obtenção do grau de doutor em Ciências Físicas e Matemáticas. Escola Central.

Trabalho em forma de discurso, de inspiração positivista comtiana, destituído de novidades. Divide-se em duas partes, a primeira sobre Matemática e a segunda parte sobre Ciências Físicas. Na primeira parte, o objetivo é demonstrar os princípios da Análise Matemática; percebemos, porém, que não passa de uma fraca indicação das partes essenciais da Análise. Na primeira página, o autor escreve:

Teses sobre matemática apresentadas a partir da Escola Militar 121

> Demonstrar os principios da Analyse é indicar as bases essenciais desta immensa alavanca do espírito humano. Não nos illudimos sobre as difficuldades com que temos de lutar, encetando um trabalho que não nos consta ter sido regularmente feito até agora.

A seguir, Hippolite Aché faz considerações a respeito do sentido "mais amplo" da palavra análise. Segundo ele, "Tirada do grego $\alpha\nu\alpha\gamma\iota\sigma\varepsilon$ quer dizer redução d'uma cousa às suas partes componentes ou elementares ..." E cita o que A. Comte disse a respeito da Análise Matemática em sua obra *Cours de Philosophie Positive*. Continuando, escreve o seguinte a respeito do pensamento de Comte:

> Tal appreciação dá-nos a conhecer a excellencia d'uma sciencia cujo dominio alcança o Universo inteiro: A natureza com effeito, deixaria de ter segredos para nós, a creação inteira seria por nós explicada, se podessemos achar e resolver a equação a que a Analyse Mathematica nos permitte reduzir qualquer phenomeno natural...

Depois de fazer divagações filosóficas sobre a Análise Matemática, o autor cita Deus, Pitágoras, Descartes, Ptolomeu, Newton, Leibniz, Fourier, Comte, Cauchy, entre outros. Na página 3, ele diz o seguinte:

> Cauchy parece-me o unico que fes um verdadeiro curso de Analyse, por tel-a considerado como base essencial de todas as mathematicas, o que ella é (...) Cauchy, porem só publicou, que eu saiba, a primeira parte de seus trabalhos, que dividiu em Analyse Algebrica e Analyse Transcendente. Sem com tudo seguir-mos as pisadas delle, pois a obrigação de reduzir ao menor numero possivel os principios da Analyse, impõe-nos o dever de affastar-nos de todo e qualquer autor, julgamos dever adoptar esta ideia, e considerando os principios fundamentaes da Analyse como a reunião das ideias primarias em que se baseão todas as mathematicas, reunimos a oito esses principios, a saber: Principio da continuidade das funções. Principio dos signaes, com relação às quantidades que se considerão em sentidos oppostos. Principio de homogeneidade. Principio dos infinitamente pequenos. Principio da inercia. Principio da acção e da reacção. Principio da coexistencia ou independencia dos movimentos.

E, a respeito do Princípio da Continuidade das Funções, o autor escreve, na página 4.

> Este principio, ennunciado em sua maior generalidade, consiste no seguinte: Toda e qualquer função de uma ou mais variaveis pode passar sucessivamente por todos os estados de grandeza; ou por outros termos, dado um valor de uma função pode sempre achar para as variaveis valores taes, que um não diffira de outro que lhe seja immediato senão de uma grandeza menor do que qualquer grandeza determinada. Este principio não pode ser demonstrado rigorosamente à priori, senão para as funções inteiras; mas se considerarmos qualquer função como a expressão algebrica da Lei que rege um phenomeno natural, sem com tudo deixar de crer à existencia de funções discontinuas, poderemos admitir esta Lei de continuidade das funções. Com effeito na ordem physica dos seres naturaes não exige transição alguma repentina, o que explicarão os antigos dizendo: Natura non facit saltum; portanto nas mathematicas, onde só tratamos de applicar a analyse dos phenomenos naturaes, só consideraremos funções continuas, condição aliás necessaria para a demonstração dos elementos de todos os ramos das Mathematicas.

Mas o autor não explica o que entende por função, função inteira, função contínua, função descontínua, conceitos bem definidos na época. A seguir, ele faz algumas considerações a respeito do "Princípio dos Signaes", atribuindo sua descoberta a Descartes. Mas, em seguida, diz que foi demonstrado por Jacob na obra *Geometria Analítica*. Continuando, tece considerações a respeito do Princípio da Homogeneidade e sobre os termos de mesmo grau e de graus distintos de uma equação algébrica. Na página 6, ele escreve:

> Supponhamos, por exemplo, que na expressão analytica d'um phenomeno geometrico, trate-se ao mesmo tempo de linhas, areas, volumes: será preciso que, quando a unidade de linha for multiplicada por m, a das areas o seja por m^2, a dos volumes por m^3; e se a equação for algebrica, avaliar-se-ha o gráo de cada termo dobrando os expoentes dos factores correspondentes a area e triplicando os expoentes dos factores correspondentes a volumes. Eis o principio da homogeneidade na sua absoluta generalidade, principio de immensas applicações analyticas; que deu origem ao methodo tão emminentemente analytico dos coeficientes indeterminados, e do qual deixamos de tratar por se achar desenvolvido em qualquer tratado de Elementos de Analyse.

Em suas considerações a respeito do Princípio dos Infinitamente Pequenos, H. Aché escreve sobre o cálculo dos infitamente pequenos e sobre o método das "fluxões e dos fluentes". Em seguida faz referências a algumas idéias de Lagrange a respeito de um método misto, segundo ele, formado com os resultados obtidos por Leibniz e por Newton, chamado de "calculo das funcções derivadas e das funcções primitivas". A respeito das idéias de Lagrange, escreve na página 7:

> Noções tão difficeis de ser comprehendidas pela intelligencia humana (...) Os dous principios, base da theoria de Lagrange, formão um circulo vicioso e não tem a generalidade conveniente. Estabellece com effeito Lagrange como evidente que $f(x + h)$, pode sempre desenvolver segundo as potencias inteiras de h, e depois que pode-se escrever $f(1 + h) = f(x) + Ph$, sendo P uma função de x e de h que não se torna infinita quando $x = 0$, porque de modo não existirão identidades quando h fosse nullo. O primeiro destes principios é falso, porque nada impede a entrada de expoentes fracionarios na serie, com tanto que viessem a compensar-se os valores dos radicais assim introduzidos, o segundo só é verificado a fortiori. Alem disso nenhum desses principios dá significação absoluta e independente às funcções derivadas $f'(x)$, $f''(x)$, sobre que repousa, segundo o proprio Lagrange, toda a possibilidade do calculo differencial e integral e não são na realidade mais que o nome dado a certos processos empregados para determinar as equações de que se retirão os valores, dessas funcções.

Em seguida, H. Aché se fixa no Método das Fluxões e dos Fluentes, desenvolvido por Newton, e também conhecido, na época, por Método dos Limites. Também tece algumas considerações sobre o método desenvolvido por Leibniz para obtenção da derivada de uma função. E passa a descrever os métodos obtidos pelos dois autores acima citados.

O autor não estava atualizado, em 1862, com o desenvolvimento da Matemática, 40 anos depois que Cauchy introduziu o rigor no Cálculo Diferencial e Integral, com o uso dos épsilons e deltas (ε e δ). Assim, o autor escreve uma tese em Matemática utilizando as arcaicas idéias de Newton e desprezando — ou ignorando — os avanços introduzidos na Análise por Dirichlet, Weierstrass e Riemann.

Na segunda parte do trabalho, que consta de apenas uma página, H. Aché se limita a citar oito princípios da Física. Como exemplo, eis um deles:

> O que chamamos de electricidade é a apparencia dos phenomenos naturaes produzida pelo movimento das moleculas materiaes dos corpos a que chamamos electrisados.

EZEQUIEL CORREA DOS SANTOS JUNIOR

Título da Tese:

Movimento dos Corpos Celestes em Torno de Seus Proprios Centros de Gravidade (da Terra, da Lua e dos Anneis de Saturno)

Não há indicação da tipografia que imprimiu o trabalho. Rio de Janeiro, 1877, 72 páginas. Tese defendida em 13 se abril de 1878 para obtenção do grau de doutor em Ciências Físicas e Matemáticas. Escola Politécnica.

Um trabalho fraco, expositivo, sobre Física Matemática. Tudo o que o autor discute já se encontrava bem exposto em livros didáticos da época sobre o assunto. A tese se divide em quatro partes. Na introdução, lemos o seguinte:

> Animados da convicção de que o bom desempenho da presente tarefa não poderia exigir a exhibição de uma theoria nova, a que se opporião os fracos recursos intellectuaes de que dispômos, procuramos simplesmente neste trabalho ordenar as ideias bebidas nos tratados dos differentes autores...

Na primeira parte, Santos Junior cita Comte, em sua obra *Mecânica Celeste*, no que trata das equações que representam os movimentos dos corpos celestes. Em seguida, informa que apresentará a solução desse problema dada por Louis Poinsot e contida no trabalho *Théorie Nouvelle de la Rotation des Corps*, (*Journal de Mathématiques*, 1834). E deduz as equações diferenciais, em número de seis, relativas ao assunto, citando alguns teoremas. Conclui a primeira parte do trabalho citando as fórmulas gerais do movimento de rotação do centro de gravidade.

Na segunda parte do trabalho, Santos Junior trata do movimento da Terra em torno de seu próprio centro de gravidade. E deduz as equações do movimento de rotação da Terra, apresentando o teorema da permanência da posição dos pólos na superfície da Terra, e da velocidade de rotação. Concluiu essa parte apresentando as fórmulas da precessão e nutação (casos da eclíptica fixa e da eclíptica verdadeira).

Na terceira parte da tese, o autor aborda o movimento da Lua em torno de seu próprio centro de gravidade, do movimento dos pontos equinociais e inclinação do equador lunar sobre a eclíptica. Na quarta parte, ele discute o movimento dos anéis de Saturno em torno de seus próprios centros de gravidade. No decorrer do trabalho, são citadas obras de Comte, Laplace, Lagrange, Poisson, Newton, Kepler, d'Alembert, Euler, Poinsot, entre outros.

THEODORO AUGUSTO RAMOS

Natural da cidade do Rio de Janeiro (1895), após os estudos primários e secundários ingressou na Escola Politécnica, onde graduou-se em Engenharia Civil, em 1917. Em 25 de junho de 1918, Theodoro Ramos obteve o grau de doutor em Ciências Físicas e Matemáticas, ao defender, na mesma Escola Politécnica do Rio de Janeiro, aos 23 anos de idade, a tese intitulada *Sobre as Funções de Variáveis Reais*. No mesmo ano, ele conseguiu uma posição acadêmica na Escola Politécnica de São Paulo. A partir de 1918, fixou residência na cidade de São Paulo. Na instituição paulista, além de lecionar a disciplina Mecânica Racional, foi professor catedrático das cadeiras *Vetores*, *Geometria Analítica*, *Geometria Projetiva* e *Aplicação à Nomografia*. Posteriormente, foi nomeado vice-diretor da Escola Politécnica, cargo que não assumiu por desistir da nomeação. Foi membro da Academia Brasileira de Ciências, na qual tomou posse em 29 de novembro de 1918. Auxiliou a Comissão Organizadora que fundou a Universidade de São Paulo (USP), em 1934. Publicou trabalhos científicos em Análise, Geometria, Física Matemática, Engenharia, etc.

Convidado por Julio de Mesquita Filho, presidente da Comissão Organizadora que criou a USP, para lecionar na Faculdade de Filosofia, Ciências e Letras (FFCL), recusou, dizendo não se considerar "preparado (atualizado) para ser professor em uma universidade" (cf. FRANKEN, T.; GUEDES, R., 1984, p. 44).

Comissionado pelo então governador do Estado de São Paulo, Armando Salles Oliveira (1887-1945), Theodoro Ramos viajou para o Velho Continente com a missão de contratar bons professores para a Faculdade de Filosofia, Ciências e Letras da USP. Foi assim que, a partir de 1934, vieram para a FFCL renomados mestres do meio acadêmico europeu, como Ernest Breslau, Heinrich Rheinboldt, Felix Rawistscher, Emile Coornaert, Roberto Garric, Ettiene Borne, Luigi Fantappiè, Gleb Whatagin, Fernand Braudel, Paul Arbousse-Bastide, Claude Lévy-Strauss, entre outros.

Theodoro Ramos foi um dos brilhantes matemáticos brasileiros e o mais produtivo de sua geração, sempre atualizado com as áreas da Matemática de seu interesse. Fez parte do grupo de cientistas brasileiros que combateu a influência da ideologia Comtiana sobre a elite intelectual brasileira. O ciclo de ruptura dessa influência foi iniciado, em 1898, por Otto de Alencar Silva (1874-1912), que foi aluno e depois professor da Escola Politécnica do Rio de Janeiro[96].

Ao ministrar disciplinas no curso básico da Escola Politécnica de São Paulo, Theodoro Ramos introduziu a parte conceitual da teoria nos tópicos abordados (fato não-usual no ensino da Matemática superior no Brasil da época). Além disso, passou também a esclarecer seus alunos a respeito do estado estacionário em que se encontrava o ensino e desenvolvimento da Matemática no país, informando-lhes que estavam sendo omitidos importantes conceitos e definições basilares da Matemática, sem o que a construção do belo edifício (o ensino e desenvolvimento da Matemática superior no país) não passaria do primeiro piso[97].

Theodoro Ramos, homem de consciência científica, não se isolou em São Paulo. Manteve contatos pessoais e por correspondência com vários cientistas brasileiros e europeus, pois ele sabia que a melhor forma de consolidar e difundir idéias e discutir pontos de vista seria, e continua sendo, por meio do contacto pessoal e da troca de correspondências. Faleceu precocemente, em 1935, na cidade de São Paulo.

---

[96] Cf. SILVA, C. Pereira da. In: Otto de Alencar Silva versus Auguste Comte. *LLULL*, v. 18, p. 167-181, 1995.

[97] Cf. RAMOS, T. In: *Estudos*. São Paulo: Escolas Profissionais do Liceu Coração de Jesus, 1933, p. 16.

Título da Tese:

Sobre as Funções de Variáveis Reais

Secção de obras de O Estado de S. Paulo, São Paulo, 1918, 111 páginas. Tese defendida em 25 de junho de 1918 para obtenção do grau de doutor em Ciências Físicas e Matemáticas. Escola Politécnica do Rio de Janeiro.

Esse importante trabalho introduziu no Brasil a Análise Matemática moderna. Um dos objetivos do autor é mostrar como se baseia, de modo natural, a teoria das funções de variáveis reais sobre a simples noção de polinômios. Sua idéia central é considerar as funções de uma variável real como limite de sucessões convergentes de polinômios em um intervalo.

Foi nas variáveis reais que os matemáticos reconheceram, pela primeira vez, a necessidade da existência de uma teoria rigorosa do sistema numérico da Análise. Assim, a reconstrução do sistema de números reais, feita por Weierstrass na década de 1860, e depois por Dedekind e Cantor, na década de 1870, conduziu, nas últimas décadas do século XIX, a uma reavaliação de toda a Análise Matemática e, já no século XX, a uma profunda revisão da natureza de todo o raciocínio matemático. Esses fatos iniciaram um dos exames mais profundos já realizados nas ciências em todo o raciocínio dedutivo. Nesse contexto, a teoria das funções de variáveis reais adquiriu, a partir da década de 1870, um interesse cada vez maior por parte dos matemáticos. No final do século XIX e início do século XX, a teoria das funções de variáveis reais teve extraordinário desenvolvimento. Lebesgue, Poincaré, Baire, e Borel, iniciaram com seus trabalhos, uma nova etapa para a Análise Real.

Na introdução, Theodoro Ramos nos informa que seu estudo se baseia nos conjuntos concretos, cujos elementos são os números. Ato contínuo, ele apresenta algumas definições, a título de recordação do assunto a ser tratado. Lembramos que as definições apresentadas pelo autor fazem parte das modernas definições da Análise Matemática, o que nos mostra a atualização do autor com respeito ao desenvolvimento da Matemática em sua época.

Na primeira parte do trabalho, Augusto Ramos estuda as funções de uma variável real e a representação de funções somáveis de uma variável real por meio da integral de Weierstrass. Nessa parte, ele estuda as funções contínuas no sentido de Cauchy, isto é, da definição dada por Cauchy. Em seguida, apresenta sua própria definição de função contínua, que é a seguinte:

> Seja $f(x)$ uma função definida no intervalo aberto (a, b). Diremos que $f(x)$ é contínua no intervalo (a, b) quando existe uma sucessão de polinômios $[P_n(x)]$ convergindo uniformemente para f(x) em todos os pontos deste intervalo. Nestas condições, sendo dado o número positivo ε, por menor que seja, pode-se achar um número r tal que se tenha $|f(x) - P_n(x)| < \varepsilon$ para todos os valores de n superiores a r, e para todos os pontos de (a, b).

Continuando, o autor afirma que, se uma função é contínua pela definição dada acima, então também é contínua no sentido da definição dada por Cauchy. A título de ilustração, para que o leitor possa fazer uma comparação, apresentamos a definição de função contínua dada por Cauchy na década de 1820:

> Uma função $f(x)$ é contínua entre os limites dados se entre esses limites um incremento infinitamente pequeno i da variável x produz sempre um incremento infinitamente pequeno $f(x + i) - f(x)$ da própria função.

Observamos que essa definição é muito parecida com a definição de continuidade usada atualmente, se levarmos em consideração a própria definição dada por Cauchy para quantidades infinitamente pequenas em termos de limites[98].

Logo a seguir, o autor acrescenta o seguinte:

> Para que seja cabalmente justificada a definição acima dada de continuidade, é necessário demonstrar um Teorema recíproco: se $f(x)$, no intervalo (a, b), é contínua no sentido de Cauchy, existe uma sucessão de polinômios convergindo uniformemente para $f(x)$ em todos os pontos de (a, b).

Lembramos que esse teorema foi demonstrado por Weierstrass, em 1885. Mais adiante, Augusto Ramos apresenta uma outra demonstração desse mesmo teorema, mas devida a Lebesgue. Na seqüência, ele lista as propriedades das funções contínuas, sem as demonstrar. Ato contínuo, ele passou ao estudo das funções contínuas deriváveis. Apresenta a definição atual para a derivada de uma função contínua em um ponto x_0, que é, formalmente, a definição dada por Cauchy. Na página 34, são demonstrados três teoremas sobre funções contínuas, todos conhecidos dos matemáticos da época. Um deles é o seguinte: *"Toda função contínua é derivável"*. Em verdade, o teorema tem a seguinte redação: *"Toda função derivável em um ponto x_0 é contínua nesse ponto"*. Atualmente esse teorema consta em todos os bons livros didáticos sobre Cálculo Diferencial e Integral. Logo em seguida, A. Ramos informa que a recíproca desse teorema não é verdadeira, fato também muito conhecido dos matemáticos desde meados do século XIX. Em 1834, o matemático Bolzano apresentou um exemplo de função contínua em um intervalo, mas sem derivada em ponto algum do intervalo. Lamentavelmente o exemplo dado por Bolzano não foi suficientemente divulgado[99]. Aliás, sete anos antes da publicação do livro de Cauchy *Cours d'Analyse*, Bolzano já havia enunciado o critério geral de convergência de séries, bem como definido limite de uma função em um ponto.

Na década de 1850, o matemático alemão G. F. B. Riemann apresentou dois trabalhos, à Universidade Göttingen, para seu concurso de *Privatdozent*. Um sobre Séries Trigonométricas e os Fundamentos da Análise, e outro sobre os Fundamentos da Geometria. Foi nessa época que ele deu um exemplo de função contínua sem derivada em ponto algum[100]. Em verdade, Riemann apresentou uma função $f(x)$ descontínua em uma infinidade de pontos de um intervalo, mas cuja integral existe e define uma função contínua $F(x)$ que não possui derivada nos pontos do intervalo em questão. Em 1872, em artigo enviado à Academia de Ciências de

---

[98] A. L. Cauchy deu, na década de 1820, a fundamentação do cálculo diferencial e integral tal como a temos nos dias atuais. Cf. suas obras: *Cours d'analyse*, Paris, [s. n.], 1821, *Résumé des leçons donés à l'Ecole Royal Poytachnique*, v. 1, Paria, [s. n.], 1823. Cf. também Smithies, F. In: Cauchy's Conception of Rigour in Analysis. *Arch. Hist. Exact Sce.*, **36** (1), p. 41-61, 1986.

[99] Para uma exposição elementar deste exemplo, cf. Boyer, C. B. In: *Concepts of the Calculus*. New York: Dover, 1959, p. 269-270.

[100] Cf. Weber, Heinrich (ed.). In: *Collected Works of Bernard Riemann*. With a new introdution by Professor Hans Lewy. 2th ed. New York: Dover, 1953.

Berlim (mas apresentado em suas aulas em 1861), K. Weierstrass também apresentou um exemplo de uma função contínua, mas sem possuir derivada, a saber:

$$f(x) = \sum_{n=0}^{\infty} a^n \cos\ (b^n \pi x),$$

em que $0 < a < 1$; b é inteiro ímpar tal que $b > 1 + 3/2\ \pi$. Essa função é representada por uma série uniformemente convergente de funções contínuas; logo, é contínua em um intervalo, mas não possui derivada em ponto algum desse intervalo.

A. Ramos escreveu o seguinte, no capítulo referente às funções contínuas deriváveis:

> É interessante constatar que Cauchy em 1829, com sua habitual sagacidade, já distinguira a noção de função continua da de função derivavel; assim, referindo-se ao limite da relação que serve de definição à derivada elle dizia: este limite, quando existe, tem um valor determinado.

Ato contínuo, ele passa ao estudo das funções indefinidamente deriváveis e cita um importante resultado obtido por Abel para uma série convergente:

> Se a série (S) é convergente para um particular valor x_0 de x, então ela é absolutamente convergente para todo valor de x cujo módulo é inferior ao de x_0.

A partir do exposto, observamos que A Ramos estava familiarizado com a Análise Matemática de sua época. Ele aborda importantes conceitos da Análise: convergência de uma função ou de uma série; função ou série absolutamente convergente e módulo de uma função ou de uma série, entre outros. Logo a seguir, faz referências às séries de Taylor e de Maclaurin, bem como às funções analíticas (outro importante conceito da Análise).

Na página 38, o autor discute as "funções de classe 1", que são as funções descontínuas limites de sucessões convergentes de polinômios; essas funções foram assim denominadas por Baire. Já a denominação de "funções de classe zero" foi atribuída às funções limites de sucessões uniformemente convergentes de polinômios. Na página 42, após demonstrar um teorema, ele escreveu:

> A condição necessária e suficiente para que uma função $f(x)$ seja de classe zero ou de classe 1 é que $f(x)$ seja pontualmente descontínua relativamente a todo conjunto perfeito.

Continuando, escreve sobre o que seria um conjunto perfeito, a saber, aquele que coincide com seu derivado (outro importante conceito da Análise). Em seguida, apresenta um exemplo para mostrar que há funções que não satisfazem a referida condição acima:

> A função $\phi(x)$ definida no intervalo aberto (0, 1), igual a 1 nos pontos racionais e, igual a zero nos outros pontos, não é pontualmente descontínua relativamente ao conjunto perfeito constituído pelos pontos do intervalo (0, 1), pois todos os pontos deste intervalo são pontos de descontinuidade da função $\phi(x)$ relativamente ao intervalo (0, 1).

Em seguida, A. Ramos escreve que a função $\phi(x)$, acima definida, é de classe 2, isto é, limite de funções de classe 1. Na página 44, podemos ler:

> Eis uma outra questão interessante: a que classe pertencem os números derivados de uma função contínua? As indicações que demos na Introdução a respeito da noção de maior e menor limites permitem verificar que os números derivados são quando muito de classe 2.

Na página 45, o autor discute a teoria das funções somáveis. Inicia o estudo com a sucessão de funções de Baire, apresentando a definição:

> Consideremos uma sucessão $[f_n(x)]$ de funções da classificação de Baire, definidas no intervalo (a, b). Diz-se que $[f_n(x)]$ converge simplesmente para a função $f(x)$ quando $f_n(x)$ tende para $f(x)$ em todos os pontos de (a, b) exceto talvez nos pontos de um conjunto de medida nula".

A seguir, faz a seguinte observação: "É evidente que a convergência no sentido comum é um caso particular da convergência simples". O professor Lélio Gama, que esteve presente à defesa de tese de Theodoro A. Ramos, escreveu (GAMA, L., 1965, p. 27-28):

> Uma admoestação feita a Theodoro Ramos por um dos membros da banca examinadora da defesa de sua tese, quando, nessa parte da definição acima, ele diz "exceto talvez nos pontos de um conjunto de medida nula". "Exceto talvez" foi uma tradução, em língua portuguesa, da expressão em língua francesa sauf peut-être, muito usada por matemáticos franceses da época. Uma adaptação ao uso da expressão "se e só se". Theodoro Ramos foi censurado por um dos membros da banca examinadora, que lhe disse: "O Senhor pretende ser um matemático rigoroso. No entanto, emprega no seu raciocínio matemático, o advérbio "talvez", que denota incerteza, imprecisão, ambigüidade". Como consequência, deu-lhe nota nove.

Em verdade, A. Ramos quis dizer que a propriedade da definição em pauta poderia deixar de se verificar no campo de existência da função $f(x)$, mas que, nesse caso, os pontos excepcionais formariam um conjunto de medida nula. A banca examinadora da defesa de tese era constituída pelos seguintes professores: Licinio Athanasio Cardoso, professor de Mecânica Racional; Francisco Bhering, professor de Astronomia; Augusto de Brito Belford Roxo, professor de Estabilidade; Mauricio Joppert da Silva, professor de Portos e livre-docente de Cálculo Diferencial e Integral.

Na seqüência do trabalho, A. Ramos demonstra o seguinte teorema fundamental relativo às sucessões simplesmente convergentes de funções de Baire:

> Seja $[f_n(x)]$ uma successão de funcções de Baire convergindo simplesmente para uma funcção limite $f(x)$ no intervallo (a, b). Sendo dado o numero positivo , por menor que seja, existe no intervallo (a, b) um conjuncto de medida maior que $b-a-\sigma$ no qual $[f_n(x)]$ converge uniformemente.

Na página 48, após a demonstração do teorema, o autor faz esta observação seguinte:

> Um exame superficial poderia fazer crer que é nulla a medida do complementar do conjuncto $(E\sigma)$ em que $[f_n(x)]$ converge uniformemente. Esta conclusão é errada, pois quando se faz σ tender para zero o conjuncto $(E\sigma)$ adquire a cada instante novos pontos e portanto quando se consideram simultaneamente todos os valores de σ e todos os valores correspondentes de x, não se póde mais affirmar que a convergencia é uniforme. Dando-se, porém, a σ um valor fixo, por menor que seja este valor, é permittido dizer que no conjuncto $(E\sigma)$ correspondente a convergencia da successão $[f_n(x)]$ é uniforme. H. Lebesgue em uma communicação feita a E. Borel em 1903 incorreu em uma conclusão errada analoga à que acima nos referimos; em uma nota de 28 de Dezembro de 1903 publicada nos Comptes-Rendus o proprio H. Lebesgue rectificou o seu engano.

Continuando o trabalho, o autor aborda o estudo das funções limitadas pertencentes à classificação de Baire, desenvolvendo, a partir daí, a teoria da integração de tais funções. Na página 51, ao tratar da integração das funções somáveis, A. Ramos apresenta a seguinte definição:

> Seja $f(x)$ uma função, limitada e definida no intervalo (a, b). Se $f(x)$ é limite de uma sucessão de polinômios $[P_n(x)]$ simplesmente convergente, diz-se que $f(x)$ é uma função somável.

Em seguida, é apresentada a definição de uma função integral de uma função somável. Após demonstrar quatro teoremas relativos à integral de uma função, A. Ramos define a integral definida de uma função somável, que é a seguinte:

> Seja $f(x)$ uma função somável limite da sucessão de polinômios $[P_n(x)]$ simplesmente convergente em um intervalo (a, b). A sucessão das integrais $\int_a^x P_n(x)dx$ sendo uniformemente convergente, se dermos ao limite superior um valor fixo b, a sucessão dos números $\int_a^b P_n(x)dx$, tenderá para o número $\int_a^b P_n(x)dx$ que será por definição a integral definida de $f(x)$ de a a b.

Na página 60, lemos o seguinte:

> Comparando os resultados precedentes com os trabalhos de Borel e Lebesgue relativos à generalização de integral, vemos que, supondo as funções limitadas, a definição que apresentamos possui as mesmas propriedades que as definições daqueles autores.

Continuando, ele informa que a noção de integral generalizada é central para o estudo das funções derivadas, bem como na pesquisa das funções primitivas. Percebemos, mais uma vez, que Theodoro A. Ramos estava bem-informado a respeito dos principais resultados da Análise Matemática de sua época. Na página 63, estuda a representação efetiva das funções somáveis, ele faz referências a resultados obtidos por Weierstrass e por Borel. E acrescenta o seguinte:

> Lendo o estudo que fez Lebesgue nas suas "Leçons sur les séries trigonométriques" sobre a representação de uma função somável pelas somas de Féjer, tivemos a idéia de realizar idêntica generalização para a integral $\psi(x, K)$[101], utilizando parte dos raciocínios ali adotados...

Na página 79, A. Ramos aborda a aproximação das funções duas vezes deriváveis. Depois na página 84, passa a discutir as funções de duas variáveis reais. Apresenta alguns teoremas e definições relativos ao assunto e, na página 85, define a integral dupla. Na página 89, apresenta um estudo relativo à representação das funções somáveis de duas variáveis reais por meio da integral dupla de Weierstrass.

A partir da página 102, A. Ramos faz a apresentação de algumas proposições, encaixando-as nas diversas disciplinas do primeiro ao quinto ano do curso de Engenharia da Escola Politécnica. Inicia essa parte com as funções de uma variável complexa, passando por função analítica de uma variável complexa e pelo teorema de Desargues sobre as cônicas circunscritas a um quadrilátero. E concluiu essas proposições escrevendo sobre campo magnético e vetores.

Não há uma listagem bibliográfica das obras consultadas. Mas, em todo o trabalho, há várias referências às obras de autores como: Weierstrass, Borel, Baire, Lebesgue, Cauchy, Hilbert, Heine, Lipschitz, Riemann, Cantor, Pincherle, Goursat, Vitali, entre outros importantes matemáticos da época.

---

[101] Essa integral é dada por

$$\psi(x,K) = \frac{1}{K\sqrt{\pi}} \int_{-\infty}^{+\infty} f(u) e^{-\left(\frac{u-x}{k}\right)^2} du.$$

DESENVOLVIMENTO DA MATEMÁTICA NO BRASIL, DA DÉCADA DE 1930 À DÉCADA DE 1980

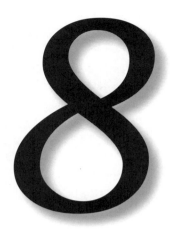

A década de 1920 constituiu-se num período da história de nosso país no qual uma parte expressiva da intelectualidade se mobilizou em movimentos para conscientizar a nação da necessidade de solução dos grandes problemas de então: econômico, político, educacional, saúde pública, saneamento básico, desemprego, falta de moradias, entre outros[102]. Foi uma década de preparação para os acontecimentos que emergiriam no país a partir da década de 1930.

Um dos movimentos dos intelectuais culminou, em 1922, com a chamada Semana de Arte Moderna, ocorrida na cidade de São Paulo, envolvendo artistas plásticos e escritores. Em 1921, os intelectuais ligados à Sociedade Brasileira de Ciências transformaram-na em Academia Brasileira de Ciências (ABC). Na década de 1920, a ABC iniciou um profícuo programa de intercâmbio com cientistas e com instituições científicas estrangeiras, de modo que, ainda naquela década, viajaram para cá, para realizar cursos e conferências, entre outros, os cientistas Jacques Hadamard, Émile Borel, Paul Langevin e Albert Einstein.

Em 1924, foi fundada, na cidade do Rio de Janeiro, a Associação Brasileira de Educação (ABE), instituição que congregava vários intelectuais, entre eles alguns professores da Escola Politécnica do Rio de Janeiro. Todos os seus fundadores estavam preocupados com a qualidade e o futuro do ensino nas escolas do país, bem como com problemas outros, tais como: falta de uma política educacional para o país; falta de faculdades de ciências e de universidades; carência de pesquisa científica, etc. A ABE passou a promover cursos de extensão e conferências sobre diversos temas e dedicados a professores.

Os membros da ABE também foram estimulados a publicar, nos jornais da cidade, artigos expositivos versando sobre temas educacionais e científicos, dedicados ao leitor leigo. A instituição organizou e promoveu a I Conferência Nacional de Educação, na qual seu então presidente, Manuel Amoroso Costa, apresentou o trabalho intitulado "A Universidade e a Pesquisa Científica", o qual continha as seguintes conclusões:

---

[102] A propósito, os mesmos problemas do Brasil atual.

a) as faculdades de ciências das universidades devem ter como finalidade, além do ensino da ciência feita, a de formar pesquisadores em todos os ramos dos conhecimentos humanos;

b) esses pesquisadores devem pertencer ao respectivo corpo docente, mas com obrigações didáticas reduzidas, de modo que essas não perturbem os seus trabalhos originais;

c) devem ser-lhes assegurados os recursos materiais os mais amplos: laboratórios para pesquisas biológicas e físico-químicas, observatórios astronômicos, seminários matemáticos, bibliotecas especializadas, facilidades bibliográficas, publicações periódicas para a divulgação de seus trabalhos, aparelhamento para explorações geográficas, geológicas e etnográficas;

d) deve ser-lhes assegurada uma remuneração suficiente para que eles dediquem todo o seu tempo a esses trabalhos.

Em 1928, preocupado com o problema da pesquisa científica básica, bem como com a falta de faculdades de ciências no país, Amoroso Costa escreveu (cf. RAMOS, 1933, p. 16):

Tudo indica que já é tempo de se fazer alguma coisa em favor de uma cultura de melhor qualidade. Em sua grande maioria, como é de desejar, os moços hão de sempre escolher as carreiras praticas que asseguram à nação a sua vida material. Alguns entretanto, não hesitam mais em preferir os trabalhos da intelligencia pura, sem os quaes nada se constróe de realmente grande. Abandonar ao autodidactismo esses espiritos de escól é esbanjar uma inestimavel riqueza.

Aliás, em 1932, emergiu o chamado "Manifesto dos Pioneiros da Educação Nova", tendo como um dos signatários o educador Anísio Teixeira (1900-1971). A partir da década de 1930, teve início no Brasil o que chamamos de "segundo período de desenvolvimento da Matemática Superior". Com efeito, em 1934, conforme citamos no Cap. 4, foi fundada, pelo governo paulista, na cidade de São Paulo, a Universidade de São Paulo (USP), com sua Faculdade de Filosofia, Ciências e Letras (FFCL), apresentando um tipo de ensino superior, que fugia do ensino profissionalizante das grandes escolas até então existentes. A FFCL passou a formar profissionais ligados ao magistério e à pesquisa científica básica e com atuação nas áreas das ciências exatas, humanas e biológicas, entre outras.

Nessa instituição, iniciou-se um novo ciclo do ensino e desenvolvimento da Matemática superior fora das escolas de Engenharia. A comissão que criou a USP contratou na Europa, por intermédio do professsor Theodoro Ramos, vários mestres para lecionar na FFCL. Para lecionar Matemática, chegou a São Paulo, em 1934, o matemático italiano Luigi Fantappié, conforme citamos anteriormente. Fantappiè, que havia sido discípulo de Vito Volterra, foi um dos impulsionadores da teoria dos Funcionais Analíticos, que teve em Volterra um dos pioneiros. De modo geral, podemos dizer que um funcional é uma função com aplicações em R ou em C, cujo campo de definição é um espaço de funções. Incluindo-se uma conveniente topologia no espaço de funções, as noções de limite, continuidade, etc. passam a ser entendidas e, a partir daí, constrói-se uma análise. Fantappiè introduizu o conceito de Funcional Analítico.

Desenvolvimento da matemática no Brasil, 1930—1980

Ao iniciar seu trabalho na USP, Fantappié reformulou os programas das cadeiras de Cálculo Diferencial e Integral, de Geometria. Além das aulas nessas cadeiras, ele ministrou cursos sobre Funcionais Analíticos, Teoria dos Grupos Contínuos, Teoria dos Números, Cálculo Tensorial, Álgebra, entre outros tópicos. Ao introduzir, na USP, suas idéias sobre Funcional Analítico, ele despertou o interesse de vários discípulos para esse ramo da Matemática. Tanto que, a partir de 1934 e durante as décadas de 1940 e 1950, essa foi uma das áreas da mais estudadas por matemáticos brasileiros.

Fantappié também introduziu na USP a salutar prática da realização periódica de seminários de formação, criando o Seminário Matemático e Físico, a exemplo do que se fazia nas universidades italianas, e que funcionou mesmo depois de seu regresso à Itália. Fantappié também iniciou uma biblioteca especializada em Matemática na USP. Com o advento da Segunda Guerra Mundial, Fantappié teve de regressar à Itália.

Outro matemático italiano que veio em seguida a Fantappiè — e por indicação deste — para trabalhar na USP, foi Giacomo Albanese, que chegou em 1936. O professor Albanese se destacou na Itália nos estudos das Variedades Algébricas. Essas variedades se tornaram, a partir da década de 1960, uma importante ferramenta no estudo da Geometria Moderna. Albenese regeu a cadeira de Geometria, na FFCL, e também a cadeira Geometria Analítica e Projetiva, na Escola Politécnica. Também regressou à Itália com o advento da Segunda Guerra Mundial. Porém retornou a São Paulo em 1946, onde faleceu em 1957. Ambos, Fantappiè e Albanese, impulsionaram o ambiente matemático em São Paulo e no Brasil da época.

Ainda na década de 1930, na cidade do Rio de Janeiro, vários educadores, liderados por Anísio Teixeira, fundaram em 1935, a Universidade do Distrito Federal (UDF), instituição constituída de escolas voltadas para o ensino e para a pesquisa básica continuada. A Escola de Ciências também foi responsável pelo ensino da Matemática. A UDF foi um marco de transformação da universidade brasileira. Foi extinta em 1939 para dar lugar à Faculdade Nacional de Filosofia (FNFi), da Universidade do Brasil.

A partir da década de 1930, notamos sinais indicativos do início de formação da comunidade matemática brasileira. Em 1934, mais exatamente, começou a formação de uma escola matemática. Antes dessa data havia entre alguns matemáticos brasileiros, como, Otto de Alencar Silva, Manoel Amoroso Costa, Lélio Gama e Theodoro Ramos, a preocupação também de fazer pesquisa matemática e publicar seu resultado. Porém, a partir da segunda metade da década de 1930, já observamos outros sinais por parte dos membros da comunidade matemática brasileira, como, por exemplo, a preocupação em fazer pesquisa científica continuada. Com efeito, após um breve tempo, percebe-se a incorporação, por parte da comunidade matemática brasileira, do verdadeiro espírito da pesquisa científica, qual seja, a preocupação em considerar também, em suas pesquisas, a importância, para a comunidade matemática internacional, dos resultados obtidos em seus trabalhos.

Após essa fase, notamos um outro importante sinal: a preocupação de alguns mestres em formar discípulos em suas áreas de pesquisas. Um outro sinal que percebemos: o desejo, por parte dos membros da comunidade matemática brasileira, de se congregarem em associações de âmbito local ou nacional, bem como de criar boas revistas periódicas especializadas em Matemática, que seriam os espaços para publicar os resultados de suas pesquisas.

Um outro sinal, ainda, foi o desejo dos membros da comunidade matemática em publicar e divulgar no país bons livros didáticos sobre Matemática, escritos por matemáticos brasileiros ou estrangeiros. O objetivo central era dar início uma bibliografia sobre Matemática, preferencialmente em língua portuguesa.

134   A Matemática no Brasil

Listamos a seguir alguns dos livros didáticos publicados após 1930, fazendo parte do esforço de criação de uma bibliografia matemática brasileira: *Introdução à Teoria dos Conjuntos e Séries Numéricas*, ambos de Lélio Gama; *Curso de Análise Matemática*, de Luigi Fantappiè; *Leçons sur le Calcul Vectoriel* (em francês), de Theodoro A. Ramos; *Espaços de Hilbert*, de André Weil; *Teoria dos Ideais e Anéis Locais Generalizados*, de Oscar Zariski; *Teoria dos Corpos Comutativos e Análise Harmônica*, de Jean Dieudonné; *Curso de Análise Matemática*, (em sete volumes), de Omar Catunda; *Funções de Variáveis Complexas*, de Luiz Adauto Medeiros; *Espaços Vetoriais Topológicos*, de A. Grothendieck; *Filtros e Ideais*, de António A. Monteiro; *Elementos da Teoria dos Grupos*, de Alberto de Azevedo e R. Piccinini; *Introdução à Teoria das Funções*, de Richard Courant (traduzido para o português por Leo Barsotti); *Teoria dos Conjuntos e Espaços Métricos*, de E. H. Spanier (traduzido para o português por Newton C. A. da Costa); *Algèbre Homologique*, de Jean P. Lafon; *Fundamentals of Banach Algebras*, de Kenneth Hoffman; *Introdução às Variedades Diferenciáveis*, de Elon Lages Lima; *Curso de Análise Matemática* (em três volumes) e *A Integral de Lebesgue*, ambos de José Abdelhay; *Aplicações da Topologia à Análise*, de Chaim S. Hönig; *Elementos de Cálculo Diferencial e Integral*, de W. A. Granville, P. F. Smith e W. R. Longley (traduzido para o português por José Abdelhay).

A partir de 1948, o matemático português dr. António A. Monteiro, radicado na cidade do Rio de Janeiro, criou as *Notas de Matemática*, importantes textos que foram disseminados pelo país. Adiante daremos mais detalhes a respeito desses textos.

Com início na década de 1970, algumas editoras brasileiras passaram a publicar livros didáticos sobre Matemática em língua portuguesa, alguns dos livros eram traduções, porém a maioria foi escrita por matemáticos brasileiros. Eis alguns títulos. *Cálculo* (I, II e III), de Geraldo S. S. Ávila; *Iniciação ao Estudo das Equações Diferenciais e suas Aplicações*, de Homero P. Caputo; *Análise I*, de Djairo G. Figueiredo; *Tópicos de Álgebra*, de I. N. Herstein (traduzido para o português por Jacy Monteiro); *Álgebra Linear*, de K. Hoffman e R. Kunze; *Análise de Fourier*, de P. H. Hsu; *Elementos de Álgebra*, de L. H. Jacy Monteiro; *Elementos de Topologia Geral*, de Elon Lages Lima; *Cálculo Numérico*, de Edmund W. Milne; *Vetores e Matrizes*, de Nathan M. dos Santos; *Introdução à Álgebra Linear*, de João B. Pitombeira; *Iniciação às Equações Diferenciais Parciais*, de Luiz Adauto Medeiros e Nirzi G. de Andrade; *Cálculo Vetorial e Geometria Analítica*, de Maria Helena Novais; *Álgebra Linear*, de Serge Lang (traduzido para o português por F. Tsu); *Introdução às Funções Complexas*, de Luiz Adauto Medeiros; *Cálculo Avançado*, (I e II), de W. Kaplan (traduzido para o português por F. Tsu); *Introdução à Álgebra*, de Leopoldo Nachbin.

A direção do Instituto de Matemática Pura e Aplicada (Impa) também passou a editar coleções de livros didáticos em várias subáreas da Matemática. Essas obras geralmente, reproduziam cursos — avançados ou não — ministrados durante os colóquios, bem como bons cursos ministrados em algumas instituições. Assim, encontramos na coleção "Monografias do IMPA" o texto de Alberto de Carvalho Peixoto de Azevedo e Renzo Piccinini, intitulado *Introdução à Teoria dos Grupos*.

Por sua vez, a Socieade Brasileira de Matemática (SBM) criou a série "Fundamentos da Matemática Elementar", na qual foram publicados, entre outros, os textos: *Trigonometria*, de Manfredo Perdião do Carmo; *Áreas e Volumes*, de Elon Lages Lima; *Números Irracionais e Transcendentes*, de Djairo Guedes de Figueiredo; *Episódios da História da Matemática*, de Asger Aaboe.

Desenvolvimento da matemática no Brasil, 1930—1980

As revistas periódicas que abordavam exclusivamente Matemática pura ou aplicada, criadas após a década de 1930, foram: *Jornal de Matemática Pura e Aplicada da Universidade de São Paulo*. Criada e dirigida por L. Fantappié, foi a primeira revista dedicada a trabalhos de pesquisa Matemática publicada no Brasil. Tinha circulação internacional. Editada sob a responsabilidade financeira da Faculdade de Filosofia, Ciências e Letras da USP, teve seu primeiro e único número, com mais de 97 páginas, publicado em junho de 1936. A revista se dividia em duas partes, uma dedicada a artigos de pesquisa e outra dedicada a informações gerais sobre Matemática.

Os artigos publicados na primeira parte da revista foram: "Proprietá in Grande delle Linee Piane Convesse", de Beniamino Segre, professor da Universidade de Bologna; "Sopra le Equazioni Funzionali non Lineari nel Campo Complesso", de Silvio Cinquini, Professsor da Universidade de Pisa. A partir da página 85, na segunda parte ("Notícias Várias"), encontramos atividades do Seminário Matemático e Físico da USP que foram realizadas no ano de 1935. Eis algumas dessas atividades: "Estudo dos Pontos Singulares das Funções Analíticas pelo Desenvolvimento em Série de Potências", por Fernando Furquim de Almeida; "Origem e Desenvolvimento da Teoria dos Funcionais", por Luigi Fantappiè; "Números Transfinitos", por Mario Schenberg. Formavam o Comitê Editorial: Luigi Fantappiè, Giacomo Albanese, Gleb Wataghin; o diretor era Luigi Fantappiè, o diretor administrativo era Ernesto Luiz de Oliveira Júnior e o secretário era Narciso Menciassi Lupi.

A revista *Summa Brasiliensis Matematicae*, fundada em 1945, era uma publicação de nível internacional. Financiada pelo Instituto Brasileiro de Educação, Ciência e Cultura, com sede no CBPF, na cidade do Rio de Janeiro. Teve seu último fascículo publicado em 1968. *Boletim da Sociedade de Matemática de São Paulo*. Seu primeiro volume foi publicado em 1946 e o último em 1966; *Revista Científica*, uma publicação de responsabilidade dos departamentos de Matemática, Física, Química e História Natural da Faculdade Nacional de Filosofia (FNFi). *Revista Brasileira de Estatística*, fundada na década de 1940. *Anuário da Sociedade Paranaense de Matemática*, revista fundada em 1950 e interrompida em 1960.

Em 1953 foi fundada a revista *Notas de Matemática e Física*, uma publicação trimestral da Faculdade de Filosofia, Ciências e Letras da USP. O número 1, julho-setembro de 1953, contém, entre outros os artigos: "O Ensino da Matemática na Escola Secundária", de David Bohm. "Sôbre as Equações das Bissetrizes de Um Triângulo", de Romulo Ribeiro Pieroni. "Triângulos Com Duas Bissetrizes Iguais São Isósceles, de Ubiratan D'Ambrosio. O número 2, outubro-dezembro de 1953, publicou, entre outros, os artigos: "Nota Sôbre as Congruências de Ângulos", de Benedito Castrucci. "Seqüência de Matrises Nx1, de Nelson Onuchic. Sua Diretoria era constituída por: Ubiratan D'Ambrosio (diretor), Plínio Castrucci (vice-diretor), Iracema Martin (primeiro-secretário), Amélia Império (segundo-secretário) e Milton Damato (terceiro-ecretário).

Em 1958 foi fundada a revista *Boletim da Sociedade Paranaense de Matemática*. Essa revista sofreu interrupção no período de 1968 a 1979, sendo reativada em 1980. A partir de 1969 foram fundadas as seguintes revistas: *Boletim da Sociedade Brasileira de Matemática*, um periódico de nível internacional; *Revista do Professor de Matemática* e *Matemática Universitária*, três publicações da Sociedade Brasileira de Matemática (SBM); *Matemática Aplicada e Computacional*, uma revista da Sociedade Brasileira de Matemática Aplicada e Computacional (SBMAC); *Educação Matemática em Revista*, uma publicação da Sociedade Brasileira de Educação Matemática (SBEM). Em 1979 foi fundado o *Jornal de Matemática e Estatística*, na Unicamp.

136

A Matemática no Brasil

Em 1984, foi criada a revista *Monografias da Sociedade Paranaense de Matemática*. Lembramos que, nas década de 1920 e 1930, existiu a publicação mensal *Revista Brasileira de Matemática Elementar*, depois *Revista Brasileira de Matemática*, sob a responsabilidade de Salomão Serebrenick e Júlio Cesar de Mello e Souza (o famoso Malba Tahan); era voltada à divulgação matemática. Nas décadas de 1940 e 1950, existiu uma revista de recreações matemáticas intitulada *Al-Karismi*, sob a responsabilidade de Malba Tahan.

A partir da década de 1940, fundaram-se no Brasil as sociedades científicas de Matemática. A primeira delas foi a Sociedade de Matemática de São Paulo (SMSP), criada em 1945 no seio da USP e extinta em 1969, quando da fundação da Sociedade Brasileira de Matemática. A segunda sociedade de Matemática fundada no país foi a Sociedade de Matemática e Física do Rio Grande do Sul, criada em 8 de novembro de 1947. A terceira foi a Sociedade Paranaense de Matemática, criada na cidade de Curitiba, em 31 de outubro de 1953. Em 1969 foi fundada a Sociedade Brasileira de Matemática (SBM). Em 1978, foi fundada a Sociedade Brasileira de Matemática Aplicada e Computacional (SBMAC). Na década de 1980, foi fundada a Sociedade Brasileira de Educação Matemática (SBEM), que tem por objetivo congregar profissionais da área de Educação Matemática.

AS CONTRIBUIÇÕES DE OUTROS MATEMÁTICOS ESTRANGEIROS

Com a deflagração da Segunda Guerra Mundial na Europa, emigrou da Polônia para o Brasil o matemático Zbigniew Lepecki (1902-1949), graduado pela Universidade de Varsóvia e doutor em Ciências Matemáticas pela Universidade de Wilno. Nessa universidade, ele defendeu a tese, em 5 de junho de 1939, intitulada *O Metodzie Riemann w Teorii Szeregów Trygonometrycznych Podwójnych* (*Sobre o Método de Riemann na Teoria das Séries Trigonométricas Duplas*), sob a orientação do dr. Anton Zygmund[103]. O dr. Lepecki chegou a Curitiba no ano de 1940 e foi contratado no período de 1940 a 1943 para reger as cadeiras Análise Matemática e Análise Superior e Geometria Analítica, do Departamento de Matemática da Faculdade de Filosofia, Ciências e Letras do Paraná[104]. A cadeira de Análise Matemática e Análise Superior era do professor Flávio Suplicy de Lacerda, que havia solicitado licença. Suplicy de Lacerda era graduado em Engenharia Civil pela Escola Politécnica de São Paulo e docente da Escola de Engenharia da Universidade do Paraná. Ele ganhou a cátedra de Análise Matemática e Análise Superior quando da criação do curso de Matemática na FFCL do Paraná. Na verdade, ele jamais ministrou aulas na FFCL; foi Reitor da Universidade do Paraná (depois Universidade Federal do Paraná) de 1949 a 1964 e, depois, de 1967 a 1971. O professor Suplicy de Lacerda serviu ao regime militar, que se instalou no poder em 1964, como ministro da Educação e Cultura, no período de 1964 a 1966. É dele a Lei 4.759, de 20 de agosto de 1965, que "Dispõe sobre a Denominação e Qualificação das Universidades e Escolas Técnicas Federais" [105].

É estranho que o Dr. Lepecki não tenha permanecido em Curitiba. Após o período de substituição, o chefe do Departamento de Matemática da FFCL não se interessou em mantê-lo no departamento. É de se especular se teria havido pressão por parte dos "donos" da

---

[103] O professor A. Zygmund emigrou para os Estados Unidos, onde obteve um posto acadêmico, na Universidade de Chicago. Em 1974, integrou o Fields Medal Commitee, que concedou a Medalha Fields a Enrico Bombieri e David Mumford.

[104] Instituição pertencente aos Irmãos Maristas.

[105] Cf. *Diário Oficial* de 24/8/1965, p. 8.554.

Desenvolvimento da matemática no Brasil, 1930—1980 137

universidade. Assim foi que, após 1943, o dr. Lepecki se transferiu para a cidade de Belo Horizonte (MG). Desse modo, o ambiente científico de Curitiba perdeu a contribuição de um doutor em Matemática. Aliás, o professor Lepecki foi o primeiro matemático a publicar, na cidade de Curitiba, um artigo de pesquisa matemática, intitulado "Sobre Certos Teoremas de Séries Trigonométricas Duplas" (in: *Anuário da Faculdade de Filosofia, Ciências e Letras do Paraná*, p. 159-187, 1940-1941). Esse trabalho contém os principais resultados da tese do autor.

Ainda na década de 1940 e logo após o término da Segunda Guerra Mundial, alguns matemáticos estrangeiros foram contratados para lecionar em instituições de vários estados. Assim, chegou para trabalhar na USP o matemático francês André Weil, um dos brilhantes matemáticos de sua geração. Ele desembarcou em São Paulo, em 1945, ali permanecendo até 1947. Na França, ele participou do Seminário Gaston Julia, e foi um dos fundadores do grupo Nicolas Bourbaki (Seminário Bourbaki). Logo em seguida, chegaram, também para trabalhar na USP, como professores contratados, Oscar Zariski, Jean Dieudonné, Jean A. F. Delsart e A. Grothendieck, entre outros. Este último foi ganhador da Medalha Fields, em 1966, durante o Congresso Internacional de Matemáticos, realizado em Moscou[106].

Entre 1946 e dezembro de 1947, Jean Dieudonné ministrou na USP um curso de extensão em Álgebra, intitulado Teoria dos Corpos Comutativos, atraindo muitos interessados de várias partes do país. As notas de aula desse curso foram redigidas por Luiz H. Jacy Monteiro e publicadas, em forma de livro, sob a responsabilidade financeira da Sociedade de Matemática de São Paulo.

Com a chegada à USP desses e de outros matemáticos estrangeiros, os alunos de São Paulo tomaram contato com as principais correntes de desenvolvimento da Matemática da época, passando a estudar tópicos como Análise Funcional; Espaços Métricos; Teoria dos Conjuntos, em nível avançado; Topologia Geral; Álgebra, Álgebra Linear, etc.

Com a criação, em 1939, pelo presidente Getúlio Vargas, da Faculdade Nacional de Filosofia (FNFi), foram contratados no mesmo ano por autorização do próprio presidente, quinze professores estrangeiros para a instituição. Chamamos a atenção do leitor para o fato de a direção da FNFi ter promovido os contratos via governo federal, procedimento bem diferente do adotado pelo governo paulista para contratar professores estrangeiros para a FFCL da USP. No caso da USP, o professor Theodoro Ramos foi comissionado pelo governo paulista para ir à Europa contactar e contratar docentes para FFCL.

Chegaram para trabalhar no Departamento de Matemática da FNFi, na cidade do Rio de Janeiro, durante as décadas de 1930, 1940 e 1950, os seguintes matemáticos: Gabrielle Mammana matemático italiano que trabalhava, em Análise Matemática, com ênfase em Cálculo das Variações (ele regeu até 1943 a cátedra de Análise Matemática e Análise Superior); Luigi Sobrero, que trabalhava em Física Matemática, Teoria da Elasticidade; Achille Bassi, que regeu a cátedra de Geometria e, introduziu, no ensino universitário brasileiro, as primeiras noções sobre Topologia Algébrica; e Alejandro Terracini, que permaneceu pouco tempo no país.

Ao retornar à Itália, em 1943, Gabrielle Mammana indicou, para substituí-lo, seu assistente, o professor José Abdelhay (1917-1996), graduado em Matemática pela FFCL da USP, e nomeado catedrático interino de Análise Matemática e Análise Superior.

---

[106] A Medalha Fields é uma premiação quadrienal para jovens matemáticos (até 40 anos) que tenham dado importantes contribuições à Matemática nos últimos quatro anos anteriores à premiação. É a mais alta distinção mundial em Matemática, cujo valor científico se equipara ao do Prêmio Nobel. Vem sendo entregue deste 1936, sempre durante a realização do Congresso Internacional de Matemáticos. Para Detalhes sobre a Medalha Fields cf. LEHTO (1998) e RIEHM, (2002).

Em 1945, desembarcou no Rio de Janeiro, com um contrato de quatro anos para trabalhar na Faculdade Nacional de Filosofia da Universidade do Brasil, o matemático português dr. António A. R. Monteiro. Ele fez seus estudos de doutorado em Matemática na Sorbonne, em Paris. Em junho de 1936, António Monteiro defendeu sua tese e recebeu o título de doutor em Ciência Matemática pela Faculdade de Ciências da Universidade de Paris. Sua tese foi orientada por René Maurice Fréchet (1878 - 1973) e intitulava-se *Sur l'additivité des noyaux de Fredholm*. Por discordar da política do governo de seu país, António Monteiro foi perseguido e obrigado a deixar Portugal.

Na FNFi, o professor Monteiro iniciou seus alunos em cursos e seminários de formação que abordavam tópicos como Topologia, Espaços de Hilbert, Análise Funcional, Álgebra de Boole, Reticulados e Conjuntos Ordenados, assuntos bem atuais para a época. Matemático competente e pessoa muito dinâmica, António Monteiro fez escola e muitos amigos na cidade do Rio de Janeiro e no Brasil.

Alguns dos alunos que freqüentavam suas aulas na FNFi como ouvintes cursavam a Escola Nacional de Engenharia e, posteriormente, se dedicaram à Matemática, como foi o caso do dr. Leopoldo Nachbin e do dr. Maurício Matos Peixoto. Entre as iniciativas de António Monteiro, destacamos a criação, em 1948, de uma importante série de monografias: "Notas de Matemática", financiada pela FNFi. São também dessa fase na FNFi a obtenção de livre-docência em Análise por Leopoldo Nachbin, ao defender, em 1948, a tese *Combinação de Topologias Metrisáveis e Pseudo-Metrisáveis*, bem como a obtenção de livre-docência em Geometria por Maria Laura Mousinho L. Lopes, que defendeu, em 1949, a tese *Espaços Projetivos- Reticulados de seu Subespaços*. Ainda nas décadas de 1940 e 1950, obtiveram o grau de doutor em concurso para livre-docente na Universidade do Brasil, entre outros, os professores Maria Yolanda Nogueira Abdelhay, Marília Chaves Peixoto, Maurício Matos Peixoto, Eliana Rocha Brito e Lindolpho de Carvalho Dias.

Listamos a seguir alguns títulos publicados pelas *Notas de Matemática*: "Combinação de Topologias Pseudo-Metrizáveis e Metrizáveis", de L. Nachbin; "Filtros e Ideais I", de A. A. Monteiro; "Reticulados Vetoriais", de J. Abdelhay; "Convexidade das Curvas", de Maurício Matos Peixoto; "Espaços Projetivos: Reticulados de seus Subespaços", de Maria Laura Mousinho L. Lopes; "Curso de Topologia Geral", de S. Mac Lane; "Introdução à Teoria de Galois", de I. Kaplanski; "Formas Diferenciais Exteriores e sua Aplicação à Dinâmica", de Lindolpho C. Dias; "Teoria das Superfícies de Riemann", de A. A. M. Rodrigues; "Introdução às Álgebras de Banach", de Luiz Adauto Medeiros; "Introdução à Programação Linear", de Mário Henrique Simonsen; "Estruturas Folheadas", de G. Reeb; "The Energy Method in Nonlinear Partial Differential Equations", de Walter Alexander Strauss; "Ideais em Anéis de Tipo Infinito", de Paulo Ribenboim; "Decompositions of the Sphere", de Djairo Guedes de Figueiredo. As *Notas de Matemática* foram divulgadas nos principais centros universitários do país e serviram de texto para cursos.

Ainda na década de 1940, teve início outra série: *Cadernos de Matemática*, uma publicação da cadeira Análise Matemática e Análise Superior da FNFi. O número 1 foi publicado em 1949, contendo o trabalho "Transformações Lineares nos Espaços de Hilbert", de José Abdelhay.

Por motivos que desconhecemos, o reitor da Universidade do Brasil, professor Pedro Calmon, não renovou, em 1949, o contrato de António A. Monteiro. Conjecturamos se o governo fascista do senhor António de Oliveira Salazar (1889-1970) não estaria envolvido nesse lamentável episódio. O fato é que, sem contrato, António Monteiro foi convidado para

Desenvolvimento da matemática no Brasil, 1930–1980

trabalhar na Argentina e para lá se transferiu. Chegou à Argentina em 20 de dezembro de 1949 para trabalhar na Faculdade de Engenharia da Universidade Nacional de Cuyo, sediada na cidade de San Juan. Em 1957, ele se transferiu para a Universidade Nacional do Sul, (Bahia Blanca), com a missão de organizar o curso de licenciatura em Matemática, bem como o Instituto de Matemática daquela universidade. Foi assim que o Brasil perdeu o concurso desse matemático. A história da não-renovação do contrato do dr. António A. Monteiro pela Universidade do Brasil ainda está por ser escrita.

Vieram também, como visitantes, para trabalhar na Universidade do Brasil, os matemáticos Warren Ambrose, A. Adrian Albert e Marshall H. Stone. Este último desenvolveu na FNFi a disciplina Anéis de Funções Contínuas, tópico da Matemática muito atual para a época. Na década de 1950, também chegaram para trabalhar, como visitantes, no Departamento de Matemática da FNFi, os matemáticos Jean Dieudonné, Charles Ehresman e Laurent Schwartz. Este, ganhador da Medalha Fields, em 1950, durante o Congresso Internacional de Matemáticos realizado em Cambridge (EUA)[107].

A partir da década de 1950, as instituições sediadas no eixo Rio de Janerio-São Paulo passaram a desenvolver diversas atividades científicas visando compor seus quadros docentes com bons e qualificados matemáticos. O Instituto Tecnológico de Aeronáutica (ITA) criou programas de pós-graduação *stricto sensu*, em Matemática e passou a contratar matemáticos brasileiros e estrangeiros. Em 1958, o Departamento de Matemática do ITA contratou o matemático chinês professor-doutor Kuo-Tsai Chen que trabalhava na Universidade de Hong Kong. Ele obteve seu Ph. D. em Matemática pela Universidade de Colúmbia (EUA). Nessa década, também trabalhou no Departamento de Matemática do ITA, como professor contratado, o professor-doutor Francis D. Murnaghan.

Na cidade Rio Claro (São Paulo), começou a funcionar, em 1959, o Departamento de Matemática da Faculdade de Filosofia, Ciências e Letras. Para lá se trasnferiu o professor-doutor Nelson Onuchic,que estava trabalhando no ITA. Foi também incorporado a esse Departamento o professor-doutor Mário Tourasse Teixeira, que estava trabalhando na Faculdade de Filosofia, Ciências e Letras da USP, na qualidade de bolsista do CNPq. Ainda na década de 1950, o Departamento de Matemática da Escola de Engenharia de São Carlos (São Paulo) passou a desenvolver diversas atividades matemáticas visando complementar a formação de seus quadros docente e discente. Nessa instituição, esteve em visita, durante o mês de fevereiro de 1959, o professor-doutor Otto Endler, do Instituto de Matemática da Universidade de Bonn (Alemanha). O professor Otto Endler estava como visitante do IMPA na cidade do Rio de Janeiro.

Na mesma década, trabalhou como professor contratado pelo Departamento de Matemática da Escola de Engenharia de São Carlos, durante vários anos, o dr. Jaurès P. Cecconi, que regressou à Itália em 1960 para assumir a cátedra de Análise na Universidade de Messina. Trabalhou ainda, no Departamento de Matemática da Escola de Engenharia de São Carlos, o professor-doutor Achille Bassi, que propôs, pela primeira vez, em 1949, o estudo dos quase-grupos topológicos (cf. Bassi, 1949), área que foi muita estudada por jovens matemáticos brasileiros. Esses mestres orientaram vários discípulos que estavam em busca de seus doutorados em Matemática, como Ubiratan D'Ambrosio, Gilberto Francisco Loibel, Rubens G. Lintz.

No mês de março de 1959, esteve como visitante na FFCL da USP e sob os auspícios do IMPA, o professor-doutor J. J. Schaeffer do Insituto de Matemática e Estatística da

---

[107] Cf. Lehto, 1998, p. 322.

Universidade de Montevidéo. Na USP, ele ministrou o curso Equações Diferenciais e Análise Funcional[108]. Nesse mesmo período, o professor Schaeffer também realizou uma conferência no ITA.

Em maio de 1960 chegou ao IMPA, com um contrato de quatro meses, o professor-doutor Felix E. Browder, da Universidade de Yale (EUA). Em julho de 1960, foi contratado pela FFCL da USP, por um período de quatro meses, o matemático francês dr. Charles Ehresmann, da Sorbonne, e membro do grupo Nicolas Bourbaki.

Em 1947, o governo fascista português desencadeou uma das maiores ofensivas contra a universidade portuguesa, conseguindo reduzir em muito as atividades matemáticas em Portugal. A partir daquele ano, vários matemáticos foram demitidos de seus postos acadêmicos e privados de seus direitos políticos; alguns foram presos. Vários matemáticos portugueses sairam do país e vieram para o Brasil, a convite. Citamos a seguir, alguns deles.

Em 1952, por recomendação do professor Leopoldo Nachbin, o professor Newton da Silva Maia, da Escola de Engenharia de Recife, foi a Paris visitar o professor Alfredo Pereira Gomes, que na época trabalhava na capital francesa. Na verdade, ele foi propor a Pereira Gomes um contrato de trabalho para orientar e criar um Departamento de Matemática na Faculdade de Filosofia, Ciências e Letras da Universidade de Recife. A idéia, que tinha apoio da direção do CNPq, era criar um bom centro de Matemática em Recife, com a colaboração de professores estrangeiros, a exemplo do que haviam feito, a USP em São Paulo e a Universidade do Brasil no Rio de Janeiro. O professor Pereira Gomes aceitou os termos do contrato e chegou ao Recife em fevereiro de 1953. Ele também passou a ministrar aulas de Matemática na Escola de Engenharia de Recife. A partir dessa data, Pereira Gomes deu cursos avançados em diversos tópicos da Matemática, preparando jovens da região interessados em obter o doutorado em Matemática.

No ano de 1954, por iniciativa do professor Luiz Freire, foi fundado o Instituto de Física e Matemática da Universidade de Recife, onde passaram a ser desenvolvidas atividades extracurriculares de Matemática e Física, e que permitiram, posteriormente, a criação de estudos pós-graduados. Em 1958, o professor Pereira Gomes viajou a Paris, com bolsa do CNPq, para realizar estudos no Instituto Henri Poincaré. Ele regressou a Recife em março de 1959.

Posteriormente, chegaram para trabalhar na Universidade de Recife, no Instituto de Física e Matemática, a convite de Pereira Gomes, os professores portugueses Manuel Zaluar Nunes, José Cardoso Morgado Jr., que chegou em 1960 (em 1957 ele estava preso na Colónia Penal de Santa Cruz do Bispo, em Portugal), e Hugo Batista Ribeiro, que trabalhava na Universidade em Nebraska, Lincoln (EUA). Hugo Batista chegou ao Brasil em julho de 1960. Ficou em Recife por um período de dois meses. Hugo Batista Ribeiro ministrou o curso Teoria dos Grupos Abelianos: Noções, Métodos e Resultados Fundamentais dessa Teoria e Desenvolvimentos Análogos para a Álgebra Universal. Realizou também um seminário de formação sobre a *Teoria dos Modelos*, o *Cálculo de Predicados* e a *Álgebra Universal*.

Nessa instituição foi trabalhar também, em 1962, o professor Ruy Luis Gomes, após passar uma temporada na Universidade Nacional do Sul, em Bahia Blanca (Argentina). Em Portugal, Ruy Luis Gomes foi preso várias vezes, julgado e condenado pelos tribunais políticos do

---

[108] Conforme citamos anteriormente, o estudo da Análise Funcional foi introduzido no Brasil pelo matemático italiano L. Fantappiè.

Desenvolvimento da matemática no Brasil, 1930—1980
141

regime salazarista. Assim, viu-se forçado a aceitar o convite da Universidade Nacional do Sul, partindo para a Argentina em setembro de 1958. Já estava trabalhando naquela instituição o dr. A. A. Monteiro. Ainda em 1962, a convite do dr. Pereira Gomes, chegou ao Instituto de Física e Matemática de Recife o professor Henri Morel, que ministrou o curso de Iniciação à Teoria das Equações Diferenciais Operacionais e Problemas aos Limites.

Pelo Instituto de Física e Matemática da Universidade de Recife, passaram ainda outros cientistas brasileiros e estrangeiros, a partir da década de 1950. Citamos alguns deles, Luiz Mendonça de Albuquerque, Roger Godement, François Bruhat, Laurent Schwartz, Jean François Trèves, Jean-Pierre Kahane, Charles Ehresmann, Arnaud Denjoy, Leopoldo Nachbin, Chaim S. Hönig, Artibano Micali e Frederico Pimentel Gomes.

Em Recife, os mencionados mestres iniciaram e mantiveram estudos matemáticos de graduação e de pós-graduação, tanto quanto seminários de formação, visando complementar a formação de graduação dos jovens estudantes, bem como aperfeiçoar e atualizar a formação científica de licenciados e dos professores assistentes. Vários matemáticos brasileiros oriundos do Nordeste foram influenciados e estimulados a estudar Matemática por esses mestres portugueses. Os matemáticos portugueses iniciaram em Recife uma importante publicação científica, intitulada *Notas e Comunicações de Matemática*, pertencente ao Instituto de Física e Matemática da Universidade de Recife, destinada à pré-publicação de trabalhos originais de Matemática.

Também foi criada, por iniciativa do dr. Alfredo Pereira Gomes, uma série intitulada *Textos de Matemática*. Eis alguns dos títulos publicados: *Elementos de Álgebra Linear e Multilinear*, de A. Pereira Gomes; *Variétés Différentiables*, de Roger Godement; *Complex Manifolds*, de S. S. Chern; *Integral de Haar,* de Leopoldo Nachbin; *Introdução à Teoria das Cônicas*, de M. Zaluar Nunes e M. Perdigão do Carmo; *Teoria das Equações Diferenciais Operacionais e Problemas aos Limites*, de Henri Morel; *Geometria Diferencial Local*, de Manfredo P. do Carmo; *Aplicações da Topologia à Análise*, de Chaim S. Hönig.

Em setembro de 1962, o dr. A. Pereira Gomes regressou à França para assumir um posto acadêmico na Faculdade de Ciências de Nancy, a convite de Jean Delsart. A partir do número 14, a coleção *Textos de Matemática* passou a ser publicada sob a responsabilidade dos professores Ruy Luis Gomes e José Cardoso Morgado Jr. Em 1967, esses dois professores criaram o Programa de Mestrado em Matemática na Universidade Federal de Pernambuco, o qual funcionou naquele ano com dois alunos e dois professores, Ruy Luis Gomes e José Morgado. Paulatinamente, o número de alunos matriculados no programa foi aumentando, bem como o número de docentes. Foram se incorporando ao programa os jovens brasileiros, da região que haviam obtido seus doutorados no exterior e haviam recém-regressados. Na década de 1970, os matemáticos portugueses regressaram a Portugal, pois o regime político do país passava por mudanças, viabilizando-lhe o retorno, bem como a readmissão a seus postos acadêmicos.

A partir de então, com a vontade política das autoridades locais e o forte apoio financeiro do CNPq, foi consolidado o trabalho dos matemáticos portugueses em Recife. Como conseqüências essa cidade, via UFPE, abriga nos dias atuais um dos importantes centros de cultura matemática de nosso país. Seus programas de Mestrado e Doutorado em Matemática são bem conceituados pela CAPES e têm formado talentosos matemáticos.

Também tangido pelos ventos salazaristas, veio para a cidade de Curitiba (Paraná), a convite o dr. João Remy T. Freire. Ele chegou em 1952, para assumir a cadeira Estatística Geral e Aplicada, do recém-criado curso de Ciências Sociais, da Faculdade de Filosofia, Ciências e

Letras da Universidade do Paraná. No ano de 1953, o professor João Remy também ministrou a cadeira Análise Matemática e Análise Superior para os alunos do curso de Matemática. Esse fato o aproximou não só dos alunos, mas também dos docentes do curso de Matemática, em especial dos jovens docentes Jayme Machado Cardoso e Newton Carneiro A. da Costa. Esses, estimulados pelo professor João Remy, optaram por se dedicar à Matemática, embora fossem também graduados em Engenharia Civil pela Faculdade de Engenharia da UPR. Outros jovens docentes da Universidade do Paraná também se beneficiaram da experiência acadêmica do mestre português.

O professor João Remy iniciou em Curitiba um bom ambiente de estudos matemáticos, inclusive com a prática de seminários de formação e cursos de férias. Não se entenda que, após sua chegada, o ambiente matemático em Curitiba tenha alcançado o nível dos ambientes das instituições localizadas no eixo Rio de Janeiro—São Paulo, o que, jamais aconteceu. Porém é inquestionável que o ambiente matemático em Curitiba recebeu enorme impulso após a chegada desse professor português. Por exemplo, ele criou a Sociedade Paranaense de Matemática (SPM), fato que aconteceu em 31 de outubro de 1953. A SPM passou a ter sua diretoria constituída por docentes da Universidade do Paraná, depois UFPR.

A SPM iniciou várias atividades matemáticas para alunos e professores do ensino secundário e do ensino superior. Era algo novo e atraente para o ambiente acadêmico da cidade. Nessa época havia a hegemonia, no estado, dos estudos realizados na Universidade do Paraná. No início da década de 1950, foi realizada em Curitiba uma reunião anual da SBPC, comparecendo vários matemáticos residentes no eixo Rio de Janeiro—São Paulo. A diretoria da SPM aproveitou o fato e convidou alguns deles para realizar conferências. Em 1958, a diretoria da SPM decidiu convidar (por sugestão do professor João Remy) o professor Manuel Zaluar Nunes, que estava trabalhando em Recife, para ministrar um curso de férias em Curitiba.

No final da década de 1950, o dr. João Remy partiu para a cidade de Santiago (Chile), para assumir um cargo em um órgão das Nações Unidas. Lamentavelmente, o bom ambiente matemático iniciado em Curitiba não teve continuidade. Algo inexplicável aconteceu com os responsáveis pela manutenção desse ambiente. Curitiba é uma cidade pequena, com excelente qualidade de vida, possuidora de bom clima, bom ambiente cultural e uma população culta, além de ser capital de um rico e próspero estado. Contudo jamais floresceu com vigor, na cidade, um ambiente matemático de nível elevado. Na verdade, o ambiente matemático estimulado por João Remy se manteve durante algum tempo, graças aos esforços de Jayme Machado Cardoso, Newton Carneifo Affonso da Costa, entre outros. Mas foi se destruindo paulatinamente. Para entender o descaso das várias administrações da UFPR, que resultou no fracasso de implantação e consolidação de um bom ambiente de estudos e pesquisa da Matemática em Curitiba, devemos buscar explicações nos ensinamentos de Sigmund Freud.

Outro matemático português que chegou ao Brasil tangido por ventos salazaristas foi o dr. J. Tiago de Oliveira. Ele esteve na cidade de Salvador (Bahia), no ano de 1959, de março a junho, contratado pelo Departamento de Matemática da Faculdade de Filosofia, Ciências e Letras da Universidade da Bahia. Ali ministrou cursos sobre Álgebra e Introdução Matemática à Relatividade, tratando do Cálculo Vetorial e Tensorial, da Relatividade Restrita e Geometria de Riemann-Weyl. Posteriormente, ministrou cursos e conferências na USP e na Universidade Federal de São Carlos, em São Paulo.

OS ESTUDOS PÓS-GRADUADOS EM MATEMÁTICA NA UNIVERSIDADE DE SÃO PAULO

Na década de 1940, iniciaram-se, na USP, os estudos de pós-graduação em Matemática. Com efeito, o decreto do interventor federal no Estado de São Paulo, de n.º 12.511, de 21 de janeiro de 1942, reorganizou a FFCL da USP e instituiu a concessão do grau de Doutor por aquela faculdade. Segue-se um dos artigos do decreto.

Art.64.º

§ 1.º Será conferido o diploma de doutor ao bacharel que defender tese de notável valor, depois de dois anos, pelo menos, de estudos sob a orientação do professor catedrático da disciplina sobre que versarem os seus trabalhos, e for aprovado no exame de duas disciplinas subsidiárias da mesma secção ou secção afim.

§ 2.º Será concedido o título de doutor igualmente a todos os aprovados em concurso para catedrático.

Para o caso da Matemática, foi instituído o grau de doutor em Ciências. Nas décadas de 1940 e 1950, vários professores obtiveram o grau de doutor em Ciências (Matemática), após aprovação em concurso público para professor catedrático. Citaremos alguns deles. Em 3 de setembro de 1944, Omar Catunda obteve o grau de doutor em Ciências ao realizar concurso para cátedra na FFCL; título de sua tese: *Teoria das Formas Diferenciais e suas Aplicações*. No mesmo ano, ele obteve a livre-docência ao defender a tese intitulada *Sobre os Fundamentos da Teoria dos Funcionais Analíticos*. Lembrar que na época não havia no Brasil cursos de pós-graduação *stricto sensu*. Em 1951, Benedito Castrucci obteve grau de doutor ao realizar concurso público para cátedra na FFCL; título de sua tese: *Fundamentos da Geometria Projetiva Finita n-Dimensional*.

Ainda em 1951, Candido Lima da Silva Dias obteve o grau de doutor ao realizar concurso para cátedra na FFCL, com a tese intitulada *Espaços Vetoriais Topológicos e sua Aplicção na Teoria dos Espaços Funcionais Analíticos*. Mas em 1943 Cândido Lima da Silva Dias defendeu tese para provimento de cátedra de geometria na Escola Politécnica da USP. Título da tese *Estudos sobre as Homografias*. Também em 1951, Fernando Furquim de Almeida obteve grau de doutor em concurso público para cátedra na FFCL, com a tese *Fundamentos da Geometria Absoluta no Plano*. Em 1956, Domingos Pisanelli obteve grau de doutor em Ciências ao defender na FFCL a tese *Alguns Funcionais Analíticos e Seus Campos de Definição*, orientada pelo dr. Omar Catunda. Em 1957, Nelson Onuchic obteve grau de doutor em Ciências pela FFCL com a tese *Estruturas Uniformes Sobre p Espaços e Aplicações da Teoria Destes Espaços em Topologia Geral*. Sua tese foi orientada pelo dr. Chaim Samuel Hönig.

O grau de doutor não-obtido por concurso público para cátedra era concedido ao candidato que obtivesse aprovação em concurso após estudos com um professor especialista em determinada área. Nessa fase, que chamamos de "primeira fase de doutoramentos na USP", poucos alunos obtiveram doutorado em Matemática. Entre os primeiros recebedores do grau de doutor, registramos uma mulher, Elza Furtado Gomide, graduada em Matemática pela FFCL da USP. Ela foi a primeira brasileira a obter o grau de doutor em Ciências (Matemática) em uma instituição brasileira. O doutorado de Elza F. Gomide foi obtido em concurso realizado em 27 de novembro de 1950, com a tese *Sobre o Teorema de Artin-Weil*, na área de Análise Matemática. Ela foi orientada pelo dr. Jean Delsart, e o tema de sua tese foi sugerido por André Weil sobre uma conjetura por ele elaborada. No trabalho, a professora Elza F. Gomide provou um caso da conjetura. Desconhecemos se a conjetura foi provada para o caso geral.

Ainda em 1950, Edison Farah obteve grau de doutor em Ciências (Matemática) pela FFCL da USP defendendo a tese *Sobre a Medida de Lebesgue*, orientada por Omar Catunda. No mesmo ano, Luiz Henrique Jacy Monteiro obteve grau de doutor em Ciências (Matemática) pela FFCL da USP, defendendo a tese *Sobre as Potências Simbólicas de um Ideal Primo de um Anel de Polinômios*, sob orientação do dr. Oscar Zariski. Ainda em 1950, João Batista Castanho obteve grau de doutor em Ciências pela FFCL da USP, ao defender a tese *Sobre o Teorema de Pascal na Geometria Hiperbólica* foi orientado pelo dr. Fernando Furquim de Almeida. Em 1952, Chaim Samuel Hönig obteve grau de doutor em Ciências pela FFCL da USP, com a tese *Sobre um Método de Refinamento de Topologias*, orientada por Edison Farah. Em 1954, Edison Farah realizou concurso público para provimento de cátedra na FFCL da USP, apresentando a tese *Algumas Proposições Equivalentes ao Axioma da Escolha*. Em dezembro de 1958, Carlos Benjamin de Lyra obteve o grau de doutor em Ciências (Matemática) pela FFCL da USP, ao defender a tese *Sobre os Espaços do Mesmo Tipo de Homotopia que o dos Poliedros*, orientada por Candido Lima da Silva Dias.

O que chamamos de "segunda fase de doutoramentos na USP" inicia-se em 1952. Com efeito, o Decreto Estadual n.º 21.780, de 15 de outubro de 1952, instituiu o novo regimento de doutoramento na FFCL da USP. Eis o que diz o Art. 1.º:

Será conferido o diploma de doutor:

a) a todos os candidatos aprovados em concurso para Professor Catedrático nos termos do Art. 64, parágrafo segundo do Regulamento da Faculdade de Filosofia; e

b) aos bacharéis que forem aprovados em defesa de tese, depois de, pelo menos, dois anos de estudos sob a orientação do docente da disciplina escolhida, e em exame de duas disciplinas subsidiárias da mesma secção, ou de secção afim, ou das matérias do concurso de Especialização que fizer.

Para o caso da Matemática, o decreto estabeleceu que seria conferido o título de doutor em Ciências. Nas décadas de 1950 e 1960 várias pessoas obtiveram o grau de doutor em Ciências (Matemática) pela USP[109]. Nesse contexto, encontramos a segunda brasileira a obter o grau de Doutor em Ciências (Matemática), que foi Ofélia Teresa Alas, graduada em Matemática pela FFCL da USP. O grau foi obtido em concurso realizado em 6 de dezembro de 1968, com a tese *Sobre uma Extensão do Conceito de Compacidade e suas Aplicações*, na área de Análise Matemática. Ela foi orientada pelo professor Edison Farah e a banca examinadora era constituída pelo dr. Edison Farah (presidente), dra. Elza F. Gomide, dr. Chaim S. Hönig, dr. Constantino M. de Barros e dr. Newton Carneiro A. da Costa.

Mais adiante voltaremos a falar sobre a implantação e consolidação dos programas de pós-graduação *stricto sensu* de mestrado e doutorado em Matemática no IME-USP.

---

[109] Num trabalho em conjunto com o professor-doutor Alberto de Carvalho Peixoto de Azevedo, da UnB, listamos todos os recebedores do grau de doutor em Matemática pela USP no período abrangido pelo trabalho.

Desenvolvimento da matemática no Brasil, 1930—1980 **145**

Também a partir da década de 1950, a Escola de Engenharia de São Carlos da USP instituiu programas de pós-graduação em Matemática. Foi também instituído um forte programa de professores visitantes para ministrar cursos, orientar alunos, realizar seminários e conferências. Em 1959 realizaram-se, entre outros, os seguintes cursos: Geometria Birracional das Curvas Algébricas, pelo professor Achille Bassi; Integral e Medida, Teoria das Distribuições, Topologia dos Espaços Métricos pelo professor Jaurès P. Cecconi; Equações Diferenciais de Primeira Ordem, pelo professor Ubaldo Richard; Espaços Fibrados com Grupo Estrutural, Introdução à Topologia Algébrica, pelo professor Gilberto F. Loibel.

Em 1959, Gilberto Francisco Loibel obteve grau de doutor em Ciências ao defender a tese intitulada *Sobre Quase-Grupos Topológicoss e Espaços com Multiplicaçã*o, orientada pelo doutor Achille Bassi. Ainda em 1959, Rubens G. Lintz obteve o grau acadêmico de doutor com a tese *Uma Nova Idéia Sobre a Dimensão dos Espaços Topológicos*. Trabalho orientado por Jaurès P. Cecconi Em 8 de dezembro de 1963, Ubiratan D'Ambrosio obteve o grau de doutor em Ciências (Matemática) defendendo a tese *Superfícies Generalizadas e Conjuntos de Perímetro Finito*, na subárea de Análise Matemática; a orientação foi do doutor Jaurès P. Cecconi. Em 1968, Odelar Leite Linhares obteve o grau de doutor em Ciências com a tese *Sobre a Recionalização de Dois Algoritmos Numéricos,* sob orientação do dr. Nelson Onuchic.

COLÓQUIO BRASILEIRO DE MATEMÁTICA

Na segunda metade da década de 1950, por sugestão do dr. Chaim Samuel Hönig, docente da USP, foi criado um importante evento científico para o Brasil: o Colóquio Brasileiro de Matemática, que marcou várias gerações de matemáticos. Com efeito, em 1956, o professor Hönig sugeriu a criação do evento ao professor Leopoldo Nachbin, então diretor do Setor de Matemática do CNPq, cuja direção aprovou a sugestão.

Constituíam o núcleo da comissão organizadora do colóquio: Chaim S. Hönig, Cândido Lima da Silva Dias, Fernando F. de Almeida, Luiz H. Jacy Monteiro, Carlos Benjamin de Lyra, José de Barros Neto, Maurício M. Peixoto, Paulo Ribenboim, Antonio Rodrigues, Lindolpho de Carvalho Dias e Alexandre A. Martins Rodrigues. Essa comissão elaborou um plano para os cursos que deveriam ser ministrados e as conferências a serem realizadas. O I Colóquio Brasileiro de Matemática foi realizado na cidade de Poços de Caldas (Minas Gerais), no período de 1 a 20 de julho de 1957. Tinha por objetivo reunir matemáticos brasileiros, promover intercâmbio entre os centros matemáticos do país, realizar cursos básicos, realizar conferências de *mise au point* elementares ou especializadas, comunicar trabalhos de pesquisa, exposições e realizar debates sobre o ensino da Matemática. Outro objetivo do evento era promover uma ampla troca de informações matemáticas ou impressões referentes à situação dos estudos matemáticos no Brasil.

Durante o colóquio foram realizadas vinte conferências, a maioria à noite, e ministrados vários cursos, que refletiam as tendências dos estudos matemáticos da época e focalizavam temas sobre os quais havia pesquisadores brasileiros trabalhando. Os cursos ministrados foram os seguintes: Topologia Algébrica, por Carlos Benjamin de Lyra; Geometria Diferencial, por Antonio Rodrigues e Alexandre A. M. Rodrigues; Álgebra Multilinear e Variedades Diferenciáveis, por Chaim S. Hönig; Teoria de Galois, por Luiz H. Jacy Monteiro; Teoria dos Números Algébricos, por Fernando F. de Almeida; Análise Funcional, por Nelson Onuchi, José de Barros Neto, Domingos Pizzanelli, Cândido Lima da Silva Dias e Alfredo Pereira Gomes; Classification of Homogeneous Kaehlerian Manifolds, por Morikuni Goto; Sur les Variétés Feuilletés, por Georges Reeb.

Ao elaborar o relatório final sobre o colóquio, a comissão organizadora sugeriu às autoridades que o evento fosse realizado a cada dois anos. O II Colóquio Brasileiro de Matemática foi realizado de 5 a 18 de julho de 1959, também na cidade de Poços de Caldas. Na sessão de abertura dos trabalhos falaram, além do prefeito da cidade, os professores Paulo Ribenboim, M. Zaluar Nunes (representando os participantes estrangeiros), Chaim S. Hönig ("As Perspectivas do Desenvolvimento da Matemática no Brasil") e Leopoldo Nachbin ("Estímulo à Matemática no Brasil").

Compareceram ao II Colóquio 62 pessoas, do país e do exterior, e foram realizados quatro cursos, nove conferências sobre Matemática; três conferências sobre o ensino da Matemática; e houve apresentação de sete trabalhos de pesquisa. Os cursos ministrados foram: Álgebras de Banach, por Leopoldo Nachbin; Geometria Algébrica, por Alberto de Carvalho Peixoto de Azevedo, L. H. Jacy Monteiro e Renzo Piccinini; Superfícies de Riemann, por Alexandre A. M. Rodrigues, Elza F. Gomide, Nelo S. Allan e Omar Catunda; e Teoria das Conexões, por Leo H. Amaral.

Assim, por muito tempo, o Colóquio Brasileiro de Matemática foi realizado, a cada dois anos, na cidade de Poços de Caldas, e acabou conhecido como "Colóquio de Poços de Caldas". Sua realização era ansiosamente esperada pelos estudantes. No início dos anos 2000, o Colóquio Brasileiro de Matemática continuava sendo realizado a cada dois anos, agora nas dependências do IMPA, na cidade do Rio de Janeiro, com numerosa participação de professores do Brasil e do exterior, bem como de estudantes de graduação e de pós-graduação.

Ainda na década de 1950, como resultado do esforço de vários matemáticos brasileiros e de estrangeiros que estavam trabalhando no Brasil, o dr. Cândido Lima da Silva Dias sugeriu ao diretor científico do CNPq, professor Joaquim da Costa Ribeiro, a criação de um instituto de Matemática ligado ao CNPq, para agregar o professor Leopoldo Nachbin. A idéia era solucionar difícil impasse que surgira com a abertura de concurso público para provimento do cargo de professor catedrático da cadeira Análise Matemática e Análise Superior, do Departamento de Matemática da FNFi, da Universidade do Brasil, na cidade do Rio de Janeiro. Para esse concurso, dois candidatos se inscreveram. professor José Abdelhay, catedrático Interino desde 1943, que apresentou a tese *Bases para Espaços de Banach* (Rio de Janeiro, 1950), e o professor Leopoldo Nachbin, com a tese *Topologia e Ordem* (Chicago, 1950). Ambas as teses eram atuais e de excelente nível matemático.

O concurso jamais se realizou, para provimento de cátedra devido a um impasse administrativo, e a cátedra não foi preenchida. Ao leitor interessado por mais detalhes a respeito daquele concurso, sugerimos a leitura de (Silva, 2002, p. 36). Esse concurso foi realizado na década de 1970, porém para professor titular. O professor Abdelhay desistiu do concurso. O professor Nachbin fez o concurso como candidato único.

E assim foi fundado, em 1952, o Instituto de Matemática Pura e Aplicada (IMPA), na cidade do Rio de Janeiro, como um órgão do CNPq e tendo como um dos seus pesquisadores o professor Leopoldo Nachbin[110]. O IMPA passou a funcionar em uma das salas do "Velho Barracão", no campus da Universidade do Brasil, na Praia Vermelha, onde funcionava o Centro Brasileiro de Pesquisas Físicas (CBPF). Foram agregados ao IMPA como chefes de pesquisa os doutores Leopoldo Nachbin e Maurício Matos Peixoto, assim como Maria Laura Mousinho L. Lopes[111], Carlos Benjamin de Lyra, José Leite Lopes e Paulo Ribenboim, entre outros, na qualidade de pesquisadores. Posteriormente outros talentosos estudantes de Matemática se

---
[110] Cf. Silva, 2002, p. 36

[111] Segundo informações da própria professora Maria Laura Mousinho L. Lopes, ela também atuou como secretária nessa fase inicial do IMPA.

Desenvolvimento da matemática no Brasil, 1930–1980   **147**

agregaram ao IMPA na qualidade de pesquisadores associados. O primeiro diretor do IMPA foi o professor Lélio I. Gama.

A partir de 1959, estiveram no IMPA como visitantes os professores Otto Endler, do Instituto de Matemática da Universidade de Bonn (Alemanha) e José de Barros Neto, da USP. E, na qualidade de agregados ao IMPA, os professores Manfredo Perdigão do Carmo, da Universidade de Recife, e Renzo Peccinini, da Escola de Engenharia de São Carlos. E ainda, como estagiários, os professores Milton C. Martins, da Universidade do Ceará, Sílvio Machado, da Universidade do Rio Grande do Sul, Nathan Moreira dos Santos, da Universidade do Paraná (com bolsa do CNPq), entre outros.

Em 1964, o IMPA tinha como membros do Conselho Orientador: Ary Nunes Tietbohl, Cândido Lima da Silva Dias, Jayme Tiomno, Leopoldo Nachbin, Lindolpho de Carvalho Dias e Maurício Matos Peixoto. E, como membros regulares do corpo científico os seguintes doutores: Elon Lages Lima, Leopoldo Nachbin, Maurício Matos Peixoto. Mais adiante daremos outras informações sobre o IMPA.

O DESENVOLVIMENTO DA MATEMÁTICA NO BRASIL APÓS 1960

A partir da década de 1960, houve um substancial incremento na oferta e na demanda de cursos de graduação, licenciatura e bacharelado, em Matemática em quase todo o país. Foi a época do "milagre brasileiro". Houve uma expansão do ensino superior. Faltavam professores de Matemática nas escolas secundárias, bem como nas universidades. Departamentos de Matemática de várias universidades contratavam, além de graduados em Matemática, engenheiros (civil, mecânico, químico, agrônomo, florestal) que também desejassem ser professores de Matemática. Universidades sediadas no eixo Rio de Janeiro—São Paulo, bem como a Universidade de Brasília, foram mais criteriosas em suas contratações de professores de Matemática.

Professores universitários talentosos formaram grupos de pesquisa científica, os quais eram liderados por docentes qualificados e com experiência acadêmica. Os membros dos grupos passaram, com mais freqüência, a fazer pesquisa científica e a incentivar a formação escolarizada dos jovens estudantes. Porém, legalmente, os programas de pós-graduação, *stricto sensu*, mestrado e doutorado, ainda não estavam definidos. Essa definição aconteceu com o Parecer 977/65, CESu, aprovado em 3 de dezembro de 1965. Foram signatários desse parecer os seguintes conselheiros: A. Almeida Júnior (presidente da CESu), Newton Sucupira, Clóvis Salgado, José Barreto Filho, Maurício Rocha e Silva, Durmeval Trigueiro, Alceu Amoroso Lima, Anísio Teixeira, Valnir Chagas e Rubens Maciel.

No final da década de 1960 e início da década de 1970, o governo federal deu início a um forte programa de incentivo financeiro para alunos de pós-graduação, via PICD, que desejassem concluir sua formação acadêmica. A partir daí, professores de várias instituições de ensino do país passaram a se matricular regularmente em programas de mestrado e/ou doutorado em Matemática. Ainda nesse período, o governo federal iniciou o regime de trabalho para docentes, que instituía o tempo integral e dedicação exclusiva, conhecido pela sigla RETIDE. A partir da década de 1980, o regime de trabalho para o docentes em dedicação exclusiva (DE) foi ampliado de modo considerável, à medida que os professores, já doutores, regressavam às suas instituições de origem.

O Decreto-Lei nº 53, de 18 de novembro de 1966, implantou a Reforma Universitária no Brasil. A partir de então, em diversas instituições universitárias, foram iniciados programas de pós-graduação, *stricto sensu* em Matemática.

Nas décadas de 1950 e 1960, o Departamento de Matemática da Escola de Engenharia de São Carlos, da USP, já possuía um corpo docente muito ativo realizando pesquisas, seminários, conferências e cursos avançados. O Departamento tinha ainda um bom programa para professores visitantes. Essas atividades visavam formar recursos humanos qualificados em Matemática. Posteriormente foi criado o Instituto de Ciências Matemáticas de São Carlos, da USP. Em 1970, começou no ICMSC-USP o programa de doutorado em Ciências (Matemática). Nessa segunda fase da concessão do grau de doutor em Ciências pela USP, na cidade de São Carlos, Auster Ruzante tornou-se o primeiro recebedor do grau ao defender, em 1972, a tese *Sobre Singularidades de Restrições de Aplicações Diferenciáveis*, na subárea Topologia Diferencial (Singularidades). A tese foi orientada pelo doutor Gilberto Franciscol Loibel. Em 3 de outubro de 1977, encontramos a primeira mulher, Célia Maria Finazzi de Andrade, a receber o grau de doutor em Ciências (Matemática), pelo ICMSC-USP, defendendo a tese *Métodos Lineares de Passo Múltiplo Estáveis de Alta Precisão Aplicados a — Equações Diferenciais Ordinárias, Equações Integrais, Equações Diferenciais Parciais*. Sob orientação do dr. James Clark St. Clair Sean McKee.

De fato, o Instituto Tecnológico de Aeronáutica (ITA) foi a primeira instituição brasileira a oferecer um programa de mestrado em Matemática. Com efeito, em 4 de janeiro de 1961, a congregação daquela instituição aprovou as normas para a constituição de programas de mestrado em Engenharia Aeronáutica, Engenharia Eletrônica, Engenharia Mecânica, Física e Matemática. Devemos lembrar que o ITA é uma instituição de ensino superior não-subordinada ao Ministério da Educação (MEC).

Em novembro de 1965, o ITA concedeu o primeiro grau de mestre em Ciências. (Matemática). O recebedor foi Antonio Fernando Izé, que, orientado pelo professor dr. Nelson Onuchic, defendeu a dissertação *Método Topológico de Wazewski e suas Aplicações ao Estudo do Comportamento Assintótico de Sistemas de Equações Diferenciais Ordinárias*. O ITA, situado no interior do Estado de São Paulo, continua sendo uma instituição formadora de bons matemáticos, bem como um centro difusor do saber matemático em nosso país.

Na Universidade de Brasília, o Departamento de Matemática iniciou suas atividades em abril de 1962. Na verdade, ele foi o núcleo formador do Instituto Central de Matemática. Em fevereiro daquele ano, o professor Leopoldo Nachbin havia sido designado coordenador do futuro Instituto Central de Matemática da UnB. O Departamento de Matemática começou a funcionar nessa época, contando com a colaboração de dois professores Ph. D. (em Matemática), a saber, Djairo Guedes de Figueiredo e Geraldo Severo de Souza Ávila. Contava ainda com a colaboração de quatro professores (instrutores): Mário Carvalho de Matos, Mauro Bianchini, Nelson de Almeida Braga e Sérgio Vicente de Souza Falcão, que não eram pós-graduados, mas que já estavam engajados em um programa de estudos pós-graduados, criado no departamento e que tinha por objetivo a obtenção do grau de mestre em Ciências. Paulatinamente foram sendo agregados ao Departamento de Matemática outros doutores que trabalhavam em instituições da cidade do Rio de Janeiro e em São Paulo. Foi criado um programa para atrair professores visitantes.

Em setembro de 1962 a direção do Departamento de Matemática da UnB distribuiu uma circular que, entre outras informações, descrevia a organização do programa de mestrado em Matemática da instituição, com a seguinte grade curricular.

Desenvolvimento da matemática no Brasil, 1930—1980

- No 1.º ano, os alunos deveriam estudar seis disciplinas, (três por semestre), que eram: 1.º semestre, Álgebra Linear, Espaços Métricos e Geometria Diferencial; 2.º semestre, Álgebra Moderna, Funções Analíticas e Topologia Geral.

- No 2.º ano, os alunos estudariam duas disciplinas por semestre e deveriam escrever uma dissertação de caráter expositivo. As disciplinas a serem cursadas deveriam ser escolhidas entre um elenco ofertado, entre as quais: Teoria dos Ideais, Teoria dos Grupos, Análise Funcional, Equações Diferenciais, Variedades Diferenciáveis, Topologia Algébrica, Análise Matemática, Funções de uma Variável Complexa, Métodos de Matemática Aplicada, Aplicações da Álgebra Linear à Geometria Euclidiana, Tópicos em Equações Diferanciais Parciais, etc. Os alunos também deveriam assistir às conferências que seriam pronuncidas por professores visitantes.

Em julho de 1964, os alunos Mário Carvalho de Matos e Mauro Bianchini receberam o grau de mestre em Ciências (Matemática). O primeiro, orientado por Djairo Guedes de Figueiredo, defendeu a dissertação *Teorema da Projeção e Princípio de Dirichlet*; o segundo, orientado por Geraldo Severo de Souza Ávila, defendeu a dissertação *Equações de Helmholtz e Condições de Radiação*. Ambos expuseram suas dissertações no mesmo dia, 7 de julho de 1964. Porém Mário de Carvalho Matos defendeu sua dissertação algumas horas antes de que Mauro Bianchini, tornando-se portanto o primeiro brasileiro a receber o grau de Mestre em Ciências (Matemática) por uma universidade brasileira. No Ofício CCPG/56/64, de 17 de julho de 1964, endereçado a Mauro Bianchini e assinado por Aryon Dall'Igna Rodrigues, coordenador do curso de Pós-Graduação, consta o seguinte:

Prezado Senhor:

Tenho o prazer de comunicar-lhe que, em despacho de 7 de julho de 1964, foi-lhe conferido, pelo Reitor da Universidade de Brasília, o grau de Mestre em Matemática, com a menção "suficiente".

Oportunamente ser-lhe-á expedido o respectivo diploma.

Cordialmente,
Aryon Dall'Igna Rodrigues,
Coordenador

Estes foram os dois primeiros graus de mestre em Ciências (Matemática) concedidos por uma instituição brasileira.

Ainda em 1964, o aluno Alejandro Ortiz Fernández recebeu o título de mestre em Ciências pela UnB, ao defender a dissertação *Unicidade do Problema da Cauchy*, orientada pelo doutor Djairo Guedes de Figueiredo.

Em novembro de 1965, os alunos Plínio Quirino Simões do Amarante e Antonio Carlos do Patrocínio receberam o título de mestre em Ciências pela UnB, ao defenderem respectivamente, as dissertações *O Teorema da Curva de Jordan, e o Teorema de Schoenfiles Generalizado; Teoremas de Pontos Fixos*, ambas as dissertações orientadas pelo doutor Elon Lages Lima.

Porém, a partir de 1964, com a instauração do regime militar no Brasil, grande parte dos professores e alunos do (ICM) se transferiu para outras instituições do país e do exterior. Os alunos que estavam em fase de conclusão de seus cursos foram transferidos para o IMPA ou para a FNFi da Universidade do Brasil, na cidade do Rio de Janeiro.

O programa de mestrado do IMPA, teve início em agosto de 1964; portanto o IMPA foi uma das primeiras instituições a criar programa de pós-graduação *stricto sensu* em Matemática. Esse programa era inicialmente executado em convênio com a UFRJ, que reconhecia os cursos ministrados pelo IMPA e expedia os diplomas correspondetes. Vários matemáticos brasileiros e estrangeiros passaram a trabalhar no IMPA como estagiários e como visitantes. O IMPA tornou-se a instituição que mais atraía bons estudantes em busca de seus mestrados. Em agosto de 1965, a instituição concedeu seus primeiros graus de mestre em Ciências. O regulamento do programa exigia que as dissertações fossem defendidas oralmente. Assim foi que, Guido Ivan Zapata Ferreira e Thomas Aloysius Walsh Dwyer Neto defenderam suas dissertações (respectivamente, sobre *Aplicações do Conceito de Categoria e Núcleos e Distribuições*), ambas orientadas pelo professor Leopoldo Nachbin. Esses foram os primeiros graus de mestre em Ciências concedidos pelo IMPA.

O IMPA foi também uma das primeiras instituições do país a instituir um programa de doutorado em Matemática. Na verdade, esse programa teve início formal em 1962. Da primeira fase do programa, citamos os seguintes doutorandos: José de Barros Neto, o primeiro aluno do professor Leopoldo Nachbin, nessa modalidade, sua tese *Alguns tipos de Núcleos-Distribuições* foi preparada no IMPA e defendida na USP, em 1960. Aristides Camargo Barreto, com a tese *Estabilidade Estrutural das Equações Diferenciais da Forma $\ddot{x} = f(x,\dot{x},)$*, defendida em 1964. Ivan Kupka, com a tese *Contribuição à Teoria dos Campos Genéricos*, defendida em 1964. Jorge Manuel Sotomayor Tello, com a tese *Estabilidade Estrutural de Primeira Ordem e Variedades de Banach*, defendida em 1964. Essas três últimas teses foram orientadas pelo doutor Maurício Matos Peixoto. Em outubro de 1965, Luís Adauto da Justa Medeiros obteve o grau de doutor em Ciências (Matemática) pelo IMPA, ao defender a tese *The Initial Value Problem of Nonlinear Wave Equations in Hilbert Spaces,* orientada pelo doutor Felix Browder. Em informações pessoais, via correspondência particular, datada de julho de 2001, e também em informações contidas em (MEDEIROS, 1997, p. 4) assim se expressou Luís Adauto Medeiros a respeito de sua tese.

Após entendimentos com José Abdelhay fomos trabalhar com Leopoldo Nachbin o que seria uma continuação natural de nossa formação anterior. Recebemos uma bolsa do CNPq e, após dois anos, Nachbin sugeriu-nos que fossemos para os Estados Unidos. Desenvolvemos um projeto de pesquisa com Felix Browder, durante dois anos na Yale University e um ano na Univerisity of Chicago. Os resultados de nosso trabalho de pesquisa com Browder constituíram-se de nossa tese de doutorado aprovada por uma comissão organizada pela direção do IMPA...

Em 1967, Sílvio Machado obteve o grau de doutor em Ciências pelo IMPA, ao defender a tese *Aproximação Ponderada em Fibrados Vetoriais*, na subárea Análise, sob orientação de Leopoldo Nachbin.

A partir da década de 1970, detectamos as primeiras brasileiras a obter grau de doutor em Ciências (Matemática) pelo IMPA: Keti Tenenblat, em 1972, defendendo a tese *Uma Estimativa dos Comprimentos de Geodésicas Fechadas em Variedades Riemannianas*, na subárea Geometria, orientada pelo doutor Manfredo Perdigão do Carmo. E Gilda de La Roque Palis, que defendeu, em 1974, a tese *Campos Vetoriais de Ações de R^2 linearmente Induzidos em Esferas*, na subárea Sistemas Dinâmicos, orientada pelo doutor Maurício Matos Peixoto.

Desenvolvimento da matemática no Brasil, 1930–1980

Na década de 1960, o Instituto de Matemática da Universidade Federal do Ceará (UFC) iniciou atividades extracurriculares visando complementar a formação matemática de seus professores assistentes, bem como dos alunos de graduação. Para tanto, foi criado um programa de mestrado em Matemática, que iniciou em março de 1965. Vários matemáticos brasileiros que trabalhavam no IMPA, CBPF, UFPE e UFRJ, como Luís Adauto Medeiros, Leopoldo Nachbin, Alberto de Carvalho Peixoto de Azevedo, Augusto J. M. Wanderley, Elon Lages Lima e Manfredo Perdigão do Carmo, seguiram para Fortaleza como visitantes para realizar cursos e conferências. Lá estiveram trabalhando também, como professores visitantes alguns matemáticos franceses, como Pierre Boughon, Pierre Samuel e Georges Bodiou. Em agosto de 1967, foram concedidos por aquela instituição os primeiros graus de mestre em Ciências (Matemática). Os primeiros alunos a receber o grau de mestre em Ciências (Matemática) pela UFC, foram Gervásio Gurgel Bastos, João Lucas Marques Barbosa e Nilson Pinheiro Marcondes.

O regulamento do programa de mestrado em Matemática da UFC estabelecia que os alunos deveriam obter aprovação em cursos (disciplinas) regulares, bem como em um exame de mestrado. Logo, não havia apresentação de dissertação. Os exames, para os alunos, foram realizados no período de 28 de julho a 3 de agosto de 1967. Foi constituída uma banca examinadora, composta pelos seguintes docentes: dr. Francisco Silva Cavalcante (presidente), dr. Pierre Boughon, dr. Pierre Samuel, dr. Georges Bodiou, dr. Elon Lages Lima e dr. José Ubyrajara Alves.

Graças ao apoio das autoridades acadêmicas locais e de órgãos como CNPq e CAPES, a UFC constitui atualmente outro importante centro de estudos e pesquisas matemáticas localizado da Região Nordeste do nosso país.

Em 1969 foi criado na Pontifícia Universidade Católica do Rio de Janeiro (PUCRJ) um excelente programa de mestrado em Matemática. Os alunos desse programa também faziam curso no IMPA e alguns, ao completar o programa, eram enviados para estudos pós-graduados em boas instituições do exterior. Citaremos no próximo parágrafo os três alunos da primeira turma desse programa a receber o grau de mestre em Ciências (Matemática) pela PUCRJ. O programa esteve sob a orientação dos doutores Alberto de Carvalho Peixoto de Azevedo, Elon Lages Lima, João Bosco Pitombeira, Jacob Palis Jr., Otto Endler e Nathan Moreira dos Santos.

O primeiro a receber grau de mestre em Ciências (Matemática) pela PUCRJ foi Carlos Frederico Borges Palmeira, que defendeu, em 4 de junho de 1971, a dissertação *O Teorema de Kupka-Smale*, na subárea Geometria e Topologia, sob orientação do dr. Nathan Moreira dos Santos. O segundo grau de mestre em Ciências PUCRJ foi concedido a Jair Koiller, em 25 de junho de 1971, com a dissertação *Algumas Aplicações da Teoria da Transversalidade*, na subárea Geometria e Tolopogia, dissertação orientada pelo dr. Nathan Moreira dos Santos. O terceiro que recebeu grau de mestre em Ciências pela PUCRJ foi Israel Vainsencher, que defendeu, em 30 de junho de 1971, a dissertação *Caracterização Homológica dos Anéis Locais Regulares*, na subárea Álgebra, orientada pelo dr. Alberto de Carvalho Peixoto de Azevedo.

Posteriormente, a PUCRJ implantou um programa de doutorado em Matemática. Quem primeiro recebeu o grau de doutor em Ciências (Matemática) por essa instituição foi Marilda Antonia de Oliveira Sotomayor, que, em 22 de dezembro de 1981, defendeu a tese *Sobre Flutuações de Renda e Ganhos de Capital*, subárea de Matemática Aplicada com a orientação do dr. Jack Schecktaman.

Na Universidade Federal de Pernambuco (UFPE), aproveitando o impulso inicial dado pelos metemáticos portugueses que ali estiveram trabalhando, o Departamento de Matemática reformulou e consolidou o programa de pós-graduação *stricto sensu* mestrado em Matemática.

O regimento do programa estatuía que o aluno, após cumprir os créditos exigidos, fosse aprovado em exame final de mestrado.

Os primeiros graus de mestre em Ciências (Matemática) foram concedidos a Edmilson Vasconcelos Pontes. Orientado pelo dr. Fernando Cardoso, na subárea de Análise, foi aprovado em exame final de mestrado, realizado no período de 23 de dezembro de 1969 a 29 de dezembro de 1969. A banca examinadora foi composta pelos doutores Fernando Cardoso, Manfredo Perdigão do Carmo, Ruy Luís Gomes, Roberto Figueiredo Ramalho de Azevedo e José Carlos Morgado Júnior.

E a Maria Eulália B. Coutinho, também em 1969 orientada pelo dr. Ruy Luís Gomes, na subárea de Análise. Ela foi aprovada em exame final de mestrado realizado entre 23 e 1969 a 29 de dezembro de 1969. A banca examinador foi a mesma citada anteriormente.

O Instituto de Matemática da Universidade Federal da Bahia iniciou um programa de mestrado em Matemática no ano de 1968, via projeto PNUB, com apoio da Unesco. Seu primeiro grau de mestre em Ciências (Matemática) foi concedido, em 12 de dezembro de 1972, a Arlete Cerqueira Lima que defendeu a dissetação Equivalência Assintática de dois Sistemas Diferenciais, trabalho orientado por dr. Omar Catunda. O segundo grau de mestre em Ciências foi concedido a Maria Helena Lanat, Pedreira de Cerqueira, defendendo em 20 de dezembro de 1972 a dissertação *Alguns Teoremas do Ponto Fixo, Generalizações Aplicações,* na subárea Análise Funcional, orientada pelo dr. Marko Svec, substituído posteriormente pelo dr. Tibor Neubrunn. Vários docentes fizeram parte de um programa da Unesco, via projeto PNUD.

Nessa primeira fase de revitalização dos estudos da Matemática em Salvador, esteve dirigindo o Instituto de Matemática da UFBA o dr. Rubens G. Lintz. Após sua saída, foi contratado para o cargo o dr. Omar Catunda, que já estava aposentado pela USP. Nessa fase, vários matemáticos brasileiros que trabalhavam em instituições do eixo Rio de Janeiro—São Paulo, estiveram em Salvador ministrando cursos para os alunos de Matemática. Entre eles citamos Elza F. Gomide, Alberto de Carvalho Peixoto de Azevedo, e Elon Lages Lima.

Outro importante centro formador e difusor dos estudos da Matemática é o Instituto de Matemática da Universidade Federal Fluminense (UFF). Na década de 1960, foi instituído um programa de pós-graduação, *stricto sensu,* de um mestrado em Matemática. O primeiro grau de mestre em Ciências da instituição foi concedido a Ceres Marques de Morais, que, orientada pelo dr. Jorge Emmanuel Ferreira Barbosa, defendeu sua dissertação na subárea Álgebra, em 28 de agosto de 1970. Não nos foi possível obter o título da dissertação, mas a banca examinadora era composta pelos doutores Jorge Emmanuel Ferreira Barbosa, Joaquim Cardoso Lemos e Mário Tourasse.

Na Universidade Federal do Rio de Janeiro (UFRJ), o Conselho de Ensino para Graduados (CEPG) autorizou, em sessão realizada em 4 de março de 1970, a criação dos programas de pós-graduação, *stricto sensu,* de um mestrado e doutorado em Matemática, nas seguintes áreas de concentração: Matemática Pura e Matemática Aplicada, para funcionar no Instituto de Matemática. Em 1971, o Programa de Doutorado foi transferido da Coppe-UFRJ para o Instituto de Matemática.

O primeiro aluno a receber o grau de Mestre em Ciências (Matemática) pelo IM-UFRJ foi Bernardo Felzenzwalb, que defendeu dissertação *Cohomologia de Amitsur,* em 13 de setembro de 1972. Esse trabalho foi orientado pelos professores Andrew T. Kitchen e Karl O. Stöhr, na subárea Álgebra. Constituíram a banca examinadora os professores Andrew T. Kitchen, Karl O. Stöhr, Alberto L. Coimbra, Leopoldo Nachbin, Guilherme M. S. M. de La Penha

Desenvolvimento da matemática no Brasil, 1930—1980 153

e João Bosco Prolla. O segundo a receber grau de mestre em Ciências pelo IM-UFRJ foi Marlos Augusto Gomes Viana, que em 5 de dezembro de 1972 defendeu a dissertação *A Solução de Mergelyan para o Problema de Bernstein*, na subárea Análise. G. Viana foi orientado pelo dr. João Bosco Prolla, e a banca examinadora era formada pelos professores João Bosco Prolla, Guido Ivan Zapata Ferreira e Sílvio Machado.

Quem primeiro recebeu o grau de doutor em Ciências (Matemática) pelo IM-UFRJ foi Augusto José Maurício Wanderley, defendendo a tese *Germes de Aplicações Holomorfas em Espaços Localmente Convexos*, na subárea Análise, em 30 de agosto de 1974. A tese foi orientada pelo dr. Leopoldo Nachbin, sendo a banca examinadora constituída pelos professores Leopoldo Nachbin, Domingos Pizanelli e Jorge Alberto Alvares Gomes Barroso. O segundo recebedor do grau de Doutor em Ciências (Matemática) pelo IM-UFRJ foi Beatriz Rocha Pereira das Neves, que defendeu, em 28 de maio de 1975, a tese *Solução Regular de um Problema não-Linear de Evolução*, subárea Análise. Sua tese orientada pelo dr. Luís Adauto da Justa Medeiros e a banca examinadora constituída pelos professores Luís Adauto da Justa Medeiros, Guilherme Murício Souza Moraes de La Penha e Pedro Nowosad.

O Instituto de Matemática da UFRJ é um dos importantes centros de formação de recursos humanos qualificados e um dos principais pólos difusores do saber matemático do Brasil.

Em 1960, foi criado na Universidade de São Paulo (USP) o Instituto de Matemática, órgão subordinado à reitoria. Esta unidade foi muito ativa, realizando várias conferências, programas de professores visitantes, seminários e pesquisa matemática; foi criado também um programa de mestrado em Ciências. O primeiro a receber grau de mestre em Ciências (Matemática) foi Ofélia Teresa Alas, que em 1967 defendeu a dissertação *Seis Proposições Equivalentes aoTeorema de Zermelo*, na subárea Lógica Matemática, sob orientação do dr. Edison Farah. O segundo recebedor do grau de mestre em Ciências foi Antônio Gilioli, em 1969 que defendeu a dissertação *Limites Indutivos, na subárea Análise*. Sua dissertação foi orientada pelo dr. Chaim Samuel Hönig.

Porém, com a reforma universitária ocorrida na segunda metade da década de 1960, foi criado o Instituto de Matemática e Estatística (IME) da USP, unidade que passou a abrigar os programas de pós-graduação, *stricto sensu*, de mestrado e doutorado em Matemática e em Estatística. O doutorado no IME-USP foi criado em 1970. Na terceira fase de concessão do grau de doutor em Ciências (Matemática) pela USP, campus São Paulo, o primeiro recebedor foi Jacob Zimbarg Sobrinho, que em 1970 defendeu a tese *Algumas Aplicações do Axioma da Regularidade na Axiomática de Zermelo-Fraenkel*, na subárea Lógica Matemática, orientada pelo dr. Edison Farah. O segundo recebedor do grau de doutor em Ciências (Matemática) pelo IME-USP foi Toshio Hattori, defendendo em 1971, a tese *Sobre Soluções Funcionais não-Lineares em Espaços de Banach*, na subárea Análise, sob orientação do dr. Chaim Samuel Hönig. O IME-USP é outro importante centro formador de recursos humanos qualificados e difusor do saber Matemático em nosso país.

Na Universidade Estadual de Campinas (UNICAMP), os programas de pós-graduação, *stricto sensu,* em mestrado e doutorado em Matemática tiveram início na década de 1960. O primeiros graus de mestre em Ciências (Matemática Aplicada e Matemática Pura) foram concedidos a respectivamente, Rodney Carlos Bassanezi e a Antonio Mário Antunes Sette, o primeiro defendeu, em 22 de janeiro de 1971, a dissertação *Sistemas Ortonormais Completos*, orientada pelo dr. Ayrton Badelucci, e o segundo defendeu, em 19 de abril de 1971, a dissertação *Sobre as Álgebras de Hiper-Reticulados C(W)*, orientada pelo dr. Newton Carneiro Affonso da Costa.

Em 10 de janeiro de 1972, José Vitório Zago defendeu a dissertação *Programação Linear e não-Linerar*, orientada pelo dr. Odelar Leite Linhares; e, em 11 de fevereiro de 1972, Dicesar Lass Fernandez defendeu a dissertação *Os Espaços de Lorentz e Aplicações*, trabalho orientado pelo dr. Ivan de Queiroz Barros.

O primeiro grau de doutor em Ciências (Matemática) concedido pela UNICAMP foi para Orlando Francisco Lopes, que defendeu, em 23 de outubro de 1969, a tese *Sistemas Dinâmicos Multidimensionais*, orientado pelo dr. Waldyr Muniz Oliva. Em 1.º de dezembro de 1972, Ângelo Barone Neto recebeu o grau de doutor em Ciências pela UNICAMP, defendendo a tese *Um Teorema de Instabilidade Segundo Liapunov para o Equilíbrio de Sistemas Sujeitos a Vínculos não-Holônomos*, na subárea Análise, sob orientação do dr. Mauro de Oliveira César. Compunham a banca examinadora os doutores Mauro de Oliveira César, Jacob Palis Júnior, Leo Roberto Borges Vieira, Maurício Matos Peixoto, Waldyr Muniz Oliva e Ubiratan D'Ambrosio.

A primeira mulher a receber, na UNICAMP grau de doutor em Ciências (Matemática) foi Otília Terezinha Wiermann Paques. Sua tese, defendida em 12 de setembro de 1977, intitulava-se *Produtos Tensoriais de Funções Silva-Holomorfas e a Propriedades de Aproximação* subárea Análise e foi orientada pelo dr. Mário Carvalho de Matos. Na banca examinadora estavam os doutores Mário Carvalho de Matos, Leopoldo Nachbin, Richard Martin Aron, Philippe Noverraz e Jorge Túlio Mujica Ascui.

A UNICAMP constitui outro importante centro formador de recursos humanos qualificados e difusor do saber matemático de nosso país.

Na década de 1970, existiu na então Faculdade de Filosofia, Ciências e Letras de Rio Claro, da Universidade São Paulo, um programa de pós-graduação, *stricto sensu, de* doutorado em Matemática. Em 1973 Eurides Alves de Oliveira recebeu grau de doutor em Ciências pela instituição, ao defender a tese *Universos Ordenados*, na subárea Fundamentos da Matemática; a tese foi orientada pelo dr. Mário Tourasse Teixeira.

Com a criação da UNESP, a FFCLRC foi por ela incorporada. Atualmente essa unidade da UNESP mantém bons programas de pós-graduação, *stricto sensu*, de mestrado e doutorado em Educação Matemática.

Na década de 1970, o Departamento de Matemática da Universidade Federal de Minas Gerais (UFMG), criou um programa de pós-graduação *stricto sensu* em Matemática. Em 22 de fevereiro de 1974 Alberto de Alvarenga Cunha recebeu o grau de mestre em Ciências ao defender a dissertação *Difeomorfismos Absolutamente Omega-Estáveis* na subárea Sistemas Dinâmicas. Trabalho orientado por dr. Pedro Mendes. Em 1975, Luís Flávio de Castilho obteve o grau de mestre em Ciências ao defender a dissertação *Perturbações de Conjuntos Hiperbólicos*, na subárea Sistemas Dinâmicos. Lamentavelmente, não foi possível obter o nome do orientador do trabalho.

No Departamento de Matemática da Universidade Federal de Santa Catarina (UFSC), por meio da Portaria n.º 456/75, de 23 de outubro de 1975, foi criado um programa de pósgraduação, *stricto sensu*, em Matemática, em nível de mestrado, opção Matemática Aplicada. As atividades do programa tiveram início em março de 1976, sendo as áreas envolvidas Matemática, Engenharia e Física.

Desenvolvimento da matemática no Brasil, 1930—1980

De acordo com o regulmento do programa, para obter grau de mestre em Ciências, o aluno deveria obter 24 créditos em disciplinas ofertadas, entre elas Álgebra Linear, Análise Real, Funções de Variável Complexa, Análise Funcional, etc., e defender uma dissertação.

Em 14 de dezembro de 1978, o primeiro grau de mestre em Ciências foi concedido a Maria Emília Nunes Pires Wiggers, que defendeu a dissertação *Ações não-Ortogonais de Grupos Ortogonais em Esferas*, trabalho orientado pelo dr. Ítalo José Dejter. A UFSC é um dos importantes centros, na Região Sul, de criação e difusão do saber matemático.

A partir da segunda metade da década de 1970, o Departamento de Matemática da Pontifícia Universidade de São Paulo (PUCSP), iniciou um programa de Pós-Graduação, *stricto sensu*, em Ensino de Matemática. Em 1978, concedeu o primeiro grau de mestre em Ciências a Genésio Brianti Filho, que defendeu, em 19 de dezembro de 1978, a dissertação *Caracteres e sua Importância na Demonstração do Teorema de Dirichlet para Números Primos*. Essa dissertação foi orientada pelo dr. Peter Almay.

Outro importante centro formador e difusor do saber matemático na Região Sul é a Universidade Federal do Rio Grande do Sul (UFRGS). Pela Portaria n.º 896 do reitor da instituição, datada de 1.º de outubro de 1970, foi criado o Instituto de Matemática na área de Ciências Exatas e Tecnologia. Esse novo IM substituiu o antigo Instituto de Matemática e Física, criado na década de 1950. Naquela década foram realizados cursos e várias conferências. Por exemplo, em 1959 realizaram-se os seguintes cursos: Teoria Matemática das Elasticidade, professor An Tzu Yang; Equações Diferenciais Ordinárias professor Antonio Rodrigues; Variedades Diferenciáveis, professor Elon Lages Lima.

No novo IMUFRGS foram criados dois departamentos: de Matemática Pura e Aplicada e o de Estatística. Em 1977 teve início no IMUFRGS um programa de pós-graduação, *stricto sensu*, mestrado em Matemática. Esse programa foi credenciado pelo MEC/CAPES em 28 de agosto de 1980, via Parecer n.º 859/80, e foi recrendenciado em 4 de março de 1986. Vários matemáticos brasileiros que ali trabalharam desempenharam importante papel formador e transmissor do saber matemático aos jovens que estudaram nesse IM. Entre esses docentes citamos os professores Ari Nunes Tietböhl, Sílvio Machado, Antonio Rodrigues, Antonio P. Ribeiro, Joana Bender, Marta Blauth Menezes, Pedro Nowosad e Oclide J. Dotto. Na década de 1990, foi criado outro programa de pós-graduação, *stricto sensu*, em Matemática Aplicada no IMUFRGS. Nessa fase, o primeiro aluno a receber o grau de mestre em Ciências foi Marco Antonio Giacomelli, ao defender, em 24 de março de 1995, a dissertação *Grandes Desvios no Contexto de Variáveis Aleatórias Independentes e Identicamente Distribuídas*, na subárea Estatística. O trabalho foi orientado pela dra. Sara Ianda Correa Carmona. O segundo aluno recebedor do grau de Mestre em Ciências foi Vitor Coronel Aquino, ao defender em 24 de maio de 1995, a dissertação *Deconvolução de Sinais em Geofísica*; orientou o trabalho o dr. Júlio César de Ruiz Claeyssem.

Na década de 1980 foi criado na Universidade Federal de São Carlos – UFCar um programa de mestrado em matemática. O primeiro grande mestre em Ciências foi concedido a Luis Humberto G. Felipe que em 8 de novembro de 1989 defendeu a dissertação O Teorema de Toponogov e o Operador de Laplace – Beltrami. Subárea Geométrica. Trabalho orientado por dra. Yuriko Y. Boldin.

Com a implantação dos programas mencionados, os bons resultados logo surgiram. Na década de 1970, já somavam mais de três centenas os artigos escritos e publicados por matemáticos brasileiros em conceituadas revistas internacionais.

Também percebemos, a partir dessa década, o interesse de matemáticos brasileiros em participar dos eventos científicos internacionais, como, por exemplo, o Congresso Internacional de Matemáticos, entre outros. Em 1962, o professor Leopoldo Nachbin, do IMPA, foi convidado para proferir palestra, na área Teoria da Aproximação, durante o Congresso Internacional de Matemáticos realizado naquele ano, em Estocolmo (Suécia). No Congresso realizado em 1974, em Vancouver (Canadá), os matemáticos brasileiros Maurício Matos Peixoto, do IMPA e Paul Alexander Schweitzer, da PUCRJ, proferiram palestras; aquele na área Sistemas Dinâmicos e este na área Teoria das Folheações. Durante o Congressso Internacional de Matemáticos realizado em 1978, em Helsínque (Finlândia), os brasileiros Jacob Palis Jr., do IMPA, e Manfredo Perdigão do Carmo, também do IMPA, proferiram palestras, respectivamente nas áreas de Sistemas Dinâmicos e de Superfícies Mínimas. No mesmo congresso, dessa vez realizado em 1983, em Varsóvia (Polônia), Ricardo Mane, do IMPA, proferiu palestra na área Sistemas Dinâmicos. Na verdade, esse congresso deveria ter se realizado em Varsóvia, no ano de 1982. Mas, em virtude do conturbado clima político na Polônia de então, o congresso foi transferido para 1983, após longas conversações com o governo local, com o governo da então União Soviética, bem como com governos de potências ocidentais.

Nos dias atuais, mais de vinte eventos científicos de nível internacional são realizados todo ano, em diversas instituições de nosso país.

Em virtude da produção científica dos matemáticos brasileiros, em 1954 o Brasil passou a fazer parte do Grupo I na classificação de países membros da União Matemática Internacional. Em 1978, nosso país foi promovido ao Grupo II e, em 1982, ascendeu ao Grupo III, (o mais elevado é o grupo V), posição em que permanecia no início do século XXI.

Em 2003, os matemáticos brasileiros estavam publicando mais de quinhentos artigos por ano, em periódicos com arbitragem, nacionais e estrangeiros. Esses artigos abrangiam diversas especialidades matemáticas, como Teoria das Folheações, Sistemas Dinâmicos, Teoria dos Grupos, Álgebra Comutativa, Geometria Algébrica, Geometria Aritmética, Geometria Diferencial, Topologia Diferencial, Análise, Equações Diferenciais Parciais, Dinâmica dos Fluidos, Probabilidade, Estatística, Economia Matemática, Análise Numérica, Modelagem e Computação Gráfica.

A criação dos programas de pós-graduação, *stricto sensu*, de mestrado e doutorado em Matemática foi um importante fator para a melhoria de qualidade dos professores e das grades curriculares dos cursos de graduação, licenciatura e bacharelado em Matemática, nas IES do Brasil.

Na década de 1980, já era significativo o número de mestres e doutores trabalhando nos departamentos de matemática das diversas IES de nosso país.

BIBLIOGRAFIA

ACADEMIA BRASILEIRA DE CIÊNCIAS. *Organização e Membros*. Edição Comemorativa dos 80 anos. Rio de Janeiro: ABC, 1996.

ALBUQUERQUE, L. M. O Ensino da Matemática na Reforma Pombalina. *Gazeta de Matemática*, 34, p. 3-6, 1947.

ALMEIDA, M. O. *A Vulgarização do Saber*. Rio de Janeiro: Ariel , 1931.

ALMEIDA JÚNIOR, A. *Problemas do Ensino Superior*. São Paulo: Nacional, 1956.

_____. O Convívio Acadêmico e a Formação da Nacionalidade Brasileira. *Rev. Fac. Direito de São Paulo*, n. 42, p. 271-292, 1952.

AMARAL, I. M. A. do. *Licinio Athanasio Cardoso, o Matemático*. Rio de Janeiro: Gráfica Ed. Souza, 1952.

AMOROSO COSTA, M. Conferência sobre Otto de Alencar. *Rev. Did. Esc. Poli.* Rio de Janeiro, n. 13, p.3-24, 1918.

_____. *As Idéias Fundamentais da Matemática e Outros Ensaios*. São Paulo: Convívio/ EdUSP, 1981.

_____. Sobre um Theorema de Calculo Integral. *Rev. Soc. Bras. Sci.*, n. 2, p. 65-68, 1918.

ANASTÁCIO DA CUNHA, J. *Principios Mathematicos*. Edição fac-símile, Coimbra: Univ. de Coimbra, 1987.

_____. *Ensaio sobre as Minas*. Braga: Arq. Dist. de Braga/Universidade do Minho, 1994.

ARQUIVO DA UNIVERSIDADE DE COIMBRA. *Actas das Congregações da Faculdade de Matemática (1772-1820)*, v. 1-2, Coimbra: Arquivo da Univ. de Coimbra, 1982/83.

AZEVEDO, A. P. de M. *et alii*. Parecer da Congregação da Fac. de Direito de São Paulo sobre os projetos de criação de uma universidade. *Rev. Fac. de Direito de São Paulo*, n. 12, p. 293-313, 1904.

AZEVEDO, M. D. M. de. Sociedades Fundadas no Brazil. *Rev. Inst. Hist. Geog. Bras.*, n. 48, Parte II, p. 265-322, 1985.

AZEVEDO, Alberto de Carvalho P. de. 500 Anos de Matemática no Brasil. *Revista Uniandrade,* v. 3, n. 1, p. 5-18, 2002.

BARBOSA, R. *Obras Completas*, v. IX, tomo I, Rio de Janeiro: Ministério da Educação e Saúde, 1942.

BARRETO, T. *A Questão do Poder Moderador e outros Ensaios Brasileiros*. Petrópolis: Vozes, 1977.

BARROS, Roque S. M. de. *A Ilustração Brasileira e a Idéia de Universidade*. São Paulo: Convívio/ EdUSP, 1986.

_____. O Pensamento Político Positivista no Império. In: CRIPPA, A . (org.). *As Idéias Políticas no Brasil*. São Paulo: Convívio, 1979. Cap.8, p. 233-270.

BARROS, J. E. de. Aspectos Históricos de Cultura Brasileira. *Artes e Literatura*, n. 4, p. 397, 1989.

BARROSO, J. A.; NACHBIN, A. (ed.) *Lembrando Leopoldo Nachbin*. Rio de Janeiro: EdUFRJ, 1997.

BASSECHES, B. Achegas para uma Bio-Bibliografia de Joaquim Gomes de Souza. *Anu. Soc. Paran. Mat.*, n. 2, p. 18-25, 1955.

BASSI, ACHILE. Sopra l'esistenza di una varietà topologica con numeri del Betti assegnati. *Anais. Acad. Bras. Sci.* V. 21, p. 69-73, 1949.

BEN-DAVID, J. *O Papel do Cientista na Sociedade.* São Paulo: EdUSP, 1974.

BENSAÚDE, J. *Histoire de la Science Nautique Portugaise.* Genève: A. Kundig, 1917.

_____. *Luciano Pereira da Silva e sua Obra.* Coimbra: Imprensa da Univ. de Coimbra, 1927.

BLAKE, A. V. A. *Diccionario Bibliographico Brazileiro.* Rio de Janeiro: Typographia Nacional, 1883.

BOITEUX, L. A. *A Escola Naval (Seu Histórico 1761-1937).* Rio de Janeiro: 1940.

BOURBAKI, Nicolas. *Elements of the History of Mathematics.* Berlin: Springer-Verlag, 1994.

BRAYNER, F. L. A Escola Militar. *Rev. Militar Brasileira,* n. 39, p. 13-70, 1942.

BRITO, J. do N. Centenário da Escola Central. *Anais da Univ. do Brasil,* n. 4, p. 159-165, 1958.

BRUAND, Y. A Fundação do Ensino Acadêmico e o neo-Classicismo no Brasil. *Rev. Inst. Hist. Geog. Brasileiro,* n. 311, p. 101-121, 1978.

CALDEIRA, J. *Mauá Empresário do Império.* São Paulo: Companhia das Letras, 1995.

CAMPOFIORITO, Q. *Artes Plásticas e Ensino Artístico no Rio de Janeiro.* Rio de Janeiro: Arquivos da ENBA, n.11, p. 179-192, 1965.

CARDOSO, Jayme M. Bicentenário de Bolzano. *Bol. Soc. Paran. Mat.,* v.2, p. 48-50, 1981.

CARDOSO, I. DE A. R. *A Universidade da Comunhão Paulista.* 1979. Tese. (Doutorado) - Faculdade de Filosofia, Letras e Ciências Humanas da USP, São Paulo.

CARDOSO, Walter. A Academia Científica do Rio de Janeiro. *Ciência e Cultura,* n. 24, p. 30-31, 1972.

CARDOSO, WALTER *et alii.* Para uma História das Ciências no Brasil Colonial. *Rev. Soc. Bras. Hist. Ciência,* n.1, p. 13-17, 1985.

CARVALHO, J. M. de. *A Escola de Minas de Ouro Preto.* São Paulo: Nacional, 1978.

CARVALHO, L. R. de. *As Reformas Pombalinas na Instrução Pública.* São Paulo: EdUSP, 1978.

CASTRO, F. M. de O. A Matemática no Brasil. In: AZEVEDO, F. de. (ed.) *As Ciências no Brasil.* São Paulo: Melhoramentos, 1955.

COLLICHIO, T. A. F. Dois Eventos Importantes para a História da Educação Brasileira: A Exposição Pedagógica de 1883 e as Conferências Populares da Freguesia da Glória. *Rev. Fac. Educação da USP,* n.13, p. 5-14, 1987.

_____. *A Contribuição de Joaquim Teixeira de Macedo para o Pensamento Pedagógico Brasileiro.* 1976. Dissertação. (Mestrado em Educação)-Faculdade de Educação da USP, São Paulo.

_____. *Augusto Cesar de Miranda e as Idéias Darwinistas no Brasil.* 1985. Tese. (Doutorado em Educação) - Faculdade de Educação da USP, São Paulo.

COQUEIRO, E. *A Vida e a Obra de João Antonio Coqueiro.* Rio de Janeiro: M. Correard & Cia., 1942.

COUTO, J. *As Estratégias de Implantação da Companhia de Jesus no Brasil.* Coleção Documentos, Série Cátedra Jaime Cortesão, n. 2. São Paulo: Instituto de Estudos Avançados da USP, 1992.

CRUZ FILHO, M. F. *Bartolomeu Lourenço de Gusmão sua Obra e o Significado Fáustico de sua Vida.* Rio de Janeiro: Biblioteca Reprográfica Xerox, 1985.

D'AMBROSIO, UBIRATAN. O Seminário Matemático e Físico da Universidade de São Paulo. Uma tentativa de institucionalização na década de trinta. *Temas & Debates,* ano VIII, n. 4, p. 20-27, 1994.

DEAR, P. Jesuit Mathematical Science and the Reconstitution of Experience in the Early Seventeenth Century. *Stud. Hist. Phil. Sci.,* v.18, n. 2, p.133-175, 1987.

DIEUDONNÉ, J. *A Formação da Matemática Contemporânea.* Lisboa: Dom Quixote, 1990.

Bibliografia

DUARTE, A. L. *et alii. Some Note on the History of Mathematics in Portugal*. Coimbra: Pré-Publicação n. 97-07. Departamento de Matemática Univ. de Coimbra, 1997.

DUARTE, P. A Criação da USP. *Ciência Hoje*, v. 3, n.13, p. 40-44, 1984.

ESTATUTOS DA ACADEMIA BRAZILICA DOS ACADEMICOS RENASCIDOS. *Rev. Inst. Hist. Geog. Brasileiro*, t. XLV, parte I, p. 49-67, 1882.

FÁVERO, MARIA DE LOURDES DE A. *A Universidade do Brasil. Das Origens à Construção*. Rio de Janeiro: EdUFRJ/COMPED/MEC/INEP, 2000.

FERRI, M . G. ; MOTOYAMA, S. (ed.). *História das Ciências no Brasil*. V.1. São Paulo: EdUSP, 1979.

FRANKEN, T. ; GUEDES, R. A criação da USP segundo Paulo Duarte. *Ciência Hoje*, v. 3. N. 13, p. 40-44, 1984.

FREIRE, F. de C. *Memoria Historica da Faculdade de Mathematica*. Coimbra: Imprensa da Universidade de Coimbra, 1872.

FREIRE, L. B. Joaquim Gomes de Souza: Sua Vida e sua Obra. *Rev. Bras. de Matemática*, ano 3, n.1, p. 1-8, 1931.

GAMA, L. *Discurso do Professor Lélio I. Gama*. Atas do V Colóquio Bras. de Matemática, Rio de Janeiro: IMPA, 1965.

GOFF, J. Le. *Os Intelectuais na Idade Média*. São Paulo: Brasiliense, 1988.

GRABINER, J. V. The Changing Concept of Change: The derivative from Fermat to Weierstrass. *Math. Magazine*, v. 56, n. 4, p.195-206, 1983.

_____. Who Gave You the Epsilon? Cauchy and the Origins of Rigorous Calculus. *Amer. Math. Monthly*, v. 90, p. 185-193, 1983.

GRANHAM, R. A *Grã-Bretanha e o Início da Modernização no Brasil* (1850-1914). São Paulo: Brasiliense, 1973.

HAIDAR, M. DE L. M. *O Ensino Secundário no Império*. 1971. Tese. (Doutorado em Educação) - Faculdade de Educação da USP, São Paulo.

HAMBURG, R. R. The Theory of Equations in the 18th Century: The work of Joseph Lagrange. *Arch. Hist. Exact Sci.*, 16 (1), p. 17-36, 1976.

INSTITUTO DE PESQUISAS TECNOLÓGICAS (SÃO PAULO). *90 Anos de Tecnologia*. São Paulo: Secretaria da Ciência, Tecnologia e Desenvolvimento Econômico do Estado de São Paulo, 1989.

KOSERITZ, C. VON. *Imagens do Brasil*. São Paulo: Itatiaia/EdUSP, 1980.

LEHTO, OLLI. *Mathematics Without Borders*. New York: Springer, 1998.

LEITE, S. O Curso de Filosofia e Tentativas para se criar a Universidade do Brasil no Século XVII. *Verbum*, n.. 5, p. 107-143, 1948.

_____. *História da Companhia de Jesus no Brasil*, t. I e V. Rio de Janeiro: 1945.

_____. Diogo Soares, S. I. Matemático, Astrônomo e Geógrafo de Sua Majestade no Estado do Brasil. *Brotéria*, n. 45, p. 596-604, 1947.

_____. Vicente Rodrigues, primeiro mestre-escola do Brasil. *Brotéria*, n. 52, p. 288-300,1951.

LIMA, M. R. DE. *D. Pedro II e Gorceix*. Ouro Preto: Fundação Gorceix, 1977.

LINS, I. *História do Positivismo no Brasil*. São Paulo: Nacional, 1967.

LOBO, F. B. Rita Lobato: a primeira médica formada no Brasil. *Rev. Hist.*, XLII, p. 483-485, 1971.

LOVISOLO, H. *Positivismo na Argentina e no Brasil: influências e interpretações*. Rio de Janeiro: CPDOC da FGV, 1991.

MARQUES, A. H. *História de Portugal*. Lisboa: Ágora, 1973.

MARQUES A. ; MEDEIROS, L. A. *Relembrando Oliveira Castro*. Ciência e Sociedade n. 10/97. Rio de Janeiro: CBPF, 1997.

MARTINS, W. *História da Inteligência Brasileira*, v. 1. São Paulo: Cultrix, 1977.

MEDEIROS, LUIS A. DA JUSTA. Certos Aspectos da Matemática no Rio de Janeiro. *Bol. SBMAC,* v. 4, n. 3, p. 51-64, 1984.

_____. *José Abdelhay. Trabalhos de Matemática.* Rio de Janeiro: Instituto de Matemática da UFRJ, 1996.

_____. *Sobre a Matemática no Rio de Janeiro.* Teresópolis: 1997.

_____. *Discurso Proferido na Sessão Solene do Conselho Universitário para a Entrega do Título de Professor Emérito da UFRJ.* Rio de Janeiro: Mimeo.,12/8/1997.

MENDES JÚNIOR, A. *et alii. Brasil História,* v. 2. São Paulo: Brasil, 1983.

MINOGUE, K. *O Conceito de Universidade.* Brasília: EdUnB, 1977.

MONTELLO, J. A Cultura Brasileira no Fim da Era Colonial. *Rev. Inst. Hist. Geog. Brasileiro,* n. 298, p. 90-103, 1973.

MOTTA, JEHOVAH. *Formação do Oficial do Exército.* Rio de Janeiro: Comp. Bras. de Artes Gráficas, 1976.

MOTOYAMA, SHOZO. Os Principais Marcos Históricos em Ciência e Tecnologia no Brasil. *Rev. Soc. Bras. Hist. Cienc.,* n. 1, p. 41-49, 1985.

_____. (Org.) *50 anos do CNPq.* São Paulo: FAPESP, 2002.

NACHBIN, L. Etapas de Desenvolvimento da Matemática no Brasil. *Bol. Soc. Paran. Mat.* V. 4, p. 22-28, 1961.

_____. Aspectos do Desenvolvimento da Matemática no Brasil. *Anu. Soc. Paran. Mat.* V. 3, p. 28-41, 1956.

_____. The Influence of António A. Ribeiro Monteiro in the Development of Mathematics in Brazil. *Portugaliae Mathematica,* v. 39, fasc. 1- 4, p. 15-17, 1980.

_____. The Monograph Series "Notas de Matemática". *Ciência e Cultura,* v. 43, p. 394, 1991.

NADAI, E. *Ideologia do Progresso e Ensino Superior (São Paulo 1891-1934).* São Paulo: Loyola, 1987.

OLIVEIRA, A. J. FRANCO DE. Anastácio da Cunha and the Concept of Convergent Series. *Arch. Exact Sci.,* v. 39, n. 1, p. 1-12, 1988.

PAIM, A. *O Estudo do Pensamento Filosófico Brasileiro.* São Paulo: Convívio, 1986.

_____. O Pensamento Político Positivista na República. In: CRIPPA, A . (org.). *As Idéias Políticas no Brasil.* São Paulo: Convívio, 1979. Cap. 2, p. 35-74.

_____. Como se Caracteriza a Ascensão do Positivismo. *Rev. Bras. Filosofia,* v. 30, p. 249-269,1980.

PARDAL, Paulo. Brasil, 1792: *Início do Ensino da Engenharia Civil e da Escola de Engenharia da UFRJ.* Rio de Janeiro: Fundação E. Odebrecht, 1985.

_____. *Memórias da Escola Politécnica.* Rio de Janeiro: Biblioteca Reprográfica Xerox, 1984.

_____. *O Visconde de Rio Branco e a Escola Politécnica.* Rio de Janeiro: Biblioteca Reprográfica Xerox, 1983.

_____. *140 Anos de doutorado e 75 de Livre-Docência no Ensino de Engenharia no Brasil.* Rio de Janeiro: Escola de Engenharia da UFRJ, 1986.

_____. UFRJ: Uma Universidade Tardia, Criada para Conceder o Título de Doutor Honoris Causa ao Rei Alberto I, da Bélgica? *Rev. Inst. Hist. Geog. Rio de Janeiro:* p. 135-138,1988/ 1989,

PAULA, F. de P. A. A Academia Real Militar: Sua Instalação e o Ensino Militar. *Rev. Inst. Hist. Geog. Militar Bras.,* v. LII, ano 31, p. 29-63, 1972.

PAULINY, E. I. *Esboço Histórico da Academia Brasileira de Ciências.* Brasília: CNPq, 1981.

PRADO JÚNIOR, C. *Evolução Política do Brasil.* São Paulo: Brasiliense, 1987.

Bibliografia

QUEIRÓ, J. F. José Anastácio da Cunha a Forgotten Forerunner. *Math. Intelligencer*, v. 10, p. 38-43, 1988.

RAMOS, T. A. *Estudos*. São Paulo: Escolas Profissionais do Liceu Coração de Jesus, 1933.

_____. Palavras Proferidas em Sessão de 25 de Junho, Commemorativa do Primeiro Centenario do Nascimento de Gomes de Souza. *Ann. Acad. Bras. Sci.*, t. I, n. 3, p. 164-170, 1929.

_____. *Leçons sur le Calcul Vectoriel*. Paris: Librairie Scientifique Albert Blanchard, 1930.

RIBEIRO, J. S. *História dos Estabelecimentos Científicos, Literários e Artísticos de Portugal*. Lisboa: Acad. Real das Ciências, 1871,1883.

RIEHM, Carl. The Early History of the Fields Medal. *Notices of the AMS*, v. 49, n. 7, p. 778-782, August, 2002.

RIZZINI, C. O *Livro, o Jornal e a Typographia no Brasil*. São Paulo: Kosmos, 1945.

ROSENDO, Ana. I. R. da S. *Inácio Monteiro e o Ensino da Matemática em Portugal no Século XVIII*. 1996. Braga. Dissertação. (Mestrado em História da Matemática) Universidade do Minho, Braga, Portugal.

SERRÃO, J. V. *História de Portugal*. Lisboa: Verbo, 1979.

SEVCENKO, N. *Literatura como Missão*. São Paulo: Brasiliense, 1983.

SHWARTZMAN, S. *Universidades e Instituições Científicas no Rio de Janeiro*. Brasília: CNPq, 1982.

SILVA, M. B. N. DA. A Educação Feminina e a Educação Masculina no Brasil Colonial. *Rev. Hist.*, 15 (109), p. 149-164, 1977.

SILVA, A. *Raízes Históricas da Universidade da Bahia*. Salvador: Livraria Progresso Editora, 1956.

SILVA, C. PEREIRA DA. Évariste Galois: a Vida Efêmera de um Gênio. *Bol. Soc. Paran. Mat.*, v. 5, p. 63-92, 1984.

_____. Uma História da Matemática no Paraná. *Revista Mita'y*, ano 1, n. 1, p. 39 – 41, agosto, 2002.

_____. Matemáticos Brasileiros: De 1829 a 1996. *Revista Uniandrade*, v. 3, n. 1, p. 19 – 44, 2002.

SMITHIES, F. Cauchy's Conception of Rigour in Analysis. *Arch. Hist. Exact Sci.* 36 (1), p. 41-61,1986.

SODRÉ, N. W. *Síntese de História da Cultura Brasileira*. São Paulo: DIFEL, 1985.

SOUZA, P. J. S. Discurso Proferido na Sessão de 31 de Agosto de 1870. Rio de Janeiro: *Anais do Senado do Império*, v. IV, p. 1-6, 1870.

TEIXEIRA, A. Uma Perspectiva da Educação Superior no Brasil. *Rev. Bras. Estud. Pedag.*, v. 50, n. 111, p. 21-82, 1968.

TOBIAS, J. A. *História das Idéias no Brasil*. São Paulo: E.P.U., 1987.

UNIVERSIDADE DO DISTRITO FEDERAL. *Anuário da Univ. do Distrito Federal*. Rio de Janeiro: UDF, 1956.

VASCONCELLOS, F. R. DE. Memoria Historica e Politica sobre a Creação e Estado Actual da Academia Real Militar. *Rev. Inst. Hist. Geog. Brasileiro.*, n. 236, p. 459-469, 1957.

VENTURA M. S. *Vida e Obra de Pedro Nunes*. Lisboa: Instituto de Cultura e Língua Portuguesa, 1985.

YOUSHKEVITCH, A. P. C. F. GAUSS ET J. A. DA CUNHA. *Rev. d'Histoire Sci.*, n. XXXI, p. 327-332, 1978.

_____. The Concept of Function up to the Middle of the 19th Century. *Arch. Hist. Exact Sci.*, v.16, n. 1, p. 37-85, 1976.

FONTES PRIMÁRIAS

Livros de colação de grau de doutor da Escola Militar, da Escola Central e da Escola Politécnica do Rio de Janeiro. Arquivo de obras raras da UFRJ, Centro de Ciências Exatas.

Teses apresentadas à Escola Militar, à Escola Central e à Escola Politécnica do Rio de Janeiro para obtenção do grau de doutor em Ciências Matemáticas e em Ciências Físicas e Matemáticas. Arquivo de obras raras da UFRJ, Centro de Ciências Exatas.

Coleção de Leis do Império do Brazil. Rio de Janeiro: Imprensa Nacional, 1920.

Coleção de Leis da República dos Estados Unidos do Brasil. Rio de Janeiro: Imprensa Nacional, 1926.

Lei Orgânica e Atos do Governo Provisório dos Estados Unidos do Brasil. Rio de Janeiro: Editor Jacyntho Ribeiro dos Santos, 1930.

Anais da Câmara dos Deputados, sessão de 6 de Agosto de 1870. Rio de Janeiro: Typographia Nacional, 1870.

Decreto-Lei n.º 271, de 12 de fevereiro de 1938. Dispõe sobre a realização de concurso nos estabelecimentos de ensino superior da Universidade do Brasil.

Cópia manuscrita do artigo de Jorge Lagarrigue "Duas teses positivistas sustentadas perante a Faculdade de Medicina do Rio de Janeiro". Arquivo Histórico do Museu da República, Rio de Janeiro.

Arquivo Benjamin Constant. Museu Casa de Benjamin Constant. Rio de Janeiro.

Dissertações e Teses sobre Matemática contidas nos Arquivos dos Programas de Pós-Graduação, stricto sensu, das seguintes instituições: UFCE, UFPE, UFBA, UFF, UFRJ, PUCRJ, IMPA, UnB, ITA, USP, UNICAMP, UFSCar, UFSC

Noticiário Brasileiro de Matemática, n. 1, 2, 3, 1959; n. 4, 5, 6, 1960; n. 7, 8, 9, 1961; n. 10, 11, 12, 1962; n. 13, 14, 15, 1963; n. 16, 17, 18, 19, 1964; n. 20, 21, 1965; n. 22, 23, 24, 1966; n. 26, 1967.

Cadernos do IF/UFBA. IF/UFBA – 28 anos. UFBA – 50 anos. Salvador: EdUFBA, 1996.

PRINCIPAIS SIGLAS UTILIZADAS

CBPF	Centro Brasileiro de Pesquisas Físicas
C & T	Ciência e Tecnologia
CNPq	Conselho Nacional de Desenvolvimento Científico e Tecnológico
CAPES	Coordenação de Aperfeiçoamento de Pessoal de Nível Superior
FFCL/USP	Faculdade de Filososofia, ciências e Letras da Universidade de São Paulo
FNFi/UB	Faculdade Nacional de Filosfia da Universidade do Brasil
IMPA	Instituto de Matemática Pura e Aplicada
ITA	Instituto Tecnológico da Aeronáutica
IES	Instituição de ensino superior
IF/UBA	Instituto de Física da Universidade Federal da Bahia
MEC	Ministério da Educação
PICD	Programa Institucional de Capacitação de Docentes
PUC/RJ	Pontiffícia Universidade Católica do Rio de Janeiro
PUC/SP	Pontifícia Universidade Católica de são Paulo
UB	Universidade do Brasil
URJ	Universidade do Rio de Janeiro
UnB	Universidade de Brasília
UFPR	Universidade Federal do Paraná
UFC	Universidade Federal do Ceará
UFSCar	Universidade Federal de São Carlos
UFSC	Universidade Federal de Santa Catarina
UFMG	Universidade Federal de Minas Gerais
UFRGS	Universidade Federal do Rio Grande do Sul
UNICAMP	Universidade Estadual de Campinas
USP	Universidade de São Paulo
UFRJ	Universidade Federal do Rio de Janeiro
UFPE	Universidade Federal de Pernambuco
UFBA	Universidade Federal da Bahia
UFF	Universidade Federal Fluminense
UDF	Universidade do Distrito Federal

GRÁFICA PAYM
Tel. (011) 4392-3344
paym@terra.com.br